新村官必读系列

村官环境保护知识

（第二版）

李　笑◎主编

图书在版编目（CIP）数据

村官环境保护知识必读/李笑主编．—2 版．—北京：经济管理出版社，2017.3
ISBN 978－7－5096－4941－1

Ⅰ．①村…　Ⅱ．①李…　Ⅲ．①农业环境保护—问题解答　Ⅳ．①X322－44

中国版本图书馆 CIP 数据核字（2017）第 025194 号

组稿编辑：谭　伟
责任编辑：谭　伟
责任印制：黄章平
责任校对：陈　颖

出版发行：经济管理出版社
（北京市海淀区北蜂窝 8 号中雅大厦 A 座 11 层　100038）
网　　址：www. E－mp. com. cn
电　　话：（010）51915602
印　　刷：北京银祥印刷厂
经　　销：新华书店
开　　本：720mm×1000mm/16
印　　张：18. 25
字　　数：347 千字
版　　次：2017 年 3 月第 2 版　2017 年 3 月第 1 次印刷
书　　号：ISBN 978－7－5096－4941－1
定　　价：58. 00 元

本书编委会

主　编：李　笑

副主编：朱玉侠

编　委：李正乐　林　侠

谭　伟　朱玉侠

李全超　安玉超

前　言

党的十八大报告中强调，科学发展观是党必须长期坚持的指导思想，必须把科学发展观贯彻到我国现代化建设全过程、体现到党的建设的各方面。

改革开放以来，我国经济飞速发展，城镇化、工业化建设进程不断加快，经济建设取得了令人瞩目的成就。但同时，中国经济高速增长的背后仍然是令人痛心的自然生态恶化，我国环境状况总体上呈现不断恶化的趋势。其中，一些重点流域、海域水污染严重，部分区域大气灰霾现象突出，农村环境污染加剧，重金属、化学品、持久性有机污染物以及土壤、地下水等污染显现。近年来环境事故频发，从而引发层出不穷的重大群体性事件，仅2012年中国环境污染造成的损失就超过2.5万亿元。近年来，人们对环境保护的关注与呼声越来越高。

村官是农村党政基层领导的基石，在社会主义新农村环境建设中，起到关键的作用。他们工作在农村第一线，肩负维护农村环境保护、带领群众致富奔小康的重任，其工作能力强弱直接关系到农村的根本和稳定，关系到党的科学发展观，关系到新农村的建设与发展。因此，加强村官环保意识，增强村官环保观念，关乎国计民生。村官只有进一步加大环境保护工作力度，坚持走科学发展、可持续发展的道路，采取有效措施着力从源头上扭转生态环境恶化趋势，才能为农民创造良好的生产生活环境，为农村生态安全作出更大的贡献。

有鉴于此，作者策划了“村官必读系列丛书”选题，从其出发，编撰了《村官环境保护知识必读》，为村官提供参考，以利于他们在工作中提高领导水平，增强领导能力，从而为社会主义新农村建设作出更大贡献。

本书采用问答的形式，用浅显的语言，阐述了新时期村官应该如何为政一方、保护一方生态环境的方式方法，是村官不可多得的学习参考。

本书从整体构思上突出三大特点：

一是实用性与可用性。本书从农村的实际出发，突出实用、够用，可读性、可操作性强的特点，力争把本书做成村官的案头必备书。

二是全面性与通俗性。本书内容丰富而全面，语言通俗易懂，涉及农村环保工作的方方面面，使村官在工作之余能够轻松掌握和运用。

三是新颖性与创新性。本书无论是篇章架构，还是内容形式，都新颖、创新、独到，并糅合农村最新的管理方法与技能，具有超前的时代感。

总之，这是一本村官的案头必备指导用书，其系统、全面、生动地向读者展示农村生态环保的全景，是村官提高其能力、管理农村的最佳读物，具有很强的参考价值和实用价值。

目　　录

第一章　农村环境保护问题概述

第二章 环境保护制度与环境监测

第三章　农业生态与大气污染环境保护

第四章　农村水资源环境的保护与利用

第六章　农村土壤环境保护与利用

第七章　化肥农药和塑料地膜的污染控制

第八章 农村乡镇企业污染防治及控制

第九章 环境影响评价与环境管理体系

第十章 农村清洁生产与农村循环经济

第十一章　农村生态资源的保护与利用

第十二章　农村环境污染损害救济与责任

第十三章　农村环境污染损害赔偿与标准

第一章　农村环境保护问题概述

一、什么是环境？

《环境保护法》第 2 条明确规定，环境“是指影响人类生存和发展的各种天然的和经过人工改造过的自然因素的总体，包括大气、水、海洋、土地、矿藏、森林、草原、原生生物、自然遗迹、人文遗迹、自然保护区、风景名胜区、城市和乡村等”。

可见，环境保护所关注的环境是与我们的生产和生活密切相关的，包括自然环境和人工环境。城市主要是人工环境，而农村既有人工环境又有自然环境，是人工环境与自然环境的中间结合地带。

另外，我们也经常使用“生态环境”这个概念。它是指众多生物因素与非生物因素的综合体。生态功能，主要强调植物、动物、微生物等生物因素，以及与这些生物因素密切相关的水、土壤在环境中的作用。特别在广大农村，生物因素与水、土壤对日常生活和生产起着核心作用。因此，我们在谈农村的环境保护时，更多地使用生态环境保护这个概念。

二、环境的分类有哪些？

环境作为非常复杂的体系，目前尚未形成一个公认的分类方法。按照环境的主体分，以人类作为主体，其他的生命物质和非生命物质都被视为环境要素，即环境就是人类的生存环境。

（1）按照形成过程分类。①原生环境（第一环境）：指天然形成，并且基本上未受人为活动影响的自然环境。②次生环境（第二环境）：在人为活动影响下形成的环境。

（2）按照组成成分分类。①物理环境：人类环境中的噪声、热、电离辐射和电磁辐射等。②化学环境：人类环境中的化学物质、农药、日用化学品、工业化学品及食品中的添加剂等。③生物环境：人类环境中的各种病毒、细菌等病原微生物及昆虫和动物等。④社会经济环境：社会经济状态、邻里关系等对健康均有一定影响。

三、人与环境的关系是怎样的?

简单地讲，人与环境的关系是一种相互制约、相互作用的关系。其中，相互制约体现在人对自然环境的依赖上。人类本身是自然界进化的产物，人的形成和生长，以及人的各种活动都离不开对自然的需求，摆脱不了自然规律的约束。如人每天生活需要吃饭、喝水，就要利用自然资源中的土地资源和水资源去种粮食、打井取水。因此，从本质上讲，人是自然界的一部分，人不能脱离自然界而独立存在。

而相互作用则体现在人的创造力上。人可以主动地去适应自然环境，并把自然环境改造成更能适合于人生存的环境，如城市、乡镇和村庄。在科学技术高度发展的今天，人盖起了高楼大厦、开垦了大片良田，制造出机器和仪表、生产出粮食、蔬菜和瓜果。人类改造自然的能力是相当强大的。这就要求我们要谨慎处理人与自然环境的关系。如果人类尊重自然规律，善待环境，与环境和谐相处，人类与环境共存共荣，都能持续健康发展。否则，人类破坏环境，就会招致环境的报复。人类毁灭了环境，最终将毁灭人类自己。

处理好人与环境的关系，其核心就是要尊重自然规律，按自然规律办事，用科学发展观认识自然中的问题，把人类的生产、生活活动对自然环境的影响限制在大自然所能承受的范围之内。同时，要统筹考虑和处理好眼前利益与长远利益、局部利益与全局利益的关系。在开发利用自然资源时，坚持开发利用与保护并重的方针，同时要有积极可行的保护与恢复的措施，确保自然生态环境安全。

四、当前世界面临的主要环境问题有哪些?

当前人类面临的主要问题是人口问题、资源问题、生态破坏问题和环境污染问题。它们之间相互关联、相互影响，已经成为当今世界各国共同关注的重大问题。

(1) 人口问题。人口的急剧增加是当前环境的首要问题。近百年来，世界人口的增长速度达到了人类历史上的高峰。从消费者的人来说，随着人口的增加、生活水平的提高，则对土地的占用（住、生产食物）越大，对各类资源（如不可再生的能源和矿物、水资源等）的需求也急剧增加，当然排出的废弃物也在增加，进而加剧了环境的恶化。

(2) 资源问题。是当今人类发展所面临的另一个重大问题。众所周知，自然资源是人类生存发展不可缺少的物质条件。然而，随着全球人口的增长和经济的发展，对资源的需求与日俱增，人类正受到某些资源短缺或耗竭的严重挑战。

全球资源匮乏和危机主要表现在：土地资源不断减少和退化，森林资源不断缩小、淡水资源严重不足、生物物种锐减、某些矿产资源濒临枯竭等。

（3）生态环境破坏问题。全球性的生态环境破坏主要包括：土地退化、水土流失、沙漠化、物种消失等。

（4）环境污染问题。作为全球性的重要环境问题，主要指：温室气体过量排放造成的气候变化、酸雨、臭氧层破坏、有毒有害化学物质的污染危害及其越境转移、海洋污染等。

五、我国的环境问题有哪些？

（1）水资源短缺，水环境质量日益恶化。我国是一个缺水的国家，人均水资源拥有量只占全世界人均的1/4，而且水资源时空分配不均。全国669个城市中，有300多个城市缺水，110个城市严重缺水。全国农村有7000万人、6000万头牲畜饮水困难，2000万公顷耕地受到旱灾威胁。

另外，我国水域除部分内陆河流和大型水库外，普遍受到不同程度的污染，尤其流经城市的河流段面，污染更加严重。一些近海海域富营养化现象日益加重，赤潮等灾害频繁发生。

（2）大气污染十分严重。在我国城市中大气环境质量令人担忧。联合国有关部门公布世界上10个大气污染严重的城市，我国就占有6个。在北方，每立方米空气中可吸入颗粒物污染达到500多微克，而联合国卫生组织规定的标准为60微克，高出了8倍。

我国酸雨受害面积占国土面积的6.8%。酸雨不仅危害人们的健康，同时还污染土壤，影响动植物生长，损害建筑物和重要文化遗产。

（3）土地资源基础日趋薄弱。我国耕地面积随着经济的发展日益锐减。目前人均耕地面积仅为世界人均的1/4。另外，水土流失也很严重，占国土面积近1/5的土地遭受严重的水土流失；土地沙漠化发展也快，沙漠和沙漠化的土地总面积占全国土地面积的17.85%。

（4）森林植被破坏严重。我国森林资源相对较少，尽管这几年努力植树造林，森林面积已经达到国土面积的18%左右。但成熟林和过熟林蓄积量大幅减少，人工造林，由于树种单一结构不合理，造成森林生态功能退化，容易发生大面积虫害。

除此之外，我国的环境问题还反映在城市噪声污染严重，固体废物污染环境，水、旱灾害频频发生，生物多样性不断减少等，这些环境问题，已经或正在削弱我国可持续发展的环境资源基础，严重威胁着我国的生态环境安全。

六、环境保护的目的和任务是什么？

环境保护的目的是通过运用现代环境科学的理论、方法及技术，研究自然资源的合理开发和利用；认清和掌握造成环境污染和生态破坏的根源与危害，防治环境质量的恶化，保护人体健康；为人类生存提供一个良好的发展环境，以促进经济、社会与环境的可持续发展。在环境保护工作中，既要重视自然因素对环境的破坏，更要研究人为因素对环境的影响和破坏，因为后者危害的广泛性和潜在性更大。

环境保护的主要任务是：以改善环境质量、保护广大人民群众身体健康、保障环境安全为根本出发点，坚持可持续发展战略和环境保护基本国策，全国贯彻科学的发展观，坚持与时俱进、不断创新，深化污染防治和生态保护工作，努力实现全面建设小康社会对环境保护的目标要求。

七、环境保护的内容有哪些方面？

（1）大气污染防治。对大气环境威胁较大的污染物有降尘、粉尘、二氧化碳、一氧化碳、二氧化氮、氟化氢、碳氢化合物和硫化氢等。污染物产生的主要原因是燃料的燃烧，工业生产过程中排出的粉尘、废气以及机动车的尾气等。这些有害气体对工农业生产和人们生活的危害极大。其防治方法有：工业生产要合理布局、统一规划；改变燃料的燃烧方式，大力推广清洁能源；绿化造林；采用高烟囱和高效除尘设备；采取集中供热；使用无铅汽油；提高汽车尾气排放标准；减少交通废气污染等。

（2）水污染防治。水的污染主要来自以下几方面：城市生活污水；工业生产废水；农业生产大量使用农药、化肥导致的面源污染；固体废物中的有害物质经水溶解后流入水体；工业排放的有害尘粒经雨水淋洗后进入水体；等。尽管水体在物理、化学和生物作用下有一定的自净能力，但是面对大量的污水还是无法自净，仍然会被污染。尤其对一些有毒有害物质，如多氯联苯、有机氯农药、重金属和放射性污染物，一定要采取特殊防治措施，必须采用废水的人工净化处理，才能使水体得到净化。

（3）食品污染导致的食品安全问题。食品的污染很大一部分是由于水、空气和土壤的污染造成的，另一部分则是在食品加工、运输、储藏、销售过程中没有注意到食品卫生，混入了有害物质造成的。此外，用于食品包装的人工合成高分子聚氯乙烯器皿或罐头（含重金属铅）都会污染食品。食品添加剂（防腐、防臭、发色、香料等）也能对食品造成化学性污染。由此可见，食品的生产环境、设备和工艺都对食品的质量有很大的影响。因此，防治水、大气和土壤的污

染，严格执行食品卫生管理的各项法规制度，加强卫生检验和监督，才能防治食品污染。

（4）土壤污染防治。土壤污染大部分是由水污染造成的，如长期用含有重金属的废水灌溉农田，土壤就会被污染，植物中就会含有重金属元素。过量施用化肥和农药也会造成土壤污染。过去，因为大量使用有机氯农药，造成土壤中有机氯污染严重。由于有机氯农药很少溶于水，在土壤中不易分解和消失，因此在这种土壤中收获的农产品被动物和人食用后，有机氯很容易在动物和人体的脂肪内富集。另外，工业废气也能引起土壤污染。要防治土壤污染，关键还是要防治大气和水的污染。

（5）自然保护和自然保护区。自然保护就是对自然环境和自然资源的保护。其主要目的是保护、增殖和合理开发利用自然资源，保护生物多样性，以保证自然资源的永续利用。环境污染常常引起自然资源的破坏，形成所谓的“复合”作用，以致造成更大的危害。建立自然保护区是保护自然环境和自然资源的重要手段之一，是保护珍稀濒危的野生动植物资源的重要手段。

环境保护的内容还有很多，例如海洋污染与防治，森林资源的开发与保护等。

八、为什么说环境保护是我国的一项基本国策？

在1983年第二次全国环境保护会议上，环境保护被确立为我国的一项基本国策，所谓国策就是立国、治国之策，也就是那些对国家经济社会发展和人民物质文化生活提高具有全局性、长久性和决定性影响的重大战略决策。我国的人口、资源和环境问题就是具有这种性质的重大问题。因此，计划生育、资源和环境保护都是我国的基本国策。坚持这些基本国策，就可以很好地解决人口、资源、环境之间的相互关系，促进我国社会、经济与环境的可持续发展。

将环境保护作为一项基本国策的重要意义就在于：

（1）防治工业等污染，维护生态平衡是保障农业发展的基本前提。我国的基本国情是人口众多，人均国土资源贫乏，解决13亿人口吃饭问题显然是一个极为重要的大问题。另外，我们在有限的耕地上除种植粮食作物外，还要种植经济作物，为工业生产提供充足的原料。因此必须精心保护国土资源不遭危害和破坏。

由于我国的基本国情决定了我们改善人民生活和发展国民经济都必须立足于国内，立足于本国资源。也正因为如此决定了我们必须重视资源环境保护工作，充分合理地利用有限的土地资源，以保障生产与生活的基本需求和可持续利用。

（2）遏制环境进一步恶化，不断改善环境质量，是我国可持续发展的重要条件。由于我国的环境污染目前较为严重，这种状况不仅造成宝贵的能源和资源浪费，而且危害了人们的生存环境和健康。据估算，我国仅水污染一项每年就造成经济损失300多亿元。我国的环境污染和生态破坏，已成为制约社会经济可持续发展的一大障碍。如果不尽快改变这种状况，我国现代化建设就不可能得到持续、快速、健康的发展，全面建设小康社会的目标就不可能实现。

（3）创建一个适宜、健康的生存环境和发展环境，是我国持续发展的重要目标。实现现代化是为了满足人民群众日益增长的物质和文化生活的需要。为了让全体人民过上美好幸福的生活，在发展方式和目标上就必须走一条新路，做到既要发展经济，又要保护环境；既要取得良好的经济效益和社会效益，又要取得良好的环境效益，促进经济、社会和环境持续、协调发展。

（4）远近结合，统筹兼顾，既要满足当代人的需要，又不损害后代人的利益，是我国持续发展的基本准则。环境是全人类共同的财富，当代人的生存发展需要它，后代人的生存发展更需要它。因此，我们要深刻认识环境保护作为我国一项基本国策的重要意义。在发展生产过程中，要坚持科学发展观，积极搞好环境保护，做到经济效益与环境效益的统一。在全面建设小康社会的进程中，为当代人创造一个美好的环境，为后代人留下一个美好的明天。

九、如何控制污染物排放总量?

我国当前一些污染物排放量已超过环境的自净能力，这是环境污染普遍存在的主要原因。要改善环境质量，确保环境安全，实现可持续发展，就必须有效控制污染物排放总量。以环境容量为基础，通过循环经济和清洁生产，降低单位能耗、物耗，严格控制污染物排放水平。

（1）严格控制新污染。对新上建设项目，要严格执行《环境影响评价法》，特别要严把项目审批关。基本建设和技术改造项目必须严格执行环境保护法律法规和国家产业政策，采用清洁生产工艺和设备，合理利用自然资源。新上项目的环境治理要与老污染源治理统筹考虑，通过“以新代老”，做到增产不增污或增产减污。

（2）淘汰污染严重、落后的生产技术和设备。要善于运用法律、经济和行政手段，依据国家产业政策和国家发布的淘汰落后生产能力、设备和产品名录，关闭产品质量低劣、资源浪费、污染严重、危害人民身体健康的厂矿，淘汰落后的设备、技术和工艺。

（3）在工业企业中，大力推行清洁生产。通过技术改造、节能降耗、综合利用，实行污染全过程控制，减少生产过程中的污染物排放。积极开展企业ISO14000环境管理体系和环境标志产品认证工作。

（4）提高城市环境保护水平。遵循生态规律，从城市环境容量和资源保证能力出发，科学规划、合理布局，完善城市功能。优化城市能源结构，大力开发清洁能源。提高城市环保投入水平，加快城市污水、垃圾处理等基础设施建设，积极创建环境保护模范城市和生态城市。

（5）全面加强农业和农村污染防治。在农业产业结构调整中，努力推广生态农业，发展有机食品和绿色食品。加强规模化畜禽、水产养殖的污染防治和环境监管，科学施用农药、化肥。同时要加强小城镇环境保护，综合整治村镇环境，有效解决生活污水，垃圾污染问题，强化环境基础设施建设。

只有树立正确的科学发展观，从根本上转变经济增长方式，从工农业生产和城乡建设各个环节严格控制污染物总量排放，保护和改善环境的目标才能实现，我国的经济、社会和环境才能真正实现可持续发展。

十、怎样遏制生态环境恶化趋势？

我国土地退化、生物多样性减少等生态环境问题日益突出，生态系统失调导致自然灾害加重，农村与农业环境问题日渐突出。要在完成全国生态环境状况调查的基础上，对全国生态环境进行区划和规划工作，按照国务院颁布的《全国生态环境保护纲要》的要求，努力遏制生态恶化趋势。

（1）对重要生态功能区进行抢救性保护。在重要江河源头区、重要水源涵养区、水土保持重点保护和监管区、天然洪水调蓄区和防风固沙区等建设国家级生态功能保护区和省级生态功能保护区。

（2）对重点资源开发实行强制性保护。切实加强水、土地、生物物种资源、海洋和渔业资源、森林、草原、旅游资源开发的生态环境保护，加强水资源开发利用的生态环境保护，加大农业面源污染防治力度，完善监管制度。

（3）对生态良好地区实行积极的保护措施。提高自然保护区和生态示范区建设质量和管理水平。

（4）加强生物多样性保护与生物安全管理。保护珍稀、濒危生物资源，严厉打击收购、销售濒危物种活动；加强野生动、植物及其栖息地保护建设，恢复生态功能和保护生物多样性。建立和完善生物安全管理法律法规及监管制度。

十一、什么是农业环境？

农业环境是以农业生物（包括各种栽培植物、林木植物、牲畜、家禽和鱼类等）为主体，围绕主体的一切客观物质条件（如水、空气、阳光和土壤以及与农业生物并存的生物和微生物等），以及社会条件（如生产关系、生产力水平、经营管理方式、农业政策、社会安定程度等）的总和。其中，客观物质条件称为农业自然环境，社会条件称为农业社会环境。通常农业环境是指农业的自然环境，地域上农业环境包括广大农村、农区、牧区、林区等，是人类生存环境极为重要的组成部分。

十二、农业环境主要由哪些要素组成？

（1）大气环境。是农业生产过程中重要的要素之一，同时也是人类生存不可缺少的物质。农业大气环境污染，以温室效应和酸雨危害最大，并且污染程度在加重，对农业生产产生了很大影响。气候变暖成为当今全球最为严峻的环境问题之一，对人类未来的生存和发展造成了很大的威胁，引起了世界各国政府和人民的极大关注。

（2）水体环境。水是各种生物赖以生存的宝贵资源。农业水环境是指分布在广大农村的河流、湖沼、沟渠、池塘、水库等地表水体、土壤水和地下水体的总称。水环境既是农业大地的脉管系统，对雨洪旱涝起着调节作用，又是农业生产的生命之源。然而，近十几年，农业水污染严重，水环境质量不断恶化，污染事故时有发生，不仅对粮食造成减产，而且直接威胁着广大农村居民的身体健康。地球表面水资源总储量还是相当丰富的，但可为人类利用的淡水资源数量却很少，不及0.01%。

（3）土地资源环境。我国耕地仅占世界耕地资源总量的9%，但却养活了世界上22%的人口。目前我国土地资源总是由于各种原因在不断减少，质量也在不断下降，土地沙化、土地盐碱化、水土流失、土壤污染等问题都非常严重，已经引起各级部门的高度重视。

（4）聚落环境。是指人类聚居的场所，活动的中心。而聚落环境是人类聚居和活动场所的周围环境。它是与人类的工作和生活关系最密切、最直接的环境。

聚落环境根据其性质、功能和规模可分为：

院落环境：是由一些功能不同的建筑物和与其联系在一起的自留地、场院组成的基本环境单元。它的结构、布局、规模和现代化程度是很不相同的，因而，它的功能单元分化的完善程度也是很悬殊的。

村落环境：是由十几个或几十个或者更多的农户集中分布的场所，是农业人口聚居的地方。

城镇环境：是人类利用和改造环境而创造出来的高度人工化的生存环境。

十三、农业环境有什么特点？

（1）范围广，区域之间差异大。农、林、牧、副、渔业生产活动的领域非

常广阔，除了人迹罕至的远海、原始森林、荒漠和城镇、工矿区以外，都属于农业环境的范围。由于各地自然条件不同，形成了各种各样的局部地区农业环境。

（2）不稳定，容易衰退和遭到破坏。农业环境是在一定程度上受人类控制和影响的半自然环境。人们为了追求高产而单一种植和养殖少数理想的品种，改变了原先丰富多样的自然生物种群的面貌，使农业生态系统变得单调，缺乏自然生态系统那种对抗环境条件变化的强大“缓冲力”。人们向农业生态系统给予大量投入，包括使用机械、化肥、农药和其他物质，同时又把大量的农产品作为商品输出。因此，现代农业生态系统成为一个能量和物质大量流进流出的开放系统。在高度投入和产出的情况下，如果控制不当，容易使农业生态系统失去平衡，造成生态结构的破坏和生产能力的衰退。

（3）因素复杂，恶化后不易察觉和恢复。农业环境质量恶化是积累性的，一般不会在宏观上立刻出现明显变化，只有通过科学的监测和分析才能捕捉其发生变化的踪迹。又由于农业环境因素复杂，各因素的定量测定不易进行，更不容易了解各因素的相互关系。这些都是农业环境质量恶化不易察觉的客观原因。但是农业环境恶化在经历较长时间的积累表现出明显的质的改变以后，要恢复和改善它的生产能力又是很不容易的。因此，农业环境的保护应以预防为主。

十四、农村农业生产与环境之间的关系是怎样的？

农业环境以人类的生产和生活活动为中心，是一个复合系统，是由自然、社会、经济三个子系统组成。它依赖于自然资源的供给，同时又受自然生态条件的约束，社会、经济与自然三者既相互依存，又相互制约与补偿，构成农业有机整体。

农业环境质量直接关系到广大农民的生活条件，人们的各种食物以及其他农副产品主要由农村提供，农业环境质量也直接关系到城市居民的生活。因此，农业环境也是人类重要的生活环境，农业环境兼有生产环境和生活环境的双重功能。

农业环境质量状况，对农产品的数量和质量起着决定性的作用。因为一切生物都不能脱离环境而单独生存。在正常的环境条件下，农业生物与农业环境之间相互依存、相互影响、相互协调，构成一个良好的农业生态系统，农业生产就有了保障。当农业环境受到污染和破坏时，农业生物就不能正常生长，使农业生产陷入困境。

农业环境问题是农业生物和与之密切相关的周围环境之间的矛盾。如由于农村工业的发展造成了严重的大气污染和水污染，使大气环境质量和水体环境质量下降，反过来影响了农村居民的生活，使农作物减产，农业环境质量恶化等。

农业环境不仅通过影响粮食产量或者农产品的质量来影响人类，更直接影响到人们的生存。生态环境的恶化、不合理的农业生产方式对农业可持续发展带来的影响，通过对这些影响的分析，加强农业环境保护理论和实践的研究，推进我国农业环境保护工作的顺利实施。

十五、我国新农村建设中关于对环境建设的要求包括哪些方面?

随着农业经济的不断发展，农村环境保护工作也愈来愈显得十分重要。首先，人们生活水平提高，对食品组成结构要求也愈来愈提高，这就要求在农业生产中生产营养丰富、品质优良的粮食和蔬菜；其次，农民对生存环境也有新的理解和要求，各种环保新意识的教育和法规的不断完善，农民需要自己生存的环境更清洁、更优雅、更文明。

一些研究者结合国内外农村建设与发展的情况，提出了我国新农村建设的基本要求。其中关于对农村环境建设的要求主要包括：村容村貌整洁优美，有符合规划的硬化路面，有达到饮用水标准的生活用水，有符合卫生要求的厕所，有完善的排水设施，有集中的垃圾收集转运场所，有安全卫生的住房，农村面源污染得到有效控制等。这些要求基本涵盖了农村生产、生活的各个方面。结合我国农村的环境实际，对这些要求进行分析和总结，可以将新农村建设对环境的要求概括为“清洁水源、清洁家园、清洁田园”三个方面。

社会主义新农村建设提出了“村容整洁”的要求，其实质是在农村地区倡导新的生产生活方式，弘扬与自然和谐的生态文明，建设布局合理、设施配套、环境整洁优美的农村人居环境。“清洁水源、清洁家园、清洁田园”的建设，有利于引导农民转变观念，改变落后的生活习惯，培养文明的生活方式；有利于改善农村生产、生活条件，创造良好的人居环境，改善农民的身体健康状况，提高生活质量；有利于提升农村地区的生态文明水平，促进人与自然的和谐，从而推动构建和谐社会和全面建设小康社会目标的实现。

十六、我国农村地区面临的主要环境问题有哪些?

在实施社会主义新农村建设战略的过程中，我国农村地区面临的主要环境问题可归结为以下五个方面：

（1）缺乏基于长远考虑的农村环境保护规划。农村聚居点规模迅速扩大，但在“新镇、新村、新房”建设中，规划和配套基础设施建设未能跟上，环境规划缺位或规划之间不协调——只重视编制城镇总体建设规划，忽视了与土地环境、产业发展等规划的有机联系。

（2）农村环保基础设施建设严重滞后。农村经济发展结构的变动使得人口

居住特点由分散变为集中，生活污水、生活垃圾对环境造成的影响逐渐突出起来。但由于资金、技术有限以及其他原因，村镇的生活废弃物处理厂的建设及容量都不能满足实际的需要。

（3）农业生产废弃物污染严重。改革开放30多年来，我国农业生产能力获得了较大幅度的提高，与此同时，畜禽养殖业从分散的农户养殖转向集约化、工厂化养殖，畜禽粪便污染大幅度增加，成为一个重要的污染源。畜禽养殖业所造成的污染问题逐渐突出，已成为普遍关注的环境污染问题。

（4）农村面源污染问题突出。我国是农业大国，随着居民生活水平的提高，人们对农产品的品种和数量的要求也越来越高，为追求高产，农药、化肥和农膜大量使用。化肥、农药的不合理施用以及废弃农膜残留是农村面源污染产生的主要途径之一。

（5）城乡复合污染加剧。城市工业企业“三废”超标排放，直接威胁到农村地区的环境质量，特别是污水灌溉使农田环境污染加剧，部分地区土壤重金属严重超标，一些农村地区已成为城市生活垃圾及工业废渣的堆放地，使污染危害变得非常突出。

十七、如何从战略高度关注农村生态环境安全？

针对我国农村生态环境的严峻形势，国家必须强化社会公众的农村生态环境危机意识，大力宣传农村生态环境安全的内涵、特点、迫切性以及未来国家农村生态环境安全发展趋势，将当前与今后存在的生态环境问题和对经济社会发展的不利影响与严重性告诉公众，使公众认识到农村生态环境的进一步恶化将对人类生存和发展构成广泛和严重的威胁，同国防与军事安全一样，农村生态环境安全是国家安全的重要组成部分，而且是国家生存和发展的安全基础性部分。基于此，必须从我国农村生态环境安全与粮食安全、经济安全以及社会安全相互关联的角度增进对农村生态环境安全的认识，增强全民生态环境意识与参与意识。必须突破传统、封闭的农业生态安全观，树立经济、生态、社会、政治、文化全面和谐的科学发展观，从片面追求农业和农村经济增长，转变为农村经济、生态、社会、政治、文化全面和谐发展。

十八、怎样编制与实施新农村环境建设相关规划？

在全面建设小康社会和农村可持续发展的背景下，客观上要求有一套能够将生态、生产和生活统筹协调起来的乡村建设思路，并贯穿于农村发展的战略规划中。应以改善农村人居环境为中心，制定以科学发展观为指导的农村环境保护规划，统筹各部门的资源，集中解决当前农村经济发展中的突出环境问题。首先在国家层面制定全国性的宏观战略规划，明确指导思想、分期目标与重点方向，各省（区）、市、县、乡镇在国家框架下，根据自身地方特点制定不同级别的相应规划与实施方案，任务层层分解，逐步落实推进，引导新农村建设朝着健康、可持续的方向发展。国家环境保护总局已经制定完成的《国家农村小康环保行动计划》是基于全国农村发展与环境保护总体考虑的国家层面规划，充分考虑了新农村建设过程中面临的主要环境问题，并提出了较全面的解决方案。目前，许多省（区）、市、县已经在该规划的总体框架下，制定了基于地方经济社会与环境特点的规划方案。

十九、怎样改善农村人居环境？

（1）农村环境基础设施。建设农村环境基础设施建设应成为新农村建设的一个重点环节，包括农村环境卫生整治、生活污水与生活垃圾收集与处理、村容村貌改善等方面。重点是合理布局畜禽养殖区与村民居住区。建设生活垃圾、污水处理设施，结合农村改水、改厕与沼气建设，提高生活污水处理率。

（2）农村饮用水安全保障体系建设。针对目前我国农村饮用水安全保障中存在的主要问题，对农村饮用水源，特别是农村人口相对密集居住区的集中饮用水源进行规划，在水源地周边一定范围内建立水源保护区，加强农药和化肥使用的环境安全监督管理。开展水源水质定期监测，为水处理和水源保护提供科学依据。

二十、如何治理农村生产环境污染？

（1）土壤污染综合治理与修复。开展全国土壤污染现状调查，掌握全国范围的土壤污染现状、污染范围、主要污染物和污染程度，建立和完善全国土壤环境监测网络，选取典型区建设土壤污染治理示范工程。

（2）安全农产品生产基地建设。在自然条件良好、利于发展有机食品生产的农村地区建设生产基地。对生产基地的基本情况进行全面调查与评估，开展生产基地水、土壤、大气环境质量定期监测。

（3）畜禽养殖污染综合防治。加强畜禽养殖环境监管，划定禁养区和限养区，制定相应的法规、标准，加强畜禽养殖废弃物的综合利用和污染治理，引导畜禽业生产废弃物在农业生态系统内的良性循环。

二十一、如何加强农村环境管理？

（1）健全农村环境监测、统计与预警体系。完善农村环境质量监测与环境统计方法，建立新农村建设环境质量考核指标与方法，进一步加大对农村环境的

监测和监管力度，重点加强基层监测站硬件设施、技术手段和人员队伍建设，加大资金投入力度，并逐步完善农村环境应急预警制度。

（2）加强农村环保科研能力。针对农村地区经济能力有限和农民文化程度较低的实际情况，应加大高效实用环保新技术的研发、推广力度，加强农村科技人员培养，并给予政策扶持，加强对土壤污染、持久性有机污染等新型农村环境问题的研究。

（3）农村环保宣传与培训。充分运用多种媒体手段开展农村环保宣传和科普教育，引导广大农民群众自觉保护农村生态环境，形成良好的环境卫生和符合环境保护要求的生活、消费习惯。

在建设社会主义新农村、加快农村现代化进程的今天，不能重蹈工业化“先污染，后治理”的老路，要力避因为环境问题而阻碍农村社会的可持续发展。如果不重视农村环境问题，势必出现农村环境污染的规模和影响不断扩大，进而最终影响到城市，这不符合“生产发展、生活富裕、生态良好”的社会主义新农村的发展目标。

二十二、怎样强化环保知识普及教育，提高村官群众环境保护意识？

从总体情况看，农村环保知识普及教育十分落后，多数群众了解的环保知识不多，环境意识不强，环保自觉性较差。富裕起来的农民，普遍关心自己及家人的身体健康，但因缺乏环保知识，不知道自己的生产、生活行为哪些符合环保要求，哪些不符合环保要求，但主观上已经有了改善和保护自己生存环境的强烈愿望。

农村环境保护工作需要全社会共同努力，环保知识普及程度直接关系着干部群众环保意识的高低。因此，应该充分利用广播、电视、报刊、网络等媒体手段，开展多层次、多形式的舆论宣传和科普宣传，面向基层领导、面向企业、面向全社会，广泛开展环保知识普及教育，宣传环境道德、生态破坏和环境污染案例，进行警示教育活动，大力宣传国家关于环境保护的方针政策、法律法规，努力提高各级领导和村镇居民环保意识，增强他们保护环境的自觉性和责任感，使其能自觉行动起来积极参与环保行动。不断强化各级领导干部的环保意识和企业保护环境的责任感。积极引导农村居民从自身做起，自觉培养健康文明的生产、生活习惯，养成健康的消费方式，将保护和改善环境的愿望转化为保护环境的实际行动。

二十三、怎样发展生态产业，推进农村产业集约化经营？

积极发展生态农业，推进农业产业化经营。农业生态系统作为一种半自然半人工的生态系统，生态规律和经济规律在同时发挥作用，自觉保护农业资源，采用符合环保要求的农业技术手段，使农业生产体系渗透到自然生态循环系统中，生产出安全的农产品，是现代农业的基本要求和发展方向，也是解决目前农村环境污染的有效途径之一。我国农业发展正处于一个关键的时刻，一方面农村环境污染严重，化肥、农药高投入的发展模式不可持续。另一方面我国农业的集约化水平还很低，农产品缺乏竞争力。为此，需要积极转变发展模式，适应世界农业生态化、绿色化的趋势，走适合我国国情的生态农业发展道路。

二十四、怎样建立全面协调平衡的农业生态系统?

为了控制农业生产过程中所造成的资源浪费、环境污染问题，有利于农业资源的合理开发与利用，应积极建立全面协调平衡的农业生态系统。为此，要正确运用生态学原理，尽力避免或淘汰那些有害于生态平衡和良好环境的农业措施，以逐步改善农村生态环境。要科学分析农业生态系统中各种资源组合的特点以及其相互作用变化的规律，选择最优要素组合，以发挥资源的优化组合功能。要根据各地的自然地理条件和农业产业结构的实际要求，建立各具特色的持续平衡的农业生态体系，在经济效益、社会效益、生态效益相兼顾的前提下，探索最少投入、最大产出的各种构成模式（如生态农业、立体农业、有机农业等），提高综合效益，促进农业生产的持续稳定发展。要逐步对主要农业土地、水资源、森林、草地、生物资源进行合理开发利用，并形成科学的监测管理系统，把开发利用、保护治理、资源增值三个方面有机结合起来，使有限资源得以永续利用，使可再生效益获得更多的增值。当前，尤其要进一步治理整顿土地市场秩序，坚决清理整顿各类名目繁多的开发区，落实最严格的土地保护制度，严格保护耕地，特别是严格保护基本农田。

二十五、怎样为改善农村生态环境提供科技支撑?

科学技术对于我国农村生态环境起着举足轻重的作用。因为科技的发展，可以为缓解资源短缺、改善生态环境质量提供有效的手段，并且生态环境资源问题也是科技问题，今后许多生态环境资源问题的解决将更依赖于科技的发展。我国农村生态环境科技的发展战略思路应以统筹人与自然的和谐发展为指导，以解决我国农村生态环境中的重大问题和改善生态环境为基本出发点，以转变不可持续的生产和消费方式，提高资源生产率为核心，以区域和系统的综合防治为重点，通过自主创新与综合集成研究，建立与农村全面小康社会目标相适应并符合我国国情的生态环境科学理论和技术体系，为农村生态环境质量明显改善和促进农业的可持续发展提供科技支撑。

当前，尤为迫切的是，通过科技进步相对减少农业经济增长对资源特别是不可再生的自然资源的需求，用现代科技克服农村生态环境在协调发展中的限制因素，减轻经济活动对自然环境的过载压力，形成或再造新的环境承载力。同时，努力实现农业生产技术生态化、生产过程清洁化、生产产品无害化。积极推广控制农业面源污染的施肥和施药新技术，提高化肥和农药的效率，减少对环境的影响。大力推广病、虫、草、鼠害的综合防治技术，加强生物防治技术，逐步形成高效益、低成本、无公害的综合防治系统。积极推广秸秆还田技术、玉米秸秆养牛、养羊过腹还田技术和秸秆种植菇类技术。大力开发适合农村污染物控制的生态技术。大力加强技术推广体系建设，改进对农民的技术服务支持，全面形成保障农村生态环境质量有明显改善的科技能力。

二十六、怎样加大科研投入，开发适用的农村环保技术?

各级地方政府、环保科技部门要注重研究开发农村环境综合整治的实用技术，加强分类指导、试点示范，分步推广。因地制宜地探索低成本、高效率的农村污水、垃圾处理技术。环保、农林、科技等部门要加大对农村污染治理技术的研发、创新和推广服务力度，并把这一工作纳入各个部门的职责范围，示范带动，不断总结推广各种实用技术。要加快现有成果的转化、推广，特别是针对不同地区的环境特点，选择成本较低，又能被群众较快掌握的环保技术的推广应用。把畜禽养殖污染治理、秸秆等废弃物综合利用与循环经济建设有机地结合起来，实现农村生活污水的生态化处理，粪便、垃圾、秸秆等废弃物的资源化利用和无害化处理。

大力发展可持续农业新技术，提高农村环境污染防治的技术保障。一方面，要提高农业生产标准化水平。完善农业标准体系，围绕农业生产的各个方面，出台有关标准和技术指南，减少农业生产中化肥、农药和除草剂等化学品的滥用。另一方面，要推动技术创新，如精准农业、平衡施肥技术、田间综合管理技术、节水农业技术等，应加大这方面的科研投入，将农村面源污染控制技术研究列入国家科研重点支持目录，提高相关领域的科研水平，支持农业科研部门研制开发高效疫苗、低毒低残留农药和兽药以及复合、缓释肥料，研制安全、无污染饲料添加剂新品种和精确施肥技术。在政策上应将环境友好型农业技术和污染控制技术纳入环保产业目录，享受环保产业优惠政策，推动农业环境技术创新。

二十七、怎样协调城乡发展，落实城市支持农村的环境发展战略?

促进城乡经济协调发展，既是建设社会主义新农村的主要内容，也是构建和谐社会的难点和重点。农村和农业发展，关系到国家的长治久安，事关全面建设小康社会宏伟目标的实现。然而，长期以来受“二元体制结构”的影响，农村社会经济发展落后，农业集约化经营水平低，农民人口多、基数大、收入少，农村在为我国的工业化进程作出巨大贡献的同时，长期的粗放型发展模式积累了众多的生态环境问题，仅仅依靠农村自身的能力很难解决。“三农”问题是我国经济社会发展和全面建设小康社会的“瓶颈”，短时期内很难突破，再加上农村严峻的环境问题，使“三农”问题正在演变为“四农”问题。因此，必须从政策和制度上向农村倾斜，打破“二元”经济社会结构的束缚，统筹城乡经济和社会发展，实行“工业反哺农业，城市支持农村”的协调发展战略。

二十八、怎样加大对农村生态环境的管理力度？

农村各级领导，尤其是县、乡镇领导要重视本地区的生态环境保护工作，将生态环保提到政府工作的重要议事日程上来。要统筹规划，在编制农业区域规划，城乡建设规划时充分考虑本地的生态环境资源和存在的环境问题，协调制定有关规划。要抓住重点，坚持把农村生态环境保护同水利工程建设结合起来，开展小流域综合治理，控制水土流失。要落实责任，开展乡镇企业环境综合整治，尤其对乡镇企业发达地区，进行区域污染防治，实行总量控制与浓度控制，落实目标责任。要按生态城镇的标准和要求，搞好城镇基础设施建设。农村生态环境保护涉及经济、政治、文化各个领域及组织、管理、考评等一系列问题，是一个复杂的系统工程。为确保农村生态不断地得到改善，必须建立健全一套长效的建设管理机制，使农村生态环境保护工作不因领导人的更换而停滞，不因领导人的偏好或注意力的转移而改变。为此，应当通过探索建立权责明确的组织指挥体系和目标考核机制，协调联动、齐抓共管的工作机制，依法管理农村公共事务的机制等，使农村生态环保工作规范化、经常化、制度化。这是搞好农村生态环境保护的重要保证。

【案例】

北京的刘某患了关节炎的毛病。在他看来，造成自己关节炎的原因，就在于自家窗外的高层居住区，其中一座22层的高楼，把他的家——东城区春秀路×号楼遮挡得严严实实，高楼就矗立在春秀路×号楼西南18米远的地方。他作过记录，大约从每天上午10点30分开始，该楼就开始遮挡自己家的窗户，一直持续到11点40分，而从12点40分开始，遮挡的任务就“轮换”到了另一高层居住区楼，刘家一天的“午后阳光”也就从此高层楼层的建成后结束。身受“阳光缺乏”之苦的不仅仅是刘某一家，春秀路×号楼里居住的大部分人都是受害者，很多人都有或轻或重的缺钙或关节炎等症状。刘某和他的邻居们找开发商理

论，却没有得到满意的答复。2007年4月，刘某等18户居民向其所在的区法院提起采光权诉讼，要求开发商进行赔偿。

【评析】

随着城市中的高楼拔地而起，如同上述案例一样的采光权纠纷日益增多，要求维护自身合法权益已经成为人们提高生活质量的一部分。而这种利益的实现，依赖于我们对环境权利的熟悉和争取。实际上，随着生活质量的提高，人们对生存环境的要求也在提高，不仅是采光权，眺望权、通风权、清洁空气权、清洁水权等权利概念也逐渐进入人们的生活。在国外，如日本等国的判例也支持了这些新近出现的权利。那么环境权在现实的法律生活中是怎样体现的呢？

（1）公民有在良好、健康的环境中生活的权利。这是公民最基本的环境权利。我国《宪法》、《环境保护法》及其他环境保护法律的有关规定，都体现了维护人们良好生活环境权利的精神。如《宪法》第26条规定："国家保护和改善生活环境和生态环境，防治污染和其他公害。"这种环境权利在现实生活中，往往是以通风权、采光权、清洁空气权、清洁水权等权利形式体现的。通风权是保证居所空气流动性的权利。采光权是要求居所或其他特定场所获得正常的自然阳光的照射的权利。清洁空气权是公民享有的在未受污染的空气中生活的权利。清洁水权是公民享有的在清洁的水环境中生活的权利。

（2）公众有环境知情权。公民有权了解国家及自己所在地区的环境状况和国家所采取的环境措施。政府应当将与老百姓生活相关的环境信息予以公开。《环境信息公开办法（试行）》从2008年5月1日起正式施行。这是继国务院颁布《政府信息公开条例》之后，政府部门发布的第一部有关信息公开的规范性文件，也是第一部有关环境信息公开的综合性部门规章。该《办法》将强制环保部门和污染企业向全社会公开重要环境信息，为公众参与环境保护工作提供平台。

（3）公民有参与国家环境管理的权利。环境保护与每一个人都息息相关，因而公民的环境参与权就显得相当重要。《国务院关于环境保护若干问题的决定》就指出："建立公众参与机制，发挥社会团体的作用，鼓励公众参与环境保护工作。"《环境影响评价法》也规定："国家鼓励有关单位、专家和公众以适当的方式参与环境影响评价。"公众参与环境管理，包括参与国家环境管理的预测和决策过程，参与具体制度如环境影响评价的实施过程，参与环境科学技术的研究、规范和推广，参与环境保护的宣传教育和实施公益性环境保护行为，参与环境纠纷的解决等。随着我国环境保护事业的发展，相信以后的法律会有更多、更详尽的公众参与的规定。

(4) 公民有检举、控告等监督权。我国《环境保护法》第6条规定:“一切单位和个人都有保护环境的义务,并有权对污染和破坏环境的单位和个人进行检举和控告。”由此可见,保护环境是一切单位和个人应尽的义务,对于违反该项义务的单位和个人,都应当依照法律的规定承担相应的民事责任、行政责任和刑事责任。对于任何污染和破坏环境的行为,一切单位和个人都有检举权和控告权,这种权利不受剥夺和限制,是法律明确保护的。《环境保护法》之所以这样规定,是因为保护环境是关系到国计民生的大事,也是关系到每个人健康幸福的大事。环境保护不仅仅是环保部门、政府的事,也是我们每个公民的事。只有全社会成员共同努力,增强环保意识,自觉遵守环境法律,按自然规律和经济规律办事,才能保证社会经济的协调发展。因此现实生活中我们必须保证公民监督权的实现。如某化工厂白天运行污水处理设施,到了晚上就停开,并偷偷向附近河流排污。村民赵某发现后,就向乡政府去举报该化工厂,结果接待人员对赵某说:“制止偷排保护环境是环保部门的事,你就不要多管闲事了。”在此案中,赵某有权举报该化工厂的污染行为,乡政府工作人员应当按照职权查明事实或转环保部门查实,进行处理。

采光权纠纷是环境权纠纷的典型代表。公民有获得充足的阳光照射的权利,这不仅要求法律对采光权要有明确规定,也需要政府和司法部门对公众知情权、监督权、诉讼权等权利的尊重。例如,在美国,1987年市民因经纽约市政府批准建在纽约市中心公园西侧的大楼使公园内形成巨大阴影而诉至法院,控告政府与开发商侵犯了民众利益。因为“公园不仅其土地属于大家,且任何人不得剥夺妨碍人们在公园享受阳光的权利”,法院裁定大楼必须降低高度直至不遮蔽阳光。在我国,北京、长沙、贵阳、济南、武汉等地近几年采光权纠纷案频发,法院在司法实践中也开始正视采光权问题。如在上述刘某等18户居民主张采光权案中,法院就肯定了原告的要求,判决被告对原告进行采光补偿,因为日照时间的减少,势必对原告的生活及房屋的价值造成影响。当一个人的生活中不能自由地享受阳光雨露时,法律应当保证公民寻回生存权利和尊严的要求。

第二章 环境保护制度与环境监测

一、我国有哪些环保制度？

我国现行的环保制度主要有以下几种：

（1）“三同时”制度。建设项目中防治污染的措施，必须与主体工程同时设计、同时施工、同时投产使用。防治污染的设施经原审批环境影响报告书的环保部门验收合格后，该建设项目方可投入生产或者使用。它和环境影响评价相辅相成，防止环境污染。

（2）限期治理制度。造成严重环境污染的企事业单位，人民政府决定对其限期治理，而被限期治理的企事业单位必须如期完成。

（3）环境影响评价制度。会对环境产生不良影响的工程项目，在开工建设前，对其活动可能造成的周围地区环境影响进行调查、预测和评价，并提出防治环境污染和破坏的对策，以及制定相应方案。

（4）排污收费制度。向环境排放污染物或者超过规定标准排放污染物的排污者，必须缴纳排污费。该制度秉承了“污染者付费”的原则，可以约束排污者的排污行为，使污染防治责任与排污者自身的经济利益挂钩，促进经济效益、社会效益、环境效益的统一。作为排污单位，为了获得企业的利润，必定会改善生产工艺，提高管理水平，尽可能地减少排污量。

（5）排污申报登记制度。《环境保护法》第27条规定：“排放污染物的企业事业单位，必须依照国务院环境保护行政主管部门的规定申报登记。”实行这一制度，是为了使主管部门及时准确地掌握有关信息，有针对性地进行环境管理。

（6）环境保护目标责任制度。以签订责任书的形式具体落实地方各级人民政府及有关部门和造成污染的单位对环境保护负责的行政管理制度。责任者是地方各级政府首长、各有关部门领导和企业法人代表。

（7）环境监测制度。从事环境监测的机构按照国家法律法规规定的程序，运用科学方法，对环境中各项要素及其指标变化进行经常性检测或长期跟踪监测的活动。它可以为我们制定环境保护标准、环保法律法规提供基础数据。

（8）无过失责任制度。一切污染环境的单位或者个人，只要客观上对他人造成了人身或者财产损害，即使主观上没有错，还是需要承担赔偿损害责任。这是为了充分保护受害人的合法权益，也是处理各种环境纠纷的依据。

二、全民环保生力军主要由哪些人组成？

环境保护是一项利国利民的大事，不是靠单个人或者一群人就能够完成的，这需要全人类的共同努力。

（1）形式繁多的环保组织渐渐成为了全民环保的生力军。环保组织作为一类公益性的组织，具有较大的号召力，能够发挥重要的作用。例如，民间环保组织“自然之友”的一项“夏至关灯”计划——号召断电1小时的活动，可以节省大量的能源。如今，我国的环保组织数量众多。据不完全统计，目前我国民间环保组织共有2768家，从业总人数达22.4万人。这么多人在一起共同努力将我们的地球家园保护得更加美好。他们有的从事环保宣传，有的注重节能环保，有的关注生态系统。总之，重点各有不同，涉及环保的方方面面。

（2）活跃在环保最前线的治理环境污染的从业者是环保的重要力量。他们担负起了改善居住环境的重任，通过工程手段或者其他措施修复、治理已经遭到污染的环境，尽力使其恢复到原来水平。他们中既有学识渊博的专家教授，也有具有丰富实际工作经验的工程师，还有工作在第一线的环保工作者。

（3）全民参与才是环保的基本力量。环保组织规模再大，如果没有公众的配合也不能达到良好的效果。只要每个人付出一点点努力，汇聚起来的力量是无法估计的，达到的效果也是相当可观的。

三、公民具有哪些基本的环境权？

环保是全民性的公共事务，环境问题关乎公众的切身利益。在我国，随着公众环境意识的增强，公众的意愿和行动在解决环境问题中发挥着越来越重要的作用。但相关调查显示，我国公众环保参与能力仍较差，在碰到具体问题时，很多人不知道法律赋予了公众哪些权利。

《宪法》第2条规定：“人民依照法律规定，通过各种途径和形式，管理国家事务，管理经济和文化事业，管理社会事务。”这从根本上规定了公民的基本权利。

《环境保护法》第6条规定：“一切单位和个人都有保护环境的义务，并有权对污染和破坏环境的单位和个人进行检举和控告。”第8条规定：“对保护和改善环境有显著成绩的单位和个人，由人民政府给予奖励。”这都为公众参与环保提供了法律依据。

四、环保的主要障碍是什么？

可以说，目前环境保护在技术方面没有太大的问题。国外有的污染防治技术，在我国也同样有。但是环保资金每年大量投入，我们的环境质量却不见得有明显的改善。这其中，有方方面面的原因。

知识的缺乏成为了环保的一个较大障碍。虽然我们在大力宣传环保，但这毕竟是一个专业性的问题。许多人认为，环保应该是政府、企业的事，我们做得再多，也无法消除企业的污染，因为环境污染的“大头”来自大型企业和工程项目。这话听起来有一定的道理，但是当前许多污染事件的发生，恰恰是人们生产、生活中的一些不当行为引起的。例如，太湖蓝藻危机引起社会普遍关注，许多人都在探讨其污染来源。根据中国科学院南京土壤研究所的研究成果，农村面源污染占太湖外部污染总量的比例达50%左右。这表明，污染不仅仅是大企业、大工程造成的，水上运动、餐饮娱乐、度假休闲等造成的污染也不可小视。要根治太湖污染，必须引导周边群众改变粗放型的生产方式，而这正是农民群众最缺乏相关知识、最需要引导的方面。

另外，公众环保意识的低下也是阻碍环保的一个重要方面。在利益和环境面前，人们往往会选择利益而放弃环保。例如，实行了好几年的“限塑令”如今已经看不到效果了。人们宁愿到超市里购买塑料袋也不愿意自己带环保袋。环保意识的提高不是一朝一夕就能实现的。除了政府的积极引导，也需要群众的切实努力。

与环保相关的国际节日有哪些？

（1）国际湿地日——2月2日。

（2）世界水日——3月22日。

（3）世界气象日——3月23日。

（4）世界地球日——4月22日。

（5）国际生物多样性日——5月22日。

（6）世界无烟日——5月31日。

（7）世界环境日——6月5日。

（8）世界防治荒漠化和干旱日——6月17日。

（9）世界人口日——7月11日。

（10）国际保护臭氧层日——9月16日。

（11）世界粮食日——10月16日。

五、什么是“地球1小时”？

“地球1小时”是世界自然基金会为应对全球气候变化而提出的一项倡议，

希望个人、社区、企业和政府在每年3月的最后一个星期六20：30～21：30熄灯1小时，来表达他们对应对气候变化行动的支持。过量二氧化碳排放导致的气候变化目前已经极大地威胁到人类的生存。只有改变全球民众对于二氧化碳排放的态度，才能减轻这一威胁对世界造成的影响。

（1）活动由来。“地球1小时”是一项全球性的活动，世界自然基金会于2007年首次在悉尼倡导后，以惊人的速度席卷全球。

2007年3月31日，第一次“地球1小时”活动在澳大利亚悉尼展开，吸引了220多万悉尼家庭和企业参加。随后，该活动迅速席卷全球。2008年，世界自然基金会（中国）对外联络处透露，全球已有超过80个国家、1000座城市加入活动，通过实际行动证明，个人或企业的一个小小善举将会给人类居住的环境带来深刻的影响，甚至成就未来巨大的变化。

（2）活动目标。“地球1小时”的目标是让个人、家庭和企业尽可能多地参与进来，关闭灯光和其他电器1小时（除了交通等必要的灯光）。该活动的主要目标不是节电，而是遏制气候变暖。

“地球1小时”旨在让全球民众了解到气候变化所带来的威胁，并让他们意识到个人或企业的一个小小动作将会给他们居住的环境带来怎样深刻的影响——小小改变就可能带来巨大影响。

（3）国内发展。在国内，参与活动的城市和建筑数量同样以滚雪球式上升。作为“低碳城市试点”的保定市政府大楼、中国首个太阳能光伏大厦——电谷锦江国际酒店、香港维多利亚港湾、大连星海广场、南京玄武湖和新街口、上海东方明珠等近80幢高层楼宇都在每年3月28日晚上8点半关灯；北京的新地标建筑鸟巢、水立方和玲珑塔也加入其中；长安街上最高的建筑银泰中心，“灯笼”标志的景观灯也在每年的这个时刻关闭。这成为这些城市参与活动、支持减缓全球变暖行动的标志。此外，许多城市的个人、社区、企业也在用自己的力量积极组织和推动着这个活动。

联合国开发计划署国别副主任那华表示：“气候变化对人类的影响是不分国界的，无论是富裕还是贫穷，我们每个人在气候变化面前都同样脆弱。在同气候变化的斗争中，政府、个人和社会机构等各方面的共同协作非常重要。我们每个人都是地球村的村民，只要关灯一个小时，我们都能为减少碳排放作出实际的贡献，从而改变地球的未来。”

“地球1小时”全球执行总监安迪·瑞德说：“最近的事件表明，全世界在危机时刻是能团结起来的，全球经济危机就是一个很好的例子。2009年是决定地球未来的一年。全球各大国家将在这一年制定大规模减少二氧化碳排放的计划。这也给投资低碳新经济新模式提供了很好的机会。我们必须共同努力促成这

些改变。我们共同的行动可以改变历史，并确保地球的未来。”

“地球 1 小时”活动在中国启动后，也取得了积极的进展，可口可乐、佳能等百家企业已加入活动。北京、上海等地的宜家、沃尔玛、新世界中国地产等，也用不同的方式参加当天的活动。德高中国还提供了上海、北京与天津巴士车身以及地铁灯箱的免费广告位，以支持“地球 1 小时”活动。

六、什么是 ISO14007？

ISO 是“国际标准化组织”的英文简称。它是一个非政府的国际性组织，到目前，ISO 有正式成员国 120 多个，我国也是其中之一。ISO1400 是国际标准化组织从 1993 年起开始制定的系列环境管理国际标准的总称，它同以往各国自定的环境排放标准和产品的技术标准等不同，是一个全球性的国际标准。该系列标准分成几个不同的项目，其标准号从 14001 至 14100 共 100 个。我国目前已颁发的环境标准有以下几项，简单介绍如下：

（1）ISO14001 环境管理体系。规定了环境管理体系的要求，描述了对一个组织的环境管理体系进行认证/注册和（或）自我声明可以进行客观审核的要求。

（2）ISO14004 环境管理体系。阐述了环境管理体系的一些要素，对于如何建立、改善或者继续保持有效环境管理体系给出了具体的建议与意见。

（3）ISO14010 环境审核指南。规定了环境审核的一些通用原则，介绍了有关环境审核原则和相关的专业名词。

（4）ISO14011 环境审核指南。规定了组织和实现环境管理体系审核的一般程序，从而判定审核过程是否符合环境管理体系中规定的要求。

（5）ISO14012 环境审核指南。对于参与环境审核的环境审核员和审核组长提出了资格上的要求，内部和外部审核员都适用。

（6）ISO14040 生命周期评估。这是 ISO1400 系列标准中一项重要的支持性标准，对于企业建立环境管理体系和开展环境管理体系认证具有重要价值。

七、什么是“12369”热线？

“12369”环保热线是环保部向社会公布并在全国范围内开通的统一环保举报热线。开通这条热线有两个目的：一是为了方便群众，调动人人参与环保的积极性，保护其对环境污染行为进行举报、投诉的合法权益；二是实现群众举报的自动受理、自动处理和自动传输，提高工作效率，确保上情下达，政令畅通。该号码按照普通电话标准收费，热线服务 24 小时畅通。

本热线的受理范围包括公民、法人或者其他组织对违反环保法律法规和侵害公民合法环境权益行为的举报。如对环境污染事故和生态破坏事件的举报，对排污单位擅自停运污染防治设施、非法排放污染物行为的举报，对建设项目未办环评手续或违反“三同时”制度行为的举报，对单位和个人破坏生态环境行为的举报，对排污单位违反国家有关环保政策法规行为的举报，对排污单位不按规定缴纳排污费行为的举报，对环境保护和污染防治工作的意见和建议，对各级环境保护部门及其工作人员的批评和建议，对其他由环保部门管理的环境污染和扰民事件的举报等。可以说，凡是遇到和环境问题有关的事情或者纠纷，都可以拨打该热线。

八、什么是中国环境标志？

（1）中国实行环境标志产品认证的机构。我国环境标志产品的认证机构只有一家，那就是中国环境标志产品认证委员会。它是代表国家对产品进行环境认证的唯一机构，其他任何机构都无权进行认证。

（2）环境标志计划的实施对我国环境保护工作的影响。它有利于实现环境与经济的协调发展；有利于加强政府对企业环境管理的指导；有利于提高企业的市场竞争力，人们更加愿意购买具有环境标志的产品；它也有利于提高全民的环保意识，通过环境标志的宣传，广大消费者关心使用绿色产品，在不知不觉中参与到了环境保护工作中。

九、什么是绿色环保标志？什么是车辆的环保标志？

绿色环保标志是一种印刷或粘贴在产品或其包装上的图形标志。绿色环保标志表明该产品不但质量符合标准，而且在生产、使用、消费及处理过程中符合环保要求，对生态环境和人类健康均无损害。它包含的种类很广，常见的主要有森林认证、中国环境标志、有机产品标志、绿色食品标志和其他一些地区和组织标志。

车辆的环保标志有绿色环保检验合格标志样式、黄色环保检验合格标志样式：

（1）黄标车是指排放量大、浓度高、排放稳定性差的车辆。由于这些车辆大多是在1995年之前领取的牌照，其尾气排放的治理技术落后，尾气处理达不到欧Ⅰ标准，环保部门只给这些车辆发放黄色的环保标志。研究表明，一辆取得黄色环保标志的老旧车辆，其污染物的排放量相当于新车的5~10倍。

（2）绿标车是指尾气控制技术较好，尾气排放达到了欧Ⅰ或欧Ⅱ标准的车辆，环保部门给这些车辆发放绿色环保标志。

欧Ⅰ和欧Ⅱ排放标准的技术原理是一样的，要求车辆采用闭环控制系统加三元净化装置。只有采用这样的控制，车辆才能达到欧Ⅰ以上的标准。欧Ⅱ标准要求控制系统的精度更高，净化器的性能更好。到目前为止，闭环控制加三元净化器是世界各国实行尾气排放控制的有效方法。

十、什么是能效标志？

能效标志又称能源效率标志，一般是贴在耗能产品的正面或最小包装物上，是一种信息标签，表示该产品对能源的消耗程度，可以反映该产品的耗能情况。目前，我国的能源标志主要用在家用电器上，如空调和电冰箱。国家实施能效标志的目的是为准备购买产品的人们提供一些必要的参考信息，希望人们综合考虑各种因素，选择高能效产品，这样消耗的能源少了，产生的污染也少了，有利于保护环境。目前全球已有 100 多个国家实施了能效标志制度。

我国的能效标志为彩色，以蓝白为背景，分为 5 个能效等级，等级越低，表示产品越先进，耗能越少。等级 1 表示产品达到国际先进水平，最节电，即耗能最低；等级 2 表示比较节电；等级 3 表示产品的能源效率为我国市场的平均水平；等级 4 表示产品能源效率低于市场平均水平；等级 5 是准许进入市场的指标，低于该等级要求的产品，即能耗高于 5 级的产品不允许生产和销售。能效标志为背部有黏性、顶部标有“中国能效标志”字样的彩色标签，一般粘贴在产品的正面面板上。

电冰箱能效标志的信息内容包括产品的生产者、型号、能源效率等级、24 小时耗电量、各间室容积、依据的国家标准号。空调能效标志的信息包括产品的生产者、型号、能源效率等级、能效比、输入功率、制冷量、依据的国家标准号。

十一、什么是“三同时”制度？违反“三同时”制度如何处理？

“三同时”制度，是指一项新建、改建或扩建的基本建设项目、技术改造项目、自然开发项目，以及可能对环境造成损害的其他工程项目，其中防治污染和其他公害的设施以及其他环境保护设施，必须与主体工程同时设计、同时施工、同时投产。“三同时”制度是我国首创的，是我国严格控制建设项目形成新污染的根本性措施和重要的环境保护法律制度。“三同时”制度应与环境影响评价制度结合起来，成为贯彻“预防为主”原则的完整的环境与资源管理制度。

违反“三同时”制度，根据不同的事实情况，应当承担相应的法律责任。如果是建设项目初步设计环境保护篇章未经环境保护部门审批、审查擅自施工的，除责令其停止施工，补办审批手续外，按规定还可处以罚款；如果建设项目的防治污染设施没有建成或者没有达到国家规定的要求就投入生产或使用的，由批准该建设项目环境影响报告书的环境保护行政主管部门责令停止生产或使用，还可以并处罚款；如果建设项目的环境保护设施未经验收或验收不合格而强行投入生产或使用的，要追究单位和有关人员的责任；如果未经环境保护行政主管部门同意，擅自拆除或者闲置防治污染的设施，污染物排放又超过规定的排污标准的，由环境保护行政主管部门责令重新安装使用，并处以罚款。

十二、什么是环境影响评价制度？实施环境影响评价制度有何意义？

环境影响评价制度是指对影响环境的工程建设、开发和各种规划，预先进行调查、预测和评价，提出环境影响及防治方案的报告，经主管当局批准才能进行建设的制度。它要求可能对环境有影响的建设者、开发者，必须事先通过调查、预测和评价，对项目的选址、对周围环境产生的影响以及应采取的防范措施等提出环境影响报告书，经过审查批准后，才能进行开发和建设。2002 年我国颁布实施《环境影响评价法》，对该制度的范围、程序、内容、具体贯彻和法律责任等作出了完整的规定。

实行环境影响评价制度对我国的环境保护事业具有重要意义。首先，该制度可以通过事先的预防措施，把经济发展同环境保护协调起来，是实现可持续发展目标的合理途径。传统的经济建设项目和发展规划考虑的主要因素是经济效益和经济增长速度，很少考虑对周围环境的影响，结果导致经济发展和环境保护的尖锐对立。实行环境影响评价制度，可以使决策的研究不仅关注经济发展因素，还要考虑对环境的影响，以及这种影响带来的一系列后果，通过论证采取妥当的措施来防范和避免这类负面后果的出现。其次，该制度深入体现了“预防为主”原则的基本思想和价值追求。

十三、环境影响评价制度的适用范围是什么？

根据我国《环境影响评价法》和《建设项目环境影响管理条例》，凡在中国领域和中国管辖的其他海域内从事对环境有影响的规划和建设项目，都必须执行环境影响评价制度。主要包括国务院有关部门、社区的市以上地方人民政府及其有关部门组织编制的土地利用的有关规划，区域、海域、流域的建设，开发利用规划以及工业、农业、畜牧业、林业、能源、水利、交通、城市建设、自然资源开发等专项规划。“建设项目”的范围基本上可以认定为可能会对环境产生影响的一切建设项目。

十四、我国法律法规对环境影响评价制度有何规定？

《环境影响评价法》第 10 条和《建设项目环境影响管理条例》第 8 条对环

境影响评价的内容作了较为具体的规定。"专业规划"的环境影响报告书应当包括以下内容：实施该规划对环境可能造成影响的分析、预测和评估；预防或者减轻不良影响的对策和措施；环境影响评价的结论。而对"建设项目"则根据其对环境的影响程度，实行分类管理：

（1）对环境可能造成重大影响的，应当编制环境影响报告书，对建设项目产生的污染和对环境的影响进行全面、详细的评价；

（2）对环境可能造成轻度影响的，应当编制环境影响报告表，对建设项目产生的污染和对环境的影响进行分析或专项分析；

（3）对环境影响很小，不需要进行环境影响评价的，应当填报环境影响登记表，分类管理的名录由环保主管部门制定并公布。

建设项目的环境影响评价报告书主要包括：建设项目概况；建设项目周围环境状况；建设项目对环境可能造成影响的分析和预测；环境保护措施及其经济论证、技术论证；环境影响经济损益分析；对建设项目实施环境监测的建议；环境影响评价结论。

在规划实施后，建设项目建设、运行过程中，有关责任人员应当及时组织环境影响的跟踪评价，原环境影响评价文件审批部门也可以责成其进行环境影响的后评价。在不符合要求时及时采取措施改正。

十五、什么是环境规划制度？

环境保护规划或计划，是指国家或地方人民政府在对环境及其中的自然资源的状况进行调查和评价的基础上，所拟定的关于环境保护的具体内容和步骤，是对一定时期内环境保护目标和措施所作的规定，是对环境保护工作的总体部署和行动方案。环境规划一般包括城市规划、村镇规划、土地规划、森林规划、污染防治规划、自然生态保护规划、环境保护科技发展规划等。

十六、我国对土地利用总体规划作了哪些规定？

《土地管理法》对土地利用总体规划规定如下：各级人民政府应当依据国民经济和社会发展规划、国土整治和资源环境保护的要求、土地供给能力以及各项建设对土地的需求，组织编制土地利用总体规划。

（1）土地利用总体规划编制的原则包括：①严格保护基本农田，控制非农业建设占用农用地。②提高土地利用率。③统筹安排各类、各区域用地。④保护和改善生态环境，保障土地的可持续利用。⑤占用耕地与开发复垦耕地相平衡。

土地利用总体规划实行分级审批。乡（镇）土地利用总体规划可以由省级人民政府授权的设区的市、自治州人民政府批准。土地利用总体规划一经批准，必须严格执行。乡（镇）土地利用总体规划应当划分土地利用区，根据土地使用条件，确定每一块土地的使用用途，并予以公告。

江河、湖泊综合治理和开发利用规划，应当与土地利用总体规划相衔接。在江河、湖泊、水库的管理和保护范围以及蓄洪滞洪区内，土地利用应当符合江河、湖泊综合治理和开发利用规划，符合河道、湖泊行洪蓄洪和输水的要求。

（2）国家建立土地调查制度。县级以上人民政府土地行政主管部门会同同级有关部门进行土地调查。土地所有者或者使用者应当配合调查，并提供有关资料。县级以上人民政府土地行政主管部门会同同级有关部门根据土地调查结果、规划土地用途和国家规定的统一标准，评定土地等级。

（3）国家建立土地统计制度。县级以上人民政府土地行政主管部门和同级统计部门共同制定统计调查方案，依法进行土地统计，定期发布土地统计资料。土地所有者应当提供有关资料，不得虚报、瞒报、拒报、迟报。土地行政主管部门和统计部门共同发布的土地面积统计资料是各级人民政府编制土地利用总体规划的依据。

（4）国家建立全国土地管理信息系统，对土地利用状况进行动态监测。

十七、我国对村镇建设是如何规划的？

村庄和集镇规划的目的是为了加强村庄、集镇的规划建设管理，改善村庄、集镇的生产、生活环境，促进农村经济和社会发展。村庄、集镇规划的编制，应当遵循下列原则：

（1）根据国民经济和社会发展规划，结合当地经济发展的状况和要求，以及自然环境、资源条件和历史情况等，统筹兼顾，综合部署村庄和集镇的各项建设。

（2）处理好近期建设与远景发展、改造与新建的关系，使村庄、集镇的性质和建设的规模、速度和标准同经济发展和农民生活水平相适应。

（3）合理用地，节约用地，各项建设应当相对集中，充分利用原有建设用地，新建、扩建工程及住宅应当尽量不占用耕地和林地。

（4）有利生产，方便生活，合理安排住宅、乡（镇）村企业、乡（镇）村公共设施和公益事业等的建设布局，促进农村各项事业协调发展，并适当留有发展余地。

（5）保护和改善生态环境，防治污染和其他公害，加强绿化和村容镇貌、环境卫生建设。

十八、什么是环境信息公开制度？

《环境信息公开办法（试行）》（2008 年 5 月 1 日实施），对环境信息公开制

度作了具体规定。

环境信息包括政府环境信息和企业环境信息。前者指环保部门在履行环境保护职责中制作或者获取的，以一定形式记录、保存的信息。后者是指企业以一定形式记录、保存的，与企业经营活动产生的环境影响和企业环境行为有关的信息。环境信息公开制度是指，环保部门应当遵循公正、公平、便民、客观的原则，及时、准确地公开政府环境信息；企业应当按照自愿公开与强制性公开相结合的原则，及时、准确地公开企业环境信息的一项法律制度。公民、法人和其他组织可以向环保部门申请获取政府环境信息。环保部门应当建立、健全环境信息公开制度。环境信息公开确保了农民环境知情权的实现。

十九、政府环境信息公开的内容包括哪些？

（1）公开的范围包括：①环境保护法律、法规、规章、标准和其他规范性文件；②环境保护规划；③环境质量状况；④环境统计和环境调查信息；⑤突发环境事件的应急预案、预报、发生和处置等情况；⑥主要污染物排放总量指标分配及落实情况，排污许可证发放情况；⑦建设项目环境影响评价文件受理情况，受理的环境影响评价文件的审批结果和建设项目竣工环境保护验收结果，其他环境保护行政许可的项目、依据、条件、程序和结果；⑧排污费征收的项目、依据、标准和程序，排污者应当缴纳的排污费数额、实际征收数额以及减免缓情况；⑨环保行政事业性收费的项目、依据、标准和程序；⑩经调查核实的公众对环境问题或者对企业污染环境的信访、投诉案件及其处理结果；⑪环境行政处罚、行政复议、行政诉讼和实施行政强制措施的情况；⑫污染物排放超过国家或者地方排放标准，或者污染物排放总量超过地方人民政府核定的排放总量控制指标的污染严重的企业名单；⑬发生重大、特大环境污染事故或者事件的企业名单，拒不执行已生效的环境行政处罚决定的企业名单；⑭环境保护创建审批结果；⑮环保部门的机构设置、工作职责及其联系方式等情况；⑯法律、法规、规章规定应当公开的其他环境信息。

（2）公开的方式和程序。环保部门应当将主动公开的政府环境信息，通过政府网站、公报、新闻发布会以及报刊、广播、电视等便于公众知晓的方式公开。属于主动公开范围的政府环境信息，环保部门应当自该环境信息形成或者变更之日起 20 个工作日内予以公开。法律、法规对政府环境信息公开的期限另有规定的，从其规定。

环保部门应当编制、公布政府环境信息公开指南和政府环境信息公开名录，并及时更新。公民、法人和其他组织可以依法向环保部门申请提供政府环境信息，对政府环境信息公开申请，环保部门应当在法定期限内作出答复。

二十、企业环境信息公开的内容包括哪些？

（1）国家鼓励企业自愿公开的内容为：①企业环境保护方针、年度环境保护目标及成效；②企业年度资源消耗总量；③企业环保投资和环境技术开发情况；④企业排放污染物种类、数量、浓度和去向；⑤企业环保设施的建设和运行情况；⑥企业在生产过程中产生的废物的处理、处置情况，废弃产品的回收、综合利用情况；⑦与环保部门签订的改善环境行为的自愿协议；⑧企业履行社会责任的情况；⑨企业自愿公开的其他环境信息。

（2）公开的奖励。对自愿公开企业环境信息且模范遵守环保法律法规的企业，环保部门可以给予下列奖励：①在当地主要媒体公开表彰；②依照国家有关规定优先安排环保专项资金项目；③依照国家有关规定，优先推荐清洁生产示范项目或者其他国家提供资金补助的示范项目；④国家规定的其他奖励措施。

二十一、保护环境可以得到奖励吗？

我国确立的环境保护奖励制度，即指国家对环境保护有显著成绩和贡献者给予赞许和鼓励的措施和方法。按照我国《环境保护法》的规定，获得环境保护奖励必须具备对保护和改善环境有显著成绩的条件；奖励的对象可以是单位，也可以是个人；奖励的形式包括：荣誉性奖励，如记功、授予称号等；财物性奖励，如颁发奖金；职务性奖励，如晋级等。环境保护奖励的实施程序主要包括奖励的提出、奖励的审查批准、奖励的公布评议、奖励的授予和奖励的补救等几个阶段。实施奖励的机关主要是各级人民政府及其有关部门，但组织、团体和个人也可以实施环境保护奖励。例如，河北科技大学设立的“环境教育奖”，是我国环境保护领域的第一个，也是唯一的一个由大学设立的教育类环境奖项，该奖项自 1998 年设立，至今已颁发了五届。

二十二、要获得环境保护奖励必须符合什么条件？

环境保护奖励是单位和个人遵守和执行《环境保护法》取得显著成绩时获得的肯定的法律后果。要获得环境保护奖励，必须符合以下条件：

（1）单位和个人应当在环境保护方面有成绩。如只是一般地遵守《环境保护法》，而未积极参与环境保护工作而作出成绩，并不能得到奖励。所谓取得成绩，主要体现在：①在减少污染物排放和治理污染方面有成绩。包括开展综合利用，变废为宝；发明、采用、推广无污染、少污染的新工艺、新技术、新方法；积极采取有效措施治理污染，使环境状况有明显改善；提出减少污染物排放和治理污染的合理化建议等。②在保护自然环境和生态平衡方面有成绩。包括积极植

树造林，绿化荒山荒坡，治碱治沙，减少水土流失；积极驯养、繁殖、保护国家野生动物和野生植物，积极从事风景名胜区、自然保护区的保护等。③积极同污染、破坏环境的行为作斗争，或在公害事故中救助有功。包括揭发、检举、控告环境污染破坏者；及时制止污染、破坏环境的人和事，及时报告所发现的污染事件；积极参与公害事故的救助等。④在环境管理、监测、科研和教育宣传方面有成绩。包括创造或采用先进的环境管理方法，使环境状况有明显改善；发明新的检测仪器和污染监测方法，通过科学研究发现新的环境保护方法、途径，积极从事环境保护的宣传、教育，普及环境科学知识，提高人们的环境知识和环境意识等。

（2）环境保护方面的成绩必须是显著的。我国法律没有具体规定显著的含义，考察环境保护奖励的实践，成绩是否显著，一般从以下几个方面考虑：①成绩和贡献如果是能用数量、价值表示的，达到一定量时为显著。如减少污染物排放、综合利用废弃物的数量，采用新工艺、新技术治理污染而减少污染损害的价值，植树种草、绿化荒山荒坡、繁殖驯养国家野生动植物的数量，参与公害事故救助所减少的损失等，都可用数量或价值表示，从而可根据作出成绩的大小，考虑应不应给予奖励。如果法律法规、规章规定了可获奖励的数量，就可按规定授奖；如果没有具体的规定，其所受奖励的数量一般由负责实施奖励的部门裁量。②对于不能直接以数量、价值或经济效果计算的成绩，可以按这种成绩对保护环境的作用和意义的大小来决定是否显著。一般通过一定数量的同行专家评定，即可确定其作用和意义的大小。③对于有些不能直接用其本身价值或经济效果计算的成绩，也可以通过间接的途径或方法来衡量成绩是否显著。例如，对于环境监督管理人员，可以通过其发现和依法处理环境违法事件的大小、多少来衡量；对于环境新闻工作者，可以通过其采写新闻稿件的数量和质量来衡量。

二十三、什么是环境监测制度？环境监测的组织机构是如何设置的？

环境监测，就是利用多种科学方法和手段，监测和检测代表环境质量状况及发展变化趋势的各种数据，并用它解释环境现象，为环境管理和科研提供科学依据的全部过程。农业环境监测是环境监测领域的重要组成部分，它利用环境监测的理论和方法，对农业生产环境的质量现状及变化规律和趋势进行监测活动。此过程包括：资料研究和现场调查：优化布点、样品采集、运送保存、分析测试（含质量保证和质量认证）、数据处理、综合评价等一系列活动。

环境监测的组织机构包括管理机构和监测机构。

（1）根据我国有关法律的规定，国务院环境保护主管部门和地方各级政府环境保护主管部门，负责统一管理环境监测工作。其职责主要为：下达监测任务；制定有关监测的规划、计划；制定各项制度和技术规范；组织和协调监测网的工作；组织编报环境监测报告。

（2）环境保护系统设置了四级监测站，一级站为国家环境监测总站；二级站为各省级环境监测中心站；三级站为各省辖市级环境监测站（或中心站）；四级站为各县级监测站。由这些监测站牵头与有关部门的监测力量共同组成我国的全国监测网络。各级监测站的职责主要是制定有关规划和计划、进行各项监测、参与污染事件调查等。海洋环境的监测由国家海洋行政主管部门负责，会同有关部门组织进行。

二十四、我国对环境监测报告制度的目的和内容有何规定?

《全国环境监测报告制度》对制定环境监测报告制度的目的和各报告制度的内容作出了规定。其目的为：加强环境监测报告的管理，实现环境监测数据、资料管理制度化，确保环境监测信息的高效传递，提高为环境决策与管理服务的及时性、针对性、准确性和系统性。环境监测后要进行报告。环境监测报告分为数据型和文字型两种。数据型报告是指根据监测原始数据编制的各种报表、软盘等；文字型报告是指依据各种监测数据及综合计算结果进行以文字表述为主的报告。环境监测报告按内容和周期分为环境监测快报、简报、月报、季报、年报、环境质量报告书及污染源监测报告。

二十五、环境监测网的任务是什么?

我国环保部门建立了环境监测网。《全国环境监测管理条例》规定了环境监测网的组成，分为国家网、省级网和市级网，上下级环境监测网之间为业务技术指导与被指导关系。

环境监测网的任务是：统一规划，依法分工，协同开展环境质量监测和污染源监测工作；处理监测信息资料，提出环境质量状况和污染源动态分析报告；统一监测技术规范和方法，开展技术交流，开发监测新技术；开展跨地区、跨行业的污染调查及较大的监测业务活动；指导下级监测网的工作。

二十六、什么是环境标准制度?环境标准在我国环保工作中有何重要地位和作用?

环境标准是为了保护人体健康、社会物质财富和维持生态平衡，对大气、水、土壤等环境质量、污染源、检测方法等，按照法定程序制定和批准发布的各种标准的总称。1999 年国家环境保护总局对 1983 年由城乡建设环境保护部发布的《环境保护标准管理办法》作了重大修改后，重新发布了《环境标准管理办

法》，对环境标准制度作了具体规定。

环境标准在我国环保工作中有着极其重要的地位和不可替代的作用：

（1）环境标准是国家环境保护法规的重要组成部分。我国环境标准具有法规约束性，是我国环境保护法规所赋予的。在《环境保护法》、《大气污染防治法》、《水污染防治法》、《海洋环境保护法》、《噪声污染防治法》、《固体废弃物污染防治法》等法规中，都规定了实施环境标准的条款，使环境标准成为执法必不可少的依据和环境保护法规的重要组成部分。

（2）环境标准是环境保护规划的体现。环境规划通俗地讲，就是指在什么地方到什么时候达到什么标准，也就是通过环境规划来实施环境标准。

（3）环境标准是环境保护行政主管部门依法行政的依据。

（4）环境标准是推动环境保护科技进步的动力。

（5）环境标准是进行环境评价的准绳。

（6）环境标准具有投资导向作用。

二十七、环境标准如何分类？

根据《环境标准管理办法》，我国的环境标准按适用范围分为三级：

（1）国家环境标准。包括国家环境质量标准、国家污染物排放标准（或控制标准）、国家环境监测方法标准、国家环境标准样品标准和国家环境基础标准。国家级环境质量标准，应以环境基准为基础，在考虑区域环境功能、企业类型、技术经济条件等后，由国家环境保护总局（现为环保部）制定。国家级污染物排放标准，应以实现环境质量标准为目标，在考虑技术经济可行性和环境特点后，由国家环境保护总局制定。

（2）国家环境保护部标准（环境保护行业标准）。它是在全国环境保护工作范围内需要统一技术要求而又没有国家环境标准的情况下制定的，如在对环境保护专用仪器设备进行认定时，目前采用的就是《环境保护设备分类与命名》等国家环境保护部标准。在国家环境标准制定后，相应的国家环境保护部标准自行废止。

（3）地方环境标准。由省、自治区、直辖市人民政府制定，在其辖区内执行。

关于以上三级环境标准的关系，国家标准是对共性或重大的事物所作的统一规定，是制定地方环境标准的依据和指南；地方环境标准是对局部的、特殊性的事物所作的规定，是国家环境标准的补充和完善。例如，地方环境质量标准，是针对国家环境质量标准中未作规定的项目规定的。而地方污染物排放标准，一方面，可以针对国家污染物排放标准中未作规定的项目制定；另一方面，对国家污染物排放标准中已作规定的项目，可以制定严于国家污染物排放标准的地方污染物排放标准。在向已有地方污染物排放标准的区域排放污染物时，应执行地方污染物排放标准。

按标准用途，分为五类：

（1）环境质量标准，是为保护自然环境、人体健康、社会财富，限制环境中有害物质和因素而规定的在一定时间内和空间范围内有害物质的容许浓度或有害因素的容许水平。如《地面水环境质量标准》、《环境空气质量标准》等。在对各类环境功能区实施环境管理、确定环境政策目标、进行环境影响评价以及制定污染物排放标准时，都要依据环境质量标准；对一个地区环境是否被污染，或污染是否严重，只能依据环境质量标准进行判断。

（2）污染物排放标准，是为实现环境质量标准，结合经济和技术条件以及环境特点，对排入环境的污染物或有害因素进行限制所规定的允许排放水平。这是环境执法的主要依据。要求企业实现“达标排放”，就是指达到污染物排放标准。目前污染物排放标准主要是“浓度控制标准”，如《污水综合排放标准》、《大气污染物综合排放标准》、《工业企业厂界噪声标准》等。实行污染物总量控制的区域中的建设项目，在执行污染物排放标准时还应执行污染物排放总量控制指标。

（3）国家环境基础标准，是为了统一环境保护工作中的技术术语、符号、代号（代码）、图形、指南、守则及信息编码而制定的规范。基础规范只有国家标准，没有地方标准。

（4）国家环境监测方法标准，是为环境监测规范采样、分析测试、数据处理等技术而制定的标准，如《锅炉烟尘测试方法》等。方法标准也只有国家标准，没有地方标准，这样可确保各地监测结果的可比性、可靠性。判断环境纠纷双方所出示的“证据”是否合法，往往要看其监测方法是否符合监测方法标准。

（5）国家环境标准样品标准，是为保证环境监测数据的准确可靠，对用于量值传递或质量控制的材料、实物样品制定的标准，用于对监测人员的质量控制考核、校准、检验分析仪器、配制标准溶液、分析方法验证等方面，如《烟度卡标准》等。

以上标准都是必须执行的“强制性环境标准”，对不执行的，依据法律法规有关规定予以处罚。

二十八、环境质量标准由什么部门制定？

环境质量标准是指对一定区域内在限制时间内各种污染物的最高允许浓度所作的综合规定。环境质量标准是衡量环境质量的依据，是环境政策的目标和环境

管理的根据，也是制定污染物排放标准的基础。《环境标准管理办法》第7条第1项规定："为保护自然环境、人体健康和社会物质财富，限制环境中的有害物质和因素，制定环境质量标准。"《环境保护法》第9条规定："国务院环境保护行政主管部门制定国家环境质量标准。省、自治区、直辖市人民政府对国家环境质量标准中未作规定的项目，可以制定地方环境质量标准，并报国务院环境保护行政主管部门备案。"这一规定表明，国家级环境质量标准由国务院环境保护行政主管部门制定；地方环境质量标准由省、自治区、直辖市人民政府制定。

国家级环境质量标准应当以环境基准为基础，在考虑区域环境功能、企业类型、技术经济条件等因素后由国家环境保护总局制定。所谓环境基准是指当环境中某一有害物质的含量为一定值时，人或者生物长期生活在其中不会发生不良的或者有害的影响。当环境质量达到环境基准时是最理想的环境状况。环境基准是一个客观的定值，是纯自然科学的概念。省、自治区、直辖市人民政府仅享有对国家级环境质量标准中未规定的项目规定补充标准的权力，并且应当报国务院环境保护行政主管部门备案。

二十九、如何进行环境监测管理？

环境监测是指连续或者间断地测定环境中污染物的性质、浓度，观察、分析其变化即对环境影响的过程。环境监测的基本目的是全面、及时、准确地掌握人类活动对环境影响的水平、效应及趋势。环境监测制度是实施环境保护法律的重要手段，是环境保护执法体系的基本组成部分。《环境保护法》第11条规定："国务院环境保护行政主管部门建立监测制度，制定监测规范，会同有关部门组织监测网络，加强对环境监测的管理。国务院和省、自治区、直辖市人民政府的环境保护行政主管部门，应当定期发布环境状况公报。"根据这一规定，国务院环境保护行政主管部门设置污染监测机构，制定统一的监测原则、程序和方法，组织监测网络，以开展环境监测工作，掌握和评价环境状况，为防治环境污染提供可靠的检测数据和科学的测试技术。组织监测网络是为了把各有关部门的环境监测力量组织起来，充分发挥各方面技术装备和人才的优势，调动各方面环境监测力量的积极性，密切配合，分工协作，共同做好环境监测工作。国务院和省、自治区、直辖市人民政府的环境保护行政主管部门应当定期发布环境状况公报。

三十、什么是环境影响评价制度？环境影响评价制度有哪些特征？

《环境保护法》第13条规定："建设污染环境的项目，必须遵守国家有关建设项目环境保护管理的规定。建设项目的环境影响报告书，必须对建设项目产生的污染和对环境的影响作出评价，规定防治措施，经项目主管部门预审并依照规定的程序报环境保护行政主管部门批准。环境影响报告书经批准后，计划部门方可批准建设项目设计任务书。”这一规定确立了我国环境保护法律制度中的一项重要制度，即环境影响评价制度。所谓环境影响评价是指对规划和建设项目实施后可能造成的环境影响进行分析、预测和评估，提出预防或者减轻不良环境影响的对策和措施，进行跟踪监测的方法与制度。

环境影响评价制度有以下特征：①预测性。环境影响评价是对拟建项目可能造成的影响进行分析、评价，是一种对未来的预测性工作。②客观性。环境影响评价必须从客观实际出发，深入细致地调查建设项目周围地区的环境质量现状，进行必要的环境监测，然后作出科学的预测和评价，防止主观片面。③综合性。环境影响评价是一项综合性的科学技术工作，涉及生态学、物理学、化学、法学等多种学科，需要多单位、多部门相互协作共同完成评价任务。

【案例】

陆某是一居住在上海市区的市民。其居所与上海某汽车销售服务有限公司东面展厅外安装的3盏双头照明路灯相邻。这些路灯每天19时开启至次日5时关闭。其中，最近的一盏路灯与陆家的居室相距约20米，灯头高度与陆家阳台持平，中间没有任何遮挡物。夜晚，灯光直射到卧室，强烈的光线照得家人难以入睡。2004年9月1日，陆某以汽车销售服务公司为被告，以被告路灯散发的强烈光线直射入其居室，对其正常生活环境造成不利影响，构成危害等为由，请求法院判令被告停止并排除光污染侵害，赔礼道歉并赔偿损失1元。法院经审理后认为，被告在其经营场所设置的照明路灯与周边居民小区距离很近，光照强度较高，且灯光彻夜开启，超出了一般公众普遍可忍受的限度，对小区内居民晚上的正常生活环境造成了不利影响，已构成由强光引起的环境污染，应予以排除。原告主张被告公开赔礼道歉，因被告的侵害行为并未对原告造成不良的社会影响，故不予支持。原告主张被告赔偿损失人民币1元，因原告未能举证证明光污染对其造成的实际经济损失数额，也同样不予支持。

【评析】

该案是我国首例被告获得胜诉的光污染纠纷案件。提到“污染”一词，我们更多地想到的是滚滚的黑烟，漂浮垃圾的水面，令人烦恼的噪声。光，也能构成污染吗？

在我国有着不夜城之称的上海，总是华灯齐放，璀璨炫丽。似乎光总是与都市的繁华相连，每当夜幕降临，五光十色的灯箱、广告射灯、霓虹灯等齐齐上阵，在灯光的照耀下，城市辉煌夺目。而今，随着人们环境权利意识的提高，被人所忽视的光污染日渐为人所知，光，不只是一种照明，过度照耀的光，会形成污染而影响生活。

光能否构成污染，还得看法律的规定。先来看看什么是“污染”。根据《环境保护法》第24条规定：“产生环境污染和其他公害的单位，必须把环境保护工作纳入计划，建立环境保护责任制度；采取有效措施，防治在生产建设或者其他活动中产生的废气、废水、废渣、粉尘、恶臭气体、放射性物质以及噪声、振动、电磁波辐射等对环境的污染和危害。”该条列举了多种环境污染的类型，虽然没有提到具体的光污染，但一个“等”字表明它囊括了将来出现的新污染形式，光污染就是其中一例。

在20世纪30年代，国际天文界就已经提出了光污染问题，他们认为光污染是城市室外照明使天空发亮造成对天文观测的负面的影响。后来英美等国称之为“干扰光”，在日本则称为“光害”。光污染作为一种新的环境污染源，泛指影响自然环境，对人类正常生活、工作、休息和娱乐带来不利影响，引起人体不舒适感和损害人体健康的各种光。由于光污染概念还未有公认的科学界定，各个国家关注程度不同，法律约束差别也很大。在欧美和日本，光污染早已引起人们的关注，美国还成立了国际黑暗夜空协会，专门与光污染作斗争；日本在新建项目的建设审批过程中直接规定了使用玻璃幕墙的具体范围和限度。

在日常生活中，光污染的危害无处不在。白天城市高楼的玻璃幕墙强烈的反射光可使居室内温度升高，并使家用电器及家具更容易老化。有些半圆形的玻璃幕墙，反射光集还容易引起火灾，干扰居民的正常生活。夜间室外照明，特别是建筑物的夜景照明产生的干扰光，影响人的正常工作、生活和休息，危害人体健康。室外夜间照明产生的干扰光，特别是眩光对汽车或火车司机的视觉作业造成不良的影响，也对旅客的正常视觉活动，如走路，识别路标、路障及周围环境状况等造成不良影响，造成了交通事故的增多。

光污染是的确存在的，那如何判断是否构成光污染呢?

我国目前对于光污染一词尚无明确的法律定义。首部限定灯光污染的地方行业标准——上海《城市环境装饰照明规范》，对城市建设中的照明强光进行了限制，但并没有囊括对生活中存在的反射日光、光泛滥、屏蔽及眩光污染等危害的规制。我国现有法律法规也没有对光污染规定鉴定手段和衡量标准，使在法律实践中对光污染的认定缺少了相关依据，因此，如何界定光污染成为了一个难题。

光污染问题同传统环境污染类型一样，都侵犯了公民的基本环境利益，侵害了公民基于良好的生存环境所应享有的生命健康权、环境权等基本的人权以及基于相邻关系所享有的相邻权。在本案中，法院没有从光污染的角度裁判，而是从相邻关系的角度给予原告法律支持。从现行法律上看，《环境保护法》第2条规定："本法所称环境，是指影响人类生存和发展的各种天然的和经过人工改造的自然因素的总体，包括大气、水、海洋、土地、矿藏、森林、草原、野生生物、自然遗迹、人文遗迹、自然保护区、风景名胜区、城市和乡村等。"第6条规定："一切单位和个人都有保护环境的义务，并有权对污染和破坏环境的单位和个人进行检举和控告。"《民法通则》第98条规定："公民享有生命健康权。"法院认为，环境既然是影响人类生存和发展的各种天然的和经过人工改造的自然因素的总体，路灯灯光当然被涵盖在其中。被告在自己的经营场所设置路灯，为自己的经营场所外部环境提供照明，本无过错。但由于该公司的经营场所与周边居民小区距离甚近，中间无任何物件遮挡，被告路灯的外溢光、杂散光能射入周边居民的居室内，足以改变居室内人们夜间休息时通常习惯的暗光环境，且超出了一般公众普遍可忍受的范围。因此被告设置的路灯，其外溢光、杂散光确实达到了《城市环境装饰照明规范》所指的障害光程度，已构成由强光引起的光污染，遭受污染的居民有权进行控告。并且法院认为，环境污染对人体健康造成的实际损害结果，不仅包括那些症状明显并可用计量方法反映的损害结果，还包括那些症状不明显且暂时无法用计量方法反映的损害结果。光污染对人体健康可能造成的损害，目前已得到公众普遍认识。夜间，人们通常习惯于在暗光环境下休息。被告汽车销售服务公司设置的路灯，其射入周边居民居室内的外溢光、杂散光，足以改变人们夜间休息时通常习惯的暗光环境，且超出一般公众普遍可忍受的范围，光污染程度较为明显。在这种情况下，陆某诉称涉案灯光使其难以安睡，出现了失眠、烦躁不安等症状，这就是涉案灯光对陆某的实际损害。

《物权法》第90条明确规定，不动产权利人不得违反国家规定弃置固体废物，排放大气污染物、水污染物、噪声、光、电磁波辐射等有害物质。其中对"光污染"的形式首次进行明确的法律规定，在类似纠纷中均可适用。可见，光污染问题已越来越得到百姓的认识，也得到了立法者的认可。本案的胜诉意义在于，"光污染"引起了人们的关注，在环境权的法律保护方面，又迈出了一步。

第三章　农业生态与大气污染环境保护

一、什么是农业生态系统？

农业生态系统是在一定时间和地区内，人类从事农业生产，利用农业生物与非生物环境之间以及与生物种群之间的关系，在人工调节和控制下，建立起来的各种形式和不同发展水平的农业生产体系。与自然生态系统一样，农业生态系统也是由农业环境因素、绿色植物、各种动物和各种微生物四大基本要素构成的物质循环和能量转化系统，具备生产力、稳定性和持续性三大特性。

与自然生态系统相比，农业生态系统有如下鲜明的特点：

（1）为提高农业生态系统生产力而加入辅助能源是经过加工的燃料（以及畜力和人力），并非自然能量。

（2）人的管理使农业生态系统多样性大为降低，而使系统产物中特定的食物产量达到最大。

（3）农业生态系统中的主要植物和动物并非是自然选择下形成的，而是在人工选择下形成的。

（4）农业生态系统受到自外部的有目的控制，并非自然生态系统那样通过内部的反馈实现。所以，农业生态系统实质上是一个由人参与及主宰下的由社会、经济、自然结合而成的复合生态系统。

人类在合理利用太阳辐射能这一基本能量来源的同时，以施用化肥、农药以及机械作业等方式投入一定的辅助能源，增加系统内可转化为生产力的能量。通过栽培管理、选育良种和施用化肥、农药等技术，在提高农业系统生产力方面取得了巨大的成就，为满足日益增长的世界人口的吃穿需要和社会经济的持续发展奠定了坚实的基础。

但是，在农业发展过程中，限于人口的压力和对自然规律的认识，人类对农业生态系统的稳定性和持续性未能给予充分重视。造成当前农业环境质量恶化，农业生态平衡遭到破坏，已在全世界范围内不同程度地影响了农业生态生产力的发挥和农业的长期发展。

二、良性循环的农业生态系统具有哪些特征？

（1）较高的系统生产力。系统生产力是衡量社会资源和自然资源转化为产品的效果，主要体现在物质循环和能量转化的能力上。

（2）稳定性。一般来说，追求最大的生产力是农业生态系统的主要目标，这是由农业生态系统目的性决定的。我们追求的应该是系统各个循环周期或年份的平均生产力，而不是生产力的波动，尤其是对于农业生态经济系统这一复合系统来说，更应如此。因此，系统的稳定性便成了农业生态经济系统良性循环的一个主要特征。农业生态经济系统的稳定性表现在系统具有较大的抗逆力和耐冲击力。

（3）持续性。几乎是所有生态系统都具有的特征。对于农业生态经济系统这一特别重要的人工复合系统来说，在前两个特征的前提下，持续性就表示生产力最高、最为稳定的系统的持续状态。要求达到系统的持续性，就必须保护系统基础的全面改善，也就是使系统各种自然资源及环境条件的协调状态长久维持。

（4）剩余性。具有双重的含义。其一是系统组分的叠合，其二是系统中每一营养级的产品并不全部被上一营养级消费掉，总是有剩余量。系统的剩余性是系统弹性特性的表现，剩余量越大系统的弹性越好。但作为农业生态经济系统这一目的系统来说，并非剩余越多越好，过多的剩余是相对系统目的性的一种浪费。因此，一个正常的维持良性循环的农业生态系统，在循环的各个环节上总是留有适量剩余物质，有利于系统的持续发展。

（5）多维性。农业生态系统是由有生命的动、植物和无生命的环境复合而成，系统中的动植物复杂而多样，它们在其自身适宜的环境中生存、繁衍和消亡，从系统的角度看，它们的分布和生息状态具有多维性。然而，在现代社会，随着人口的膨胀，社会需求量的增大，人们干预自然的能力也愈来愈强，从而间接或直接地破坏大自然中动、植物的多维性生息特征。使生态系统面临着一次严峻的考验。因此，现代农业的进一步发展要求人们重新考虑系统的多维性问题。

（6）开放有序性。一个良性循环的农业生态经济系统必定是一个开放系统，而且各系统的各个组分处于稳定有序的状态。这种系统不断地与外界交换物质的能量和信息，并通过系统内各有序的子系统，多因素之间的协同作用促进系统不断地向更高一级的良性循环转化。一般说来，自然界的各种系统都是开放性的。但是，一旦这些系统遭受人为的干预且违背了自然规律，则有可能导致系统的封闭。

封闭的系统与外界隔绝，当内部结构失调时得不到外部的补偿，从而导致紊乱、无序，这种结构的系统必然不断退化直至崩溃。所以开放是农业生态系统良

性循环的必要条件，而一个良性循环的农业生态系统必然会表现出开放有序的明显特征。

（7）自理性。严格说来，农业生态经济系统是一个自理系统。作为这个系统的组分——人，虽然可以采取一系列措施对系统干预，但人始终是系统的一个要素作为自身的一员，而不是作为它的对立面。人们不是要征服自然，而要在适应中改造自然。这样人就与系统的其他组分取得了和谐统一。系统便不是在外部人力的强力干预下不规则地运行，而是在系统最活跃的因素——人的调节中，有规律地进行新陈代谢、正向演替。

（8）动态平衡性。农业生态经济系统的基础是各种有生命的动、植物及微生物。它们之间及其与环境之间在新陈代谢过程中不断地维持着物质和能量的平衡。也正是这些生物要求不断发展、不断进化，就需要系统中存在进化的内在动力——能量差。对于良性循环的农业生态系统来说，这种能量差是由系统中生物与环境之间分布的不均衡性产生的，它推动着系统的正向演替，形成了农业生态经济系统的动态平衡。这种平衡不是绝对的平衡，不是均衡，是一种远离均衡状态的生物种间、因素间的协调关系，是一种动态平衡关系。所以说，良性循环的农业生态经济系统是一种动态的平衡系统。

三、农业生态系统的基本组分与结构是什么？

（1）农业生态系统的基本组分。

第一，生物组分：农业生态系统的生物与自然生态系统一样，可以分成以绿色植物为主的生产者，以动物为主的大型消费者和以微生物为主的还原者（分解者）。然而在农业生态系统中占据主要地位的生物是经过人工驯化的农用生物，如农作物、家畜、家禽、家鱼、家蚕等，以及与这些农用生物种类和数量密切的生物类型，最重要的大型消费者是人类。

第二，环境组分：农业生态系统的环境组分包括自然环境和人工环境组分。自然环境组分是从自然生态系统继承下来的，但已受到人类不同程度的调控和影响；人工环境组分包括各种生产、加工、贮存设备和生活设施等，它通常以间接的方式对农业生物发生影响。

（2）农业生态系统的基本结构。

第一，环境和物种结构：在不同区域，农业生态系统由比例不同的各种地貌类型构成，山水、田地面积差异很大，相应的生物种类及其数量关系也不同。人们不但可以通过修水库、挖鱼塘、筑坝围田等方式改变系统的环境结构，还可以通过引种和选育方式调整农业的物种结构。

第二，空间结构：空间结构包括水平结构和垂直结构两个方面。农业生态系统的水平结构，是指农业生物种群在空间的水平变化。这是因为环境组分可因地理位置原因形成纬向或经向的水平渐变结构，也可因社会原因形成同心圆式的水平结构，农业生物组分也随之形成相应的条带状或同心圆式的水平分布。其他非地带性因子的作用会使生物形成种类镶嵌分布。生物个体间会形成均匀分布、团块分布和随机分布的各种水平结构格局。

垂直结构又称立体结构，是指生物在空间的垂直分布上所发生的变化，即生物的成层分布现象。环境因子可因山地高度、土层和水层深度变化形成垂直渐变结构，不同的垂直环境中有不同的生物类型或数量。如果环境条件好，生物种类复杂，则系统的垂直结构也复杂；反之，环境条件恶劣，生物种类简单，垂直结构也简单。

在生物群落中，不同物种可配置不同形式的立体结构。正是由于农业生态系统垂直结构，才保证了农业生物更充分地利用空间和环境资源，并取得了显著的生态效益和环境效益。

第三，时间结构：环境因子随着地球自转和公转而产生时间变化，形成光、热、水、湿等因子的年节律和日节律，生物组分也形成了与之相适应的节律，表现出不同的时相。所以在安排农业生物品种的种养季节时，必须充分考虑到这些时间节律。同时这些时间上的差异，也是适时实施农艺措施的重要依据。

第四，营养结构：不同生物间以营养关系为纽带，把生物组分和环境组分相互紧密地、错综复杂地联结起来的结构，称为营养结构。每一个农业生态系统都有其特殊的、复杂的营养结构关系，能量流动和物质循环都必须在营养结构的基础上进行。一般农业生态系统中的多种生物按营养关系顺序从植物到草食动物再到肉食动物排列。人类可根据农业生物的遗传、生理、解剖和生态特性，通过营养关系，将农业生物成员联结成多种链状和网状营养结构。

四、如何应用农业生态系统理论合理利用农业资源？

（1）应用生物与环境相统一的原理，处理农业资源改造与适应的关系。人类建立农业生态系统和继续维持它的存在，都需要投入各种农业资源，有些农业资源可以不需要改造便可投入农业生产，如阳光、降水、土壤等。有些自然条件如太阳辐射、温度、风速等人类仍未能加以大范围改造，但有些农业资源如土地资源、水资源、生物资源等人类可在某种程度上加以改造，使其对农业生产发挥更大的作用。这种改造自然资源的活动，就是对生态系统的调控和干预，使生态系统中的环境与生物群落更为协调，以提高整个系统的功能。但是，人类对生态环境的改造要考虑技术上的可行性、经济上的可能性、生态上的合理性，所以能改造就改造，不能改造就千方百计地适应，这是一条生态经济原则，这一原则的

主导方面是改造。

（2）应用能量转化与物质循环理论，处理农业资源利用与保护的关系。农业资源可以更新，但是利用不当即遭破坏。利用资源是为了生产，使农业生态系统得以正常运转；保护资源是为了继续更好地利用，使农业生态系统的功能越来越高。从生态学的观点来看，资源利用与保护结合是关系到农业生态系统的存在与发展的问题。从经济学的观点来看，则是当前利益与长远利益相结合的问题。

怎样应用能量与物质转换原理将资源利用与保护相结合呢？①利用农业资源只是利用这潜在的生产能力，这种潜在生产能力就是资源所蕴藏的能量或物质；②利用资源必须考虑保持其更新能力，使其在农业生态系统中可以继续不断地起作用；③资源利用与保护必须全面考虑，不能顾此失彼。

（3）正确处理农业资源利用与农业生产的关系。①农业生态系统中的流和库是伴随着能量转换与物质循环而产生的；②尽可能增加植物库的积累；③尽可能增加动物库的积累；④尽可能提高农作物和家禽家畜的经济性状。

（4）应用生态食物链理论，处理农业资源与耕作制度的关系。能量和物质被绿色植物吸收利用转化为有机物，便成为草食动物的食料，而草食性动物又是其他肉食性动物的食料，形成生态食物链的关系。

农业生态系统食物链的每一个环节，都贮存着能量和物质，亦即具有满足人类需要的使用价值，食物链每增加一个环节，就增加一种使用价值。因此，在组织生产过程中，尽可能增加农业生态系统的食物链环节，便可多次增值，创造更多的使用价值。但是，增加食物链的环节，人类不能随心所欲，而应根据资源条件和农业生态系统的具体情况及人类需要来进行。

五、农村生态环境问题是如何产生的？

农村生态环境问题的产生，虽然不乏诸多客观原因，但最主要的还是人为原因，包括经济发展与生态保护之间的冲突、农村环保基础设施建设落后、农村环境管理体系不完善、农村环境保护财力投入欠缺、人口增长加剧农村环境资源的压力以及农村环境宣传教育落后、农民环保意识淡薄等。

六、农村经济发展与生态保护存在何种冲突？

广大农村的许多地方只注重经济的发展，片面追求经济效益而忽视生态环境的保护，甚至不惜牺牲生态环境谋求经济发展，导致农村生态环境恶化。经济效益和生态环境效益二者是相互联系、相互影响的。生态环境效益是经济效益增长的基础和物质保证，而当其遭到破坏时又成为制约经济效益长期稳定增长的重要因素。经济效益的积累和增长对生态环境既提供发展动力，也会带来破坏和压力。由于环境效益具有累积性、滞后性，而经济效益见效快，且效果明显，因此人们往往容易重视经济效益。农村的基层领导和基层组织为加快发展农村经济，提高农民生活水平，解决农民奔小康问题，往往忽视环境建设和生态环境保护。

七、农村生态环境问题有哪些危害？

农村生态环境问题的危害表现为：

（1）农村生态环境问题制约农业的发展。土壤、水和大气是农业生产最基本的物质基础，环境污染和生态破坏从根本上侵蚀了农业赖以生存的根基，致使农作物减产，农产品质量下降，农业可持续发展受到严重制约。

（2）农村生态环境问题威胁农民的生命财产安全。环境污染和生态破坏威胁农民的食品安全、饮用水安全，导致多种疾病发生，减少农民经济收入，加剧农民贫困。

八、农村生态环境问题对农业的发展有何影响？

（1）土壤污染加重，农作物受到显著影响。土壤污染直接影响土壤生态系统的结构和功能，对农作物生长构成威胁。当前，全国2000万公顷以上的耕地受到重金属污染，占耕地面积的1/6；6000多万公顷农田受到农药和其他化学品污染。据估算，全国每年遭重金属污染的粮食达1200万吨，造成的直接经济损失超过200亿元。

（2）水污染状况加剧，严重影响农业生产。水污染对农业生产的破坏作用非常突出，它可以导致农业减产，甚至颗粒无收；可以导致农作物中有毒物质富集，降低农产品质量，甚至完全丧失使用价值；可以迫使部分地区改变农业种植结构，如安徽省宿州市杨庄乡多年来一直以水稻种植为主，但由于灌溉的是奎河的污水，质量差，有怪味，当地农民只好改种小麦，可是，小麦又岂能逃脱污染；可以导致渔业受损，如2004年7月，淮河发生重大污水事件，污水所到之处，鱼虾绝迹。

（3）土地沙化、水土流失严重，耕地面积减少、质量下降。截至2007年，全国30个省的889个县、旗、区分布有沙化土地。全国沙化土地面积达174.97万平方公里，占国土面积的18%，影响着近4亿人的生产和生活，每年造成的直接经济损失达500多亿元，严重制约着经济社会可持续发展。已经治理的沙化土地，生态状况仍很脆弱，特别在沙区，人口、资源、经济压力仍然巨大。土地沙化导致了土地生产力的严重衰退，沙区每年损失土壤有机质及氮、磷、钾达5590万吨，折合化肥2.7亿吨。目前我国水土流失面积达356.92万平方公里，占国土面积的37.3%。亟待治理的面积近200万平方公里，水土流失遍布各地，几乎

所有的省、自治区、直辖市都不同程度地存在水土流失，全国现有水土流失严重县646个，其中82.04%处于长江流域和黄河流域。土地沙化及水土流失导致耕地面积减少、质量下降。

（4）植被破坏严重，林牧业可持续发展受到挑战。森林是生态系统的重要支柱。一个良性生态系统要求森林覆盖率为30%。尽管新中国成立后开展了大规模植树造林活动，但森林破坏仍很严重，特别是用材林中可供采伐的成熟林和过熟林蓄积量已大幅减少，大量林地被侵占，在很大程度上抵消了植树造林的成效。草原严重退化，沙化、碱化，生态功能下降，生态承载力减小，加剧了草地水土流失和风沙危害，林牧业可持续发展受到威胁。

九、农村生态环境问题对农民生命财产安全有何影响？

（1）农村饮用水污染严重，导致多种疾病爆发。我国近3亿农村人口饮用不合格的水，其中1.9亿人的饮用水中有害物质含量超标。一些地区的农村饮用水存在高氟、高砷、苦咸、污染及血吸虫等水质问题，严重影响农民身体健康。据调查，目前全国农村饮用含氟量超过生活饮用水标准的有6300多万人。长期饮用高氟水，轻者形成氟斑牙，重者造成骨质疏松、骨变形，甚至瘫痪，丧失劳动能力，往往给农民家庭带来沉重负担。我国农村受高砷水影响的人口也多达几百万，长期饮用砷超标的水，造成砷中毒，可导致皮肤癌和多种内脏器官癌变。饮用苦咸水的有3800多万人，长期饮用导致功能紊乱，免疫力低下。

（2）农产品中广泛存在农药残留，农民食品安全受到威胁。尽管无公害农产品作为强制性标准已是食品安全的最低标准，但仍有大量的食品达不到这些标准。农产品农药残留的种类和数量逐年增加，全国大约有48%的蔬菜、24%的农畜产品和10%的粮食存在质量安全问题。动物的各种疫病时有发生，近几年禽流感的高致命性更是令人担忧。与城市食品安全监测相比，农民的自产粮食、蔬菜等的农药残留问题鲜有人关注，农民的食品安全得不到保障。

（3）环境污染和生态破坏加重农民的经济负担。一方面，环境污染给农民造成巨大的经济损失。据估算，20世纪90年代中期大气酸雨对农作物的损害是45亿元，水污染对农业和渔业的损失分别是206.6亿元和340.6亿元。另一方面，生态破坏威胁农民的生命财产安全，加剧了农民的贫困。据统计，我国每年因生态破坏而防治斑潜蝇的成本高达4亿元。有害外来物种人侵每年造成1200亿元经济损失。1993年5月，发生在西北地区的特大沙暴，造成4省区72个县（旗）116人死亡或失踪，264人受伤，12万只牲畜受损，505万亩农作物受灾，仅甘肃、新疆两省（区）的直接经济损失就近4亿元。全国592个国家级贫困县几乎都分布在水土流失地区，水土流失是贫困地区难以脱贫的重要原因。

（4）环境污染与生态破坏扰乱农村稳定。生态破坏迫使部分地区农民大量移民，影响农村稳定。自20世纪80年代起，作为世界四大流动沙漠之一的腾格里沙漠每年以15米的速度向南、向东推移，先后有数万亩农田被吞噬，近百个村庄被湮没，使当地群众成为“生态难民”。大量的生态移民严重扰乱了农村的正常秩序，也给接受移民地区带来新的不稳定因素。此外，由于乡镇企业布局分散、设备简陋、工艺落后，企业污染点多且广，难以监管和治理，因污染引发的民事纠纷事件呈上升趋势，环保纠纷已成为继征地、拆迁之后又一影响社会稳定的新问题。

十、农村生态环境存在的问题表现在哪些方面？

（1）水体污染严重，水生态系统破坏。农村水体污染主要表现是工业污水、农业污水和生活污水“三污合流”，未经处理的废水直接污染饮用水源，无法满足农田灌溉；同时近几年农村旱涝灾害频发，河流断流，湖泊萎缩，鱼虾绝迹，天然绿洲消失，水库蓄水量减少，地下水位下降严重。

（2）基础设施建设落后，固体垃圾污染严重。长期以来，村庄建设规划差，基础设施少，道路无硬化、无公厕、人畜居住混杂、不可降解农膜使用量急剧增加却无法回收，固体垃圾随意堆放。

（3）农业生产不当，环境资源破坏严重。农民环保意识比较薄弱，滥施农药、化肥，垦荒围湖造田，乱挖乱采，不仅农业产品受到严重污染，也逐渐污染了土壤、空气、水源，对农业生态系统造成极大威胁。另外，由于人多地少，再加上自然灾害多发，土地退化、沙化、碱化严重，进一步加剧了人地矛盾。

（4）集体林权改革滞后，林业生态系统破坏。集体林权改革滞后，经营主体不明确、经营机制不灵活、利益分配不合理，严重影响了农民发展林业的积极性。其次地方政府决策不当，盲目开发山区，发展果业，加剧了森林植被破坏。再由于农村经济落后，农民伐木为柴，乱砍滥伐现象屡禁不止，结果是森林生态系统的破坏，使生物多样性环境遭受了破坏，并造成了大量水土流失，土地蓄水量下降。

（5）工业向农村的转移，加剧了农村的工业污染。乡镇企业大多是一种以低技术含量、布局不合理、无集聚效应、粗放经营为特征的工业化。由于其生存环境、基础条件及管理水平的相对薄弱，造成污染后缺乏治理技术与资金，治理困难，使农村生态环境产生工业化污染问题。同时大量污染严重的城市工业企业搬迁到城郊或农村地区，或者直接将城市垃圾运往农村，造成城市工业污染“上山下乡”。

十一、加强农村生态环境保护的对策有哪些?

(1) 从战略高度关注农村生态环境安全。针对我国农村生态环境的严峻形势，国家必须强化社会公众的农村生态环境危机意识，大力宣传农村生态环境安全的内涵、特点、迫切性以及未来国家农村生态环境安全发展趋势，将当前与今后存在的生态环境问题和对经济社会发展的不利影响与严重性告诉公众，使公众认识到农村生态环境的进一步恶化将对人类生存和发展构成广泛和严重的威胁，树立经济、生态、社会、政治、文化全面和谐的科学发展观，从片面追求农业和农村经济增长，转变为农村经济、生态、社会、政治、文化全面和谐发展。

(2) 建立全面协调平衡的农业生态系统。为了控制农业生产过程中所造成的资源浪费、环境污染问题，有利于农业资源的合理开发与利用，应积极建立全面协调平衡的农业生态系统。为此，要正确运用生态学原理，尽力避免或淘汰那些有害于生态平衡和良好环境的农业措施，以逐步改善农村生态环境。

(3) 健全农村生态环境保护的法规制度。纵观各国对农村生态环境问题的防治，都是运用法律和制度手段，发挥政府的主导作用，将生态环保政策作为一种经济发展政策，强调生态环境措施的多样性、创新性和灵活性。为了从源头上防止农村环境污染和生态破坏，或者即使产生也可以采取治理措施把问题减少到最小限度，需要政府一系列的法律保障和制度设计。

(4) 为改善农村生态环境提供科技支撑。科学技术对于我国农村生态环境起着举足轻重的作用。因为科技的发展，可以为缓解资源短缺、改善生态环境质量提供有效的手段，并且生态环境资源问题也是科技问题，今后许多生态环境资源问题的解决将更依赖于科技的发展。我国农村生态环境科技的发展战略思路应以统筹人与自然的和谐发展为指导，以解决我国农村生态环境中的重大问题和改善生态环境为基本出发点，以转变不可持续的生产和消费方式，提高资源生产率为核心，区域和系统的综合防治为重点，通过自主创新与综合集成研究，建立与农村全面小康社会目标相适应并符合我国国情的生态环境科学理论和技术体系，为农村生态环境质量明显改善和促进农业的可持续发展提供科技支撑。

(5) 加大对农村生态环境的管理力度。农村各级领导，尤其是县、乡镇领导要重视本地区的生态环境保护工作，将生态环保提到政府工作的重要议事日程上来。要统筹规划，在编制农业区域规划，城乡建设规划时充分考虑本地的生态环境资源和存在的环境问题，协调制定有关规划。应当通过探索建立权责明确的组织指挥体系和目标考核机制，协调联动、齐抓共管的工作机制，依法管理农村公共事务的机制等，使农村生态环保工作规范化、经常化、制度化。这是搞好农村生态环境保护的重要保证。

十二、什么是大气污染？

大气污染，是指大气因某种物质的介入，导致其化学、物理、生物或者放射性等方面的特性的改变，从而影响大气的有效利用，危害人体健康和财产安全，以及破坏自然生态系统、造成大气质量恶化的现象。大气污染主要是在工农业生产、日常生活以及交通运输等过程中产生并排放的大气污染物而引起的。目前，在我国对大气环境质量影响较大的污染物主要有二氧化硫、氮氧化物、二氧化碳、一氧化碳、臭氧、铅、总悬浮颗粒物、可吸入颗粒物、苯并芘、氟化物等十类。大气污染的形成主要取决于排入大气的污染物的浓度，排入大气的污染物的浓度越高，大气污染的程度也就越严重。大气污染对人体健康、其他环境要素和公私财产都会造成损害。目前，大气污染已经成为全球性的重大环境问题之一，同时也是我国目前面临的最主要的环境问题之一。

十三、大气污染对农业生产有何危害？

大气污染对农业的影响首先表现在对植物及农作物的危害上，而不同的空气污染物对植物及农作物的危害也不尽相同。

（1）二氧化硫。对植物的危害，首先从叶背气孔周围细胞开始，逐渐扩散到海绵和栅栏组织细胞，使叶绿素破坏，组织脱水坏死，形成许多点状。受二氧化硫伤害的植物，初期主要在叶脉间出现白色斑点，轻者只是在叶背气孔附近，重者则从叶背到叶面均出现伤斑；后期叶脉也褪成白色，叶片脱水，逐渐枯萎。

（2）氮氧化物。对植物一般不会产生急性伤害，而慢性伤害能抑制植物的生长。危害症状表现为，最初在叶脉间或叶缘出现形状不规则的水渍斑，而后干燥变成白色、黄色或黄褐色的坏死斑点，有的甚至逐渐扩展到整个叶片。对氮氧化物敏感的植物有扁豆、番茄、莴苣、芥菜、烟草、向日葵等；具抗性的植物有柑橘、黑麦等。

（3）氟化物。对植物的危害主要在嫩叶、幼芽上首先发生，危害症状主要表现为生成难溶性氟化钙，使得遭受破坏的叶肉因失水干燥变成褐色。当植物在叶尖、叶缘出现症状时，受害几小时便出现萎缩现象，同时绿色消退，变成黄褐色，两三天之后变成深褐色。对氟化物敏感的植物有玉米、苹果、葡萄、杏等；具抗性的植物有棉花、大豆、番茄、烟草、扁豆、松树等。某些果树的果实比叶片对氟更为敏感，果实受氟污染后，表现出各种不同受害症状，最为人们熟知的是桃的“和缝红斑”症状。其实在氟污染区，许多果树，如桃、梅、李、杏、柿子等开花不结果的情况较为普遍，因为大气氟对一些植物花粉的萌发有较强的抑制作用。

（4）氯气。在潮湿的空气中形成的酸雾的刺激性和腐蚀性都极强，再加上氯气的密度较大，排出后多沿风向顺地面扩散，容易危害作物。氯气对植物的急性伤害症状与二氧化硫相似，伤斑主要在叶脉间出现，呈不规则的点状和块状。其对叶片的伤害特点是，受害组织和健康组织之间无明显的界限，同一叶片上常常相间分布着不同程度的受害伤斑或失绿黄化区，有时甚至出现一片模糊。这是与二氧化硫伤害症状的重要差别之处。农作物在生长发育的关键时期受到氯气的伤害会对产量造成严重的影响。

（5）氯化氢。对植物的影响主要是盐酸的酸性作用。植物受氯化氢伤害后，叶片背面呈半透明状，随着氯化氢暴露的持续，受害叶片边缘或叶脉间产生不规则带状或块状坏死伤斑。呈黄棕、红棕甚至黑色。番茄叶上会产生盘状伤害，在叶片上表面出现斑块或斑点，呈红棕色。植物叶片吸收氯化氢后像氟化物一样，大多积累在叶尖和叶缘部位，可以通过叶片分析检测氯的含量来判断氯化氢的污染和危害。

（6）光化学烟雾。对植物有害的成分主要是臭氧、过氧乙酰硝酸酯（PNA）等。臭氧对植物的危害主要是使植物组织机能衰退，生长受阻，发芽和开花受到抑制，并发生早期落叶、落果现象。对臭氧具抗性的植物有胡椒、银杏、松柏、甜菜等。PNA 是光化学烟雾的剧毒成分，对植物的毒性很强。其对植物的危害症状表现叶背面逐渐变成银灰色或古铜色，而叶子正面却无受害症状。PNA 还能促进植物整株老化，抑制植物生长发育。对 PNA 敏感的植物有番茄、扁豆、莴苣、芥菜、马铃薯、芹菜等；具抗性的植物有玉米、黄瓜、洋葱、棉花等。

（7）煤烟粉尘和金属飘尘。煤烟粉尘是空气中粉尘的主要成分。工矿企业密集的烟囱和分散在千家万户的炉灶是煤烟粉尘的主要来源。烟尘中大于 10 微米的煤粒称为降尘，它常在污染源附近降落，在各种作物的嫩叶、新梢、果实等柔嫩组织上形成污斑。叶片上的降尘能引起退色，生长不良，甚至死亡。果实在早期受害，被害部分木栓化，果皮粗糙，质量降低；在成熟期受害，则受害部分易腐烂。金属飘尘对农作物和农田土壤的污染，主要是下降到地面的部分危害性大。炼锌厂的废气中含镉，在离炼锌厂 0.5 公里的农田，仅经 6 个月的废气污染后，其表土中含镉量由 0.7 毫克/千克增加到 6.2 毫克/千克。随着工业的发展，排入空气的金属逐渐增加，如铅、铬、镉、镍、锰、砷、汞等以飘尘形式污染空气。它们的毒性很大，对人类健康的危害，已超过农药和二氧化硫。土壤含镉太高，就会使农作物受害，土壤含镉达 4 ~5 毫克/千克时，大豆、菠菜产量会下降 25%。吃了这种豆、菜，人畜体内会加大镉的积累量，影响人畜健康。

（8）酸雨。会导致土壤酸化，土壤酸化会影响农作物生长；酸雨直接降落到植物叶片也会使植物受害或死亡，造成谷物减产。酸雨会抑制土壤中有机物的分解和氮的固定，淋洗土壤中钙、镁、钾等营养因素，使土壤贫瘠化，同时酸雨会损害植物的新生叶芽，从而影响其生长发育，对农作物的生长不利。

十四、大气污染对人体健康有何影响和危害?

大气中主要的污染物可分为两类，即颗粒状污染物和有害气体。

（1）悬浮颗粒物污染对人体健康的影响。空气中可自然沉降的颗粒物称降尘，而悬浮在空气中的粒径小于100微米的颗粒物通称总悬浮颗粒物（TSP），其中粒径小于10微米的称可吸入颗粒物（PM10）。可吸入颗粒物因粒小体轻，能在大气中长期飘浮，飘浮范围从几公里到几十公里，可在大气中造成不断蓄积，使污染程度逐渐加重。可吸入颗粒物成分很复杂，并具有较强的吸附能力。例如可吸附各种金属粉尘和强致癌物苯并芘、吸附病原微生物等。

可吸入颗粒物随人们呼吸空气而进入肺部，以碰撞、扩散、沉积等方式滞留在呼吸道不同的部位，粒径小于5微米的多滞留在上呼吸道。滞留在鼻咽部和气管的颗粒物，与进入人体的二氧化硫等有害气体产生刺激和腐蚀黏膜的联合作用，损伤黏膜、纤毛，引起炎症和增加气道阻力。持续不断地作用会导致慢性鼻咽炎、慢性气管炎。滞留在细支气管与肺泡的颗粒物也会与二氧化氮等产生联合作用，损伤肺泡和黏膜，引起支气管和肺部产生炎症。长期持续作用，还会诱发慢性阻塞性肺部疾患并出现继发感染，最终导致肺心病。

当大气处于逆温状态时，污染物便不易扩散，悬浮颗粒物浓度会迅速上升。1952年12月英国伦敦发生烟雾事件时，大气中悬浮颗粒物的含量比平时高5倍，引起居民死亡率激增，4天内较同期死亡人数增加4000余人。由此可见大气中可吸入颗粒物浓度突然增高，对人类健康能造成急性危害，对患有心肺疾病的老人和儿童威胁更大。

悬浮颗粒物还能直接接触皮肤和眼睛，引起皮炎和眼结膜炎或造成角膜损伤。此外，悬浮颗粒物还能降低大气透明度，减少地面紫外线的照射强度；紫外线照射不足，会间接影响儿童骨骼的发育。

（2）各种有害气体对人体健康的影响。①二氧化硫。其浓度为1～5ppm时可闻到臭味，超过5ppm时，人吸入可引起心悸、呼吸困难等心肺疾病，重者可引起反射性声带痉挛，喉头水肿以致窒息。②氮氧化物。主要指一氧化氮和二氧化氮，中毒的特征是对深部呼吸道的作用，重者可致肺坏疽；对黏膜、神经系统以及造血系统均有损害，吸入高浓度氧化氮时可出现窒息现象。③氟化物。可由呼吸道、胃肠道或皮肤侵入人体，主要使骨骼、造血、神经系统、牙齿以及皮肤黏膜等受到侵害。重者或因呼吸麻痹、虚脱等而死亡。④氯气。主要通过呼吸道和皮肤黏膜对人体发生中毒作用。当空气中氯的浓度达0.04～0.06毫克/升时，

30～60 分钟即可致严重中毒，如空气中氯的浓度达 3 毫克/升时，则可引起肺内化学性烧伤而迅速死亡。⑤氯化氢。轻度中毒有黏膜刺激症状，重者可使意识逐渐昏迷，甚至痉挛、血压下降，迅速发生呼吸障碍而死亡。⑥氰化物。中毒后遗症为头痛、失语症、癫痫发作等。氰化物蒸汽可引起急性结膜充血、气喘等。⑦一氧化碳。对血液中的血色素亲和能力比氧大 210 倍，能引起严重缺氧症状即煤气中毒。约 100ppm 时就可使人感到头痛和疲劳。⑧铅。略超大气污染允许深度以上时，可引起红血球损害等慢性中毒症状，高浓度时可引起强烈的急性中毒症状。⑨光化学烟雾。对人体最突出的危害是刺激眼睛和上呼吸道黏膜，引起眼睛红肿和喉炎；另一些危害则与臭氧浓度有关。当大气中臭氧的浓度达到 200～1000 微克/立方米时，会引起哮喘发作，导致上呼吸道疾患恶化，同时也刺激眼睛，使视觉敏感度和视力降低；浓度在 400～1600 微克/立方米时，只要接触两小时就会出现气管刺激症状，引起胸骨下疼痛和肺通透性降低，使机体缺氧；浓度再高，就会出现头痛，并使肺部气道变窄，出现肺气肿。接触时间过长，还会损害中枢神经，导致思维紊乱或引起肺水肿等。臭氧还可引起潜在性的全身影响，如诱发淋巴细胞染色体畸变、损害酶的活性和溶血反应、影响甲状腺功能、使骨骼早期钙化等。长期吸入氧化剂会影响体内细胞的新陈代谢，加速衰老。

十五、农村室内环境空气污染的主要来源有哪些?

室内空气污染是危害人体健康的主要环境因素之一，全球 4% 的疾病的产生可归因于室内空气污染。我国农村特别是贫困地区农村室内环境空气污染形势非常严峻。引起农村室内空气污染的主要来源有：

（1）低质量燃煤产生的室内污染。我国农村居民使用的低质量高硫煤是主要生活燃料之一。低质量的煤燃烧除了释放颗粒物和二氧化硫外，还产生其他有害致癌物质。不同的燃料品种，燃烧产生的致癌物质浓度也不一样，烟煤产生的致癌物浓度最高，燃柴次之，燃无烟煤最低。在贵州、陕西、四川、重庆和云南等地，人们使用开放式炉灶燃烧高氟煤，使室内空气氟浓度超过日平均容量的 2～84倍，再加上摄入含氟水平较高的膳食，导致氟病的高发。燃煤型砷污染和砷中毒主要分布在贵州。临床检查发现砷中毒者除有明显的皮肤色素异常及角化过度等典型病变外，还有消化系统、神经系统、呼吸系统、心血管系统等损害，并且砷能造成皮肤癌、膀胱癌及肺癌等多种癌症。

（2）生物质燃烧产生的室内污染。我国农村居民使用的另外一种主要的生活燃料为作物秸秆、柴草等生物质燃料。由于炉灶落后，燃烧时通常满堂浓烟，释放大量的可吸入颗粒物、一氧化碳、二氧化硫、氟化物、醛类等对人体健康有害的物质。有些颗粒物可以直接侵入人体的防御系统，侵害肺组织深部，造成呼吸系统损害，可使肺癌及其他严重呼吸道疾病的风险明显增加，同时对眼黏膜也有危害。

(3) 居室装修造成的室内污染。随着农村居民生活水平的提高，很多村民也都盖起了新房，进行精致的室内装修。居室装修时使用的胶合板、细木工板、中密度纤维和刨花板等人造板材中的胶黏剂均以甲醛为主要成分，板材中残留的和未参与反应的甲醛会逐渐向周围环境释放，是室内空气中甲醛的主体。各类装饰材料，如壁纸、油漆和涂料等也含有甲醛及苯、甲苯等挥发性有机物，如果室温较高则挥发出的量会增加，通风不良可以造成上述污染物在室内的积蓄。

近年来因居室装修而引起的氡气污染致人身体健康损害的病例越来越多，已引起人们的关注。氡气主要存在于天然石材、瓷砖和水泥中，它是自然界中唯一具有放射性的气体，因其无色无味，所以它的存在及其对人体的损害不易被察觉。氡在作用于人体时很快衰变成人体能吸收的核素，进入人的呼吸系统造成辐射损伤，诱发肺癌。氡还对人体脂肪有很高的亲和力，从而影响人的神经系统，使人精神不振，昏昏欲睡。室内装修也多用天然石材，而天然石材中的辐射物质直接照射人体后，会对人体内的造血器官、神经系统、生殖系统和消化系统造成损伤。为了防治放射性污染，保护环境，保障人体健康，2003 年 6 月 28 日，我国通过了《放射性污染防治法》。

(4) 农民的传统生活方式导致的室内污染。我国农村大部分家庭使用功能简单的开放式炉灶做饭、取暖、烘烤食品，燃料燃烧不全且排风不良。部分北方农村采用炕连灶，而且炕与灶之间没有阻隔。冬天取暖和做饭产生的燃煤都要通过炕内曲折的烟道，排烟不畅，造成大部分燃烟滞留在室内，对居民的身体健康构成极大的威胁。并且大部分农村地区有明火或烟熏干燥食物的习惯，导致燃烟中的颗粒物、氟化物、砷化物及其他有害物质大量附着在食物的表面，人食用后严重威胁健康。

十六、农村室外环境空气污染的主要来源有哪些?

(1) 农村恶臭污染。农村恶臭（臭气）是来自畜禽粪便、饲料、污水、塑料和动物尸体腐烂分解等而产生的有害气体。农村的恶臭污染主要来源于农村集约化经营的大型养殖场，由于其没有有效的管理，缺乏有效的除臭措施，或是将粪便等垃圾放置在一个开放的粪坑里或是裸露堆放，其腐败分解产生的气体释放到空气中，随着空气流动而扩散，形成臭气污染。农村农户家禽、牲畜的分散经营所致的臭气污染也不容忽视，几乎每家每户都有家禽和牲畜圈，大量的粪尿、废弃物和有机废水如不及时处理，则会造成水源、空气、土壤的污染以及传染性疾病的流行。

（2）农村耕作引起的扬尘和沙尘暴污染。农村传统的耕作方式一般需要通过翻耕、耙耱将土地整理得细碎、平整，令地表干净整洁，并造成一个疏松的耕层，便于来年春季的耕种；传统农业对秸秆的处理一般采取焚烧、收割或打碎秸秆后再翻地耙平等方法。这种耕作方式在翻耕时会引起扬尘污染，更为严重的是收割过后，地表失去作物的保护，进入裸露休闲状态时，裸露的土地得不到保护。干燥的土壤很容易被风刮走，而农田土壤地表几厘米的土是最肥的，不仅浪费土壤资源，而且容易产生扬尘造成环境空气污染，这还成为我国水土流失和严重风蚀的根源。此外，沙尘暴特别是强沙尘暴的沙物质主要来源于北方裸露干燥的农田和退化的草地，退化草地占北方天然草地一半以上，裸露农田占耕地的七成以上。不合理的农牧业生产行为如过度放牧和春秋翻耕等活动，增加了地表的沙尘来源，加剧了沙尘暴的发生。

（3）乡镇工业企业污染。乡镇企业的废气排放是农村空气环境污染主要的污染源之一。据统计，农村的各类乡镇企业烟尘和粉尘排放都超过了全国排放总量的一半以上。由于乡镇企业设备简陋、工艺落后，很多企业没有防治污染的措施，即使有排污设备也是闲置不用；再加之其布局分散、地方政府环保机构和环保人员设置不健全，对乡镇企业污染难以监管和治理。据 2001 ~ 2004 年全国环境统计公报，全国乡镇企业二氧化硫和烟尘的排放量分别增长了 12.5% 和 16.3%，在全国主要工业污染物排放总量有所控制的情况下，乡镇企业排放量却在增加。

（4）生物质燃烧造成的空气污染。随着农村经济的发展和农民生活水平的提高，农村对秸秆的传统利用发生了很大变化，燃烧秸秆就成了农民最方便的处置方法。露天焚烧秸秆带来的一个最突出的问题就是对大气的污染。秸秆焚烧造成浓烟遮天、灰尘悬浮，是形成酸雨、“黑雨”的主要原因，特别是刚收割的秸秆尚未干透，经不完全燃烧会产生大量氮氧化物、二氧化硫、碳氢化合物及烟尘，氮氧化物和碳氢化合物在阳光作用下还可能产生臭氧等，造成二次污染。

（5）燃煤产生的大气污染。在农村，随着能源消费由利用秸秆、薪柴等生物能向燃煤过渡，使得农村大气质量面临严重的威胁。近年来，农村燃煤的用量大大增加，尤其是北方农村，冬季用煤时间长、面积大，燃煤烟尘直接排入大气，对空气造成较大的污染。

（6）农业生产产生的污染。在农业生产中，我国大量使用农药、化肥等化学肥料，对农村空气环境带来极大影响。近 20 年来，我国化肥的亩施用量超出世界平均施用量的 1 倍多，其利用率只有 30% ~40%，其余都进入环境，污染大气、水体和土壤。农药是农业生产中造成空气污染的另一较大污染源。人体吸入受农药污染的空气，身体健康会受到损害。农作物本身也会产生有害气体，如农业生产是温室气体氧化亚氮的一个主要来源，水稻种植是温室气体甲烷的重要来源之一。

（7）城市污染工业向农村转移带来的污染。近年来，随着我国现代化、城镇化进程的加快以及城市人口的不断增加，加之国家政策导向的产业结构调整和农村生产力布局调整的加速，越来越多的开发区、工业园区特别是化工园区在农村地区兴起，造成城镇工业废气向农村地区转移，给农村大气环境造成极大的污染与危害。

十七、什么是恶臭污染？恶臭产生的原因有哪些？

恶臭是指大气、水、废弃物等物质中的异味通过空气，作用于人的嗅觉而被感知的一种感知（嗅觉）污染。恶臭物质通常指能够刺激人的嗅觉器官引起人们厌恶或不愉快的物质。恶臭的污染源广泛，化工、化肥、橡胶、炼油、造纸、农药等工业生产，农贸市场、垃圾场、屠宰场、废品站、厕所、下水道等都是恶臭物质的发源地。恶臭对于人体呼吸、消化、心血管、内分泌及神经系统都会造成影响。长期反复受恶臭物质的刺激会引起嗅觉疲劳，导致嗅觉失灵。高浓度的恶臭还可使接触者发生肺水肿，更为严重者将窒息死亡。

恶臭产生的原因有：

（1）燃料燃烧和工业生产过程中产生的废气将恶臭物质带入空气；工业生产过程中产生的恶臭物质通过跑、冒、滴、漏等方式直接进入空气或流散在地表及水体中逐渐挥发进入空气。

（2）农业生产中的牲畜家禽饲养以及部分农作物腐烂可以使得恶臭物质进入空气。

（3）人体排泄物和生活废物在处理过程中可使恶臭物质进入空气。

十八、什么是大气污染防治？哪些法律对大气污染防治做了规定？

大气污染防治，是指通过对人们生产和生活活动向大气排放的物质的控制，使大气中的污染物质在种类、数量和浓度上保持在空气可以自净的范围之内，防止人类的健康和财产遭受损害。目前，大气污染防治措施和方法主要分为技术性措施和非技术性措施两方面。技术性措施主要是针对大气污染物的生成而采取的技术方法，包括对大气污染物生成前和生成后的控制两条途径；非技术性措施主要是采取环境规划与管理、经济刺激、环境行政和宣传教育等手段，促使排污单位或个人重视大气污染防治工作而采取的方法。这些措施和方法均须通过大气污染防治立法予以规范，并以国家强制力来保障实施。

我国大气污染防治工作最早始于对工矿企业劳动场所的环境卫生保护和职业

病防护。1987 年，我国制定了《大气污染防治法》，并于 1991 年颁布了《大气污染防治法实施细则》。此外，我国有关大气污染防治的法规还包括相关的行政规章、地方法规、地方规章以及《环境空气质量标准》和各种大气污染物排放标准。我国目前施行的是 2000 年修订的《大气污染防治法》。

十九、大气污染防治的行政管理体制是如何规定的？

我国对大气污染防治工作实行人民政府领导、政府各行政主管部门按职权划分、实施统一监督管理与部门分工负责管理的行政管理体制。各级人民政府主要负责制定大气环境保护计划和防治大气污染规划，制定有利于大气污染防治的经济和技术政策，决定其事业单位的限期治理，采取强制性应急措施。各级人民政府的环境保护行政主管部门对大气环境污染防治实施统一的监督和管理。

二十、大气污染防治的基本法律制度有哪些？

主要包括环境影响评价制度、“三同时”制度、大气环境标准制度、大气环境奖励制度、清洁生产制度、排污申报登记制度、大气排污许可证制度、排污收费和禁止超标排污制度、限期治理制度、排污总量控制制度、大气污染事故报告处理制度、大气环境质量公报制度及应急措施等。

二十一、如何防治燃煤产生的大气污染？

（1）国家推行煤炭洗选加工，降低煤的硫分和灰分，限制高硫分、高灰分煤炭的开采。

（2）新建的所采煤炭属于高硫分、高灰分的煤矿，必须建设配套的煤炭洗选设施；对已建成的属于高硫分、高灰分的煤矿，应当限期建成配套的煤炭洗选设施。违反此规定的，由县级以上地方人民政府环境保护主管部门责令限期建设配套设施，可以处 2 万元以上 20 万元以下的罚款。

（3）禁止开采含放射性和砷等有毒有害物质超标的煤炭。违反此规定的，由县级以上地方人民政府按照国务院规定的权限责令关闭。

（4）新建、扩建排放二氧化硫的火电厂和其他大中型企业，超标排放或超过总量控制指标的，必须建设配套脱硫、除尘装置或者采取其他控制措施。

（5）在人口集中地区存放煤炭、煤矸石、煤渣、煤灰、沙石、灰土等物料，必须采取防燃、防尘措施。违反此规定的，由有关部门根据不同情节，责令停止违法行为，限期改正，给予警告或者处以 5 万元以下的罚款。

二十二、如何防治废气污染？

废气主要是指工业废气，包括可燃性气体、含硫化物气体、放射性气体和有毒气体。

(1) 工业生产中产生的可燃性气体应当回收利用，不具备回收利用条件的应当进行防治污染处理。

(2) 炼制石油、生产合成氨、煤气和燃煤焦化、有色金属冶炼过程中排放含有含硫化物气体，应当配备脱硫装置或者采取其他脱硫措施。

(3) 排放含放射性物质的气体和气溶胶，不得超过规定的排放标准。

(4) 严格限制排放有毒气体和烟尘。确需排放的，必须经过净化处理，不得超过规定的排放标准。运输、装卸、贮存能够散发有毒有害气体或者粉尘物质的，必须采取密闭措施或者其他防护措施。

违反 (1)、(3) 和 (4) 的行为，由县级以上地方人民政府环境保护主管部门或者其他依法行使监督管理权的部门责令停止违法行为，限期改正，可以处5万元以下的罚款。违反 (2) 的行为，由县级以上地方人民政府环境保护主管部门责令限期建设配套设施，可以处2万元以上20万元以下的罚款。

二十三、如何运用行政调解的方式解决大气污染产生的纠纷？

造成大气污染危害的单位，有责任排除危害，并对直接遭受损失的单位或者个人赔偿损失。赔偿责任和赔偿金额的纠纷，可以根据当事人的请求，由环境保护行政主管部门调解处理；调解不成的，当事人可以向人民法院起诉。当事人也可以直接向人民法院起诉。

二十四、超标排放污染物应当如何处罚？

《大气污染防治法》第48条规定，向大气排放污染物超过国家和地方规定排放标准的，应当限期治理，并由所在地县级以上地方人民政府环境保护行政主管部门处1万元以上10万元以下罚款。限期治理的决定权限和违反限期治理要求的行政处罚由国务院规定。

按照本法规定，向大气排放污染物的，应当按照国家有关规定，根据排放污染物的种类和数量缴纳排污费，同时禁止超过国家和地方规定的排放标准向大气排放污染物。本法第13条明确规定，向大气排放污染物的，其污染物排放浓度不得超过国家和地方规定的排放标准。违反本法规定，超标排放大气污染物的应当按照本条的规定承担相应的法律责任。

根据本条规定，超过国家和地方规定的排放标准向大气排放污染物的，应当限期治理，即在作出限期治理决定的政府或政府的有关行政管理部门确定的期限内，通过技术改造、建设污染治理设施、改进能源结构、关闭严重污染的生产设施等方式，使其向大气排放污染物的浓度符合国家和地方规定的排放标准。同时，由其所在地县级以上人民政府环境保护行政主管部门对其处以罚款，罚款的幅度是1万元以上10万元以下，由作出行政处罚决定的行政管理部门根据具体情况决定具体的罚款数额。

二十五、如何防治焚烧烟尘污染？有何处罚措施？

《大气污染防治法》第41条：在人口集中地区和其他依法需要特殊保护的区域内，禁止焚烧沥青、油毡、橡胶、塑料、皮革、垃圾以及其他产生有毒有害烟尘和恶臭气体的物质。

禁止在人口集中地区、机场周围、交通干线附近以及当地人民政府划定的区域露天焚烧秸秆、落叶等产生烟尘污染的物质。

除前两款外，城市人民政府还可以根据实际情况，采取防治烟尘污染的其他措施。

《大气污染防治法》第57条：违反本法第41条第1款规定，在人口集中地区和其他依法需要特殊保护的区域内，焚烧沥青、油毡、橡胶、塑料、皮革、垃圾以及其他产生有毒有害烟尘和恶臭气体的物质的，由所在地县级以上地方人民政府环境保护行政主管部门责令停止违法行为，处2万元以下的罚款。

二十六、如何防治恶臭气体污染？

（1）1993年国家制定了《恶臭污染物排放标准》，排污单位必须严格执行排放标准规定。向大气排放恶臭气体的排污单位，必须采取措施防止周围居民免受污染。在人口集中地区和其他依法需要特殊保护的区域内，禁止焚烧沥青、油毡、橡胶、塑料、皮革、垃圾以及其他产生有毒有害烟尘和恶臭气体的物质。违反此规定的，由所在地县级以上地方人民政府环境保护主管部门责令停止违法行为，处2万元以下的罚款。

（2）要及时处理各种垃圾等恶臭污染源，建立相应的垃圾污染物处理点，定期对周围环境进行清洗和消毒；对工业活动中产生的恶臭可以根据不同条件和恶臭存在的状态采取高温燃烧法、活性炭吸附法、洗液洗涤法、水洗法和掩埋法等综合措施。

二十七、如何防治农村室内的甲醛污染？

当人吸入甲醛后，轻者有鼻、咽、喉部不适和烧灼感、流涕、咽疼、咳嗽等，重者有胸部紧感、呼吸困难、头痛、心烦等，更甚者可发生口腔、鼻腔黏膜糜烂、喉头水肿、痉挛等，长期过量吸入甲醛可引发鼻咽癌、喉头癌等多种严重疾病。例如，小女孩瑛瑛住进新家后，就患上白血病，家人怀疑是家具所含甲醛所致。孩子家人委托有关部门对这套家具进行检验，结论为：该样品甲醛含量严重超标。

室内的甲醛污染来自各种人造板中使用的黏合剂，特别是装有人造板做的壁橱、整体厨房以及新买家具的房间，甲醛超标更严重。甲醛污染的防治要从以下几个方面入手：

（1）在装修设计上要合理搭配装饰材料，充分考虑室内空间的承载量和通风量；使用人造板的锯口处，应涂以涂料，使其充分固化，以防止板材内的甲醛释放；选用不含甲醛的黏合剂、大芯板、贴面板等。《室内装饰装修材料人造板及其制品中有害物质限量》要求直接用于室内的大芯板甲醛释放量一定要每升小于等于1.5毫克。

（2）要注意家具的用料，最好选用木板材料密封程度较高的家具；新买的家具要放置一段时间后再使用；尽量不要把内衣、睡衣和儿童的服装放在人造木板制作的衣柜里。

（3）应注意室内有害气体的净化。有条件的应该尽量让室内通风一段时间再入住，使室内有害气体尽量释放；特别是家中有老人、儿童和过敏性体质成员的家庭，要严格控制室内甲醛等有害气体的含量。

（4）做好室内空气的检测。新装修的房子不要急于入住，要选择正规的、具有国家认证认可的检测单位先对室内环境进行检测，听取专家的意见，选择合适的入住时间。

二十八、如何防治农村室内的苯污染？

室内环境中的苯污染主要来自含苯的胶合剂、油漆、涂料和防水材料的溶剂或稀释剂。长期吸入苯会出现白细胞减少和血小板减少。育龄妇女长期吸入苯会导致月经异常，主要表现为月经过多或紊乱。在整个妊娠期间吸入大量甲苯的妇女，所生的婴儿出现小头畸形、中枢神经系统功能障碍及生长发育迟缓等缺陷的较多。

苯污染的防治要从以下几个方面入手：

（1）在进行室内装修时，要选择符合国家标准的油漆、涂料、胶合剂和防水材料。选择一些水性的木器漆是防止和减少家庭室内装修苯污染的根本途径。

（2）不要用油漆封墙底。

（3）装修后的居室不要立即入住，让房屋保持良好的通风环境。

【案例】

谭某种植了1386株葡萄，每年带给他的收入有数千元。然而，从2006年4

月起，刚刚进入盛产期的葡萄花芽、花蕾、幼果慢慢地枯死，使谭某收入锐减。他想到可能是果园附近的4家滑石厂排出的废气导致果树枯死，于是向有关部门反映。与此同时，附近欧某等人种植的龙眼、芒果、葡萄也莫名其妙地枯死，欧某等人向镇政府反映，经县环保局、镇政府等部门调查后认定，滑石粉厂排出的浓烟经低压和空气中的二氧化硫、水反应变成亚硫酸，飘落在果树嫩叶上，造成叶片组织坏死，叶片卷曲，无再生产能力。2007年6月，县农业部门对果树受污染情况进行调查，证实由于烟尘的污染，致使果树枯死，直接影响其产量。在调查过程中发现，4家滑石粉厂中，A厂排放废气取得了排放许可证，B厂于2005年年底开始处于停业整顿期，至今未复工。谭某等人根据上述调查结果，要求4家滑石粉厂赔偿水果失收所带来的损失，但4家滑石粉厂均以种种理由拒绝赔偿，谭某等人要求谁来赔偿呢？

【评析】

本案涉及的是大气污染损害赔偿责任的归属问题。由于大气具有流动性，确定大气污染的损害赔偿责任有一定难度，同时又必须对受害者进行救济，这需要法律对此作出安排。我国《大气污染防治法》第62条第1款规定："造成大气污染危害的单位，有责任排除危害，并对直接遭受损失的单位或者个人赔偿损失。"这条规定体现了环保领域"排污者承担"的精神。所谓"排污者承担"是指在生产和其他活动中造成环境资源污染和破坏的单位和个人，应承担治理污染、恢复生态环境的责任。环境问题主要是由各种不适当的人为活动造成的，环境污染和破坏问题的存在，必然会对人类的健康和经济建设造成不利的影响。单位和个人在其生产经营活动中利用环境资源取得了一定的经济利益，而这些经济利益往往是以污染和破坏环境资源为代价的。这些单位和个人是污染和破坏环境资源的受益者。因此，必须明确受益者即污染和破坏环境资源者的环境责任，要求他们承担治理污染、恢复生态环境的义务。污染者承担的核心内容是"谁污染谁治理，谁开发谁保护"，它包括由污染者来对受害者进行损害赔偿的内容。这就决定了应当有确定污染者赔偿责任的制度安排，它以污染损害赔偿责任的构成要件来体现。

在我国，环境赔偿民事责任的成立要满足四个要件：①须有污染环境的行为，包括合法污染环境行为和违法污染环境行为；②须有环境污染损害后果；③污染环境的行为与污染损害后果须有因果关系；④须没有免责事由。

在本案中，首先要明确的是谁是排污者。我们已经知道谭某等人的损失是由滑石粉厂排放废气所致。但当地有4家滑石粉厂，它们是否都是排污者呢？这4家滑石粉厂，A厂是合法排污，B厂停业整顿，其他两厂是违法排污。显然，B

厂由于在水果的生长、成熟期没有进行生产，也就没有排污行为，不属于本案中的污染者。其他两厂违法排污，毫无疑问是污染者。而对于A厂，虽然取得了排污许可证，但根据环保部门的调查，其排放行为仍然是造成污染的原因之一，而环境损害赔偿责任是无过错责任，因此也是排污者。这3厂也没有不可抗力、受害者自身过错以及第三人过错等免责事由，所以本案中谭某等人的损失应当由这3厂共同承担。谭某等人如果与他们交涉未果，可以申请环保部门调解处理，也可以向法院提起赔偿诉讼。这3厂承担的是共同责任，法院可以根据其排放废气的情况确定他们应承担的赔偿份额，也可以要求他们承担连带责任。同时要明确的是，对那两个违法排污的企业而言，除了需要承担损害赔偿责任外，还需要承担行政责任，包括罚款、责令限期改正、停业整顿、限期治理、没收违法所得等。

第四章　农村水资源环境的保护与利用

一、什么是《水法》?《水法》适用的范围及内容是什么?

《水法》是调整、规范合理开发、利用、节约和保护水资源过程中产生形成的各种社会关系的法律规范的总称。

《水法》适用的范围:

(1)根据我国《香港特别行政区基本法》和《澳门特别行政区基本法》的规定,《水法》不适用于我国香港和澳门两个特别行政区。

(2)《水法》的适用范围包括一切从事开发、利用、节约、保护、管理水资源,防治水害活动的单位或个人。这里的"单位",可以是我国的法人和其他组织,也可以是外资企业以及其他组织;"个人"既可以是中国公民个人,也可以是外国人。上述主体在我国境内从事开发、利用、节约、保护、管理水资源,防治水害活动的,都必须遵守《水法》。

(3)《水法》的适用范围不包括有关海水的开发、利用、保护、管理和防洪活动、水污染防治。这是因为《海域使用管理法》、《海洋环境保护法》对海水的开发、利用、保护和管理已有规定。

《水法》的主要内容:1988 年我国第一部《水法》颁布实施,标志着我国水利事业进入了依法治水的新时期。实施以来,原《水法》在我国水利事业从行政管理为主向依法管理为主的改革中发挥了重大作用。但随着经济社会的发展和水资源自然条件的变化,原《水法》的一些规定已经不能适应实际需要,修订原《水法》是经济社会发展的必然要求。2002 年 8 月 29 日,新修订后的《水法》颁布,于同年 10 月 1 日正式实施。新《水法》从我国国情出发,认真吸收了十多年国内外水资源管理的新经验、新理念,把党和国家的治水方针、政策以及思路和目标都通过法律的形式确定下来。新《水法》共八章八十二条款。第一章是总则,第二章是水资源规划,第三章是水资源开发利用,第四章是水资源、水域和水工程的保护,第五章是水资源配置和节约使用,第六章是监督检查,第七章是法律责任,第八章是附则。与原《水法》相比,新《水法》在结构篇幅和内容特点上都进行了修补和完善。新《水法》增加了一章“水资源规划”；原《水法》中“用水管理”改为“水资源配置和节约使用”；鉴于国家已出台了防洪法，原《水法》中的“防汛与抗洪”不设专章，其内容分解到其他各章节中，增加了一章“监督检查”。新《水法》在内容上着重规定了水资源的开发利用、节约保护和配置，具有鲜明的时代性、针对性、科学性、操作性，而且比较全面，涵盖面较广。

二、《水法》中的水资源具体指的是什么？水资源的所有权归谁？导致水资源稀缺的原因是什么？

《水法》中的水资源，一般是指陆地上可供人们使用的淡水，包括地表水和地下水。地球上的水分布在海洋、冰川、雪山、湖泊、沼泽、河流、大气、生物体、土壤和地层中，它们相互作用并不断交换，形成一个完整的水系统。全球97.5%的水是咸水，而能参与全球水循环、在陆地上逐年可以得到恢复和更新的淡水资源，数量仅为全球水储量的0.2%。这部分淡水与人类的关系最密切，且具有经济利用价值。地表水主要有河流和湖泊水，由大气降水、冰川融水和地下水补给；地下水为储存于地下含水层的水量，靠降水和地表水渗透到地下补给。

水资源所有权是对水资源的占有、使用、收益和处分权利。《水法》规定，水资源属于国家所有，即全民所有。新通过的《物权法》第四十六条也规定：“矿藏、水流、海域属于国家所有。”

导致水资源稀缺的原因：

(1) 能够为人类控制和利用的水才能作为水资源对待，而在一定技术水平下，人类利用资源的能力、范围和种类是有限的，由此构成水资源稀缺。

(2) 虽然水资源属于一种可再生资源，在正常情况下，可以通过水循环进行更替和自身净化，以维持一定的数量和质量，但是如果水资源被利用的速度超过再生速度，也可能耗竭或转化为不可更新资源，从而引起稀缺。

(3) 人口数量的增长和人均水资源消耗水平的提高，也会加大水资源的稀缺性。当这些原因引起水资源的总需求超过总供给时，就造成水资源的绝对稀缺。在全球范围内，水资源时空分布不均匀，由此造成了水资源的局部短缺，导致水资源的相对稀缺。

三、农民在开发、利用、节约保护水资源和防治水害中，应当遵循什么基本原则？

(1) 可持续协调发展原则。是指为了实现社会与经济的可持续发展，必须在各种发展决策中将社会、经济与环境、人口的共同发展协调一致。该原则主张为了确保人类的持续生存和发展，必须把经济社会活动及水资源利用与水环境保护有机地结合起来，并按照生态持续性、经济持续性、资源持续性和社会持续性的基本原则来组织和规范人类的一切活动。

（2）受益方对受损方利益补偿原则。水资源首先是一种公共资源，它具有公共资源的一般属性，必须贯彻受益方对受损方利益补偿原则。第一，企业以及其他消费者在使用水过程中对水资源及水环境的影响破坏负担治理费用，“谁污染谁治理”。第二，水源地及水源涵养区保护必然要使一批人的利益受损，凡是江河水资源利用受益方都应对其进行利益补偿。我国《水法》及相关法律规定，我国水资源属国家所有，但并非无偿占有与使用。国家凭借其水资源所有权，向取水者收取水资源费是国家对水资源行使所有权的本质体现。它包括对水资源耗费的补偿、对水生态影响（如取水或调水引起的水生态变化）的补偿，以及促进节水、保护水资源及水环境的投入。国家可通过财政转移支付（包括生态移民补偿），给予水源地和水源涵养区保护居民利益补偿。

（3）预防为主与防治结合、从源头防治与保护原则。我国目前面临的水资源及水环境问题十分严峻，而且存在恶化的趋势。2006 年全国水资源工作会议指出，我国的水资源短缺已经成为经济发展的第一瓶颈，一些地区不考虑水资源和水环境的承载能力，盲目、肆意发展，造成了当下有河皆干、有水皆污的恶果。必须贯彻预防为主与防治结合，从源头防治与保护原则，即水资源及水环境保护必须重点控制污染，预防各种污染源的产生，并给予制度保障。对各种污染物产生后必须给予限期治理，同时要重点保护水源地和涵养水源区，水量与水质才能得到保证。

（4）公众参与及全过程监督原则。水资源及水环境保护中的公众参与及全过程监管原则，是指公众有权通过一定的程序或途径参与一切与公众水资源及水环境保护权益相关的开发、利用、治理、管理及节约的一切决策与运行监督，并有权受到相应的法律保护和救济，以防止决策与运行的盲目性，使决策符合公众的切身利益和需要，同时更有效地保护水资源及水环境。水资源及水环境保护涉及多方面利益，必然需要公众参与并投入全过程监督。

四、什么是取水许可制度？取水许可制度包括哪些内容？在哪些情况下取水不需要领取取水许可证？

取水许可制度，是指用水单位或个人为使用某一额定水资源依法向水行政主管部门申请并获得许可的一种法律制度。

取水许可制度包含以下内容：直接从江河、湖泊或者地下取水的一切单位和个人应当办理取水许可证；取水许可和水资源费征收管理制度的实施应当遵循公开、公平、公正、高效和便民的原则；取水许可证有效期限一般为5年，最长不超过10年。有效期届满，需要延续的，取水单位或者个人应当在有效期届满45日前向原审批机关提出申请，原审批机关应当在有效期届满前，作出是否延续的决定；取水单位或者个人应当依照国家技术标准安装计量设施，保证计量设施正常运行，及时缴纳水资源费，并按照规定填报取水统计报表；取水许可的办理时限是自受理之日起10个工作日；未取得取水许可而擅自取水的，按照相关文件规定予以严肃处理；取水申请经审批机关批准，申请人方可兴建取水工程或者设施。需由国家审批、核准的建设项目，未取得取水申请批准文件的，项目主管部门不得审批、核准该建设项目；取水申请批准后3年内，取水工程或者设施未开工建设，或者需由国家审批、核准的建设项目未取得国家审批、核准的，取水申请批准文件自行失效。建设项目中取水事项有较大变更的，建设单位应当重新进行建设项目水资源论证，并重新申请取水。

《取水许可制度实施办法》第3条规定，下列少量取水不需要申请取水许可证：①为家庭生活、畜禽饮用取水的。②为农业灌溉少量取水的。③用人力、畜力或者其他方法少量取水的。少量取水的限额由省级人民政府规定。如果农村居民为家庭生活需要而少量取水要经过行政许可的话，广大农民通常情况下无法接受。

《取水许可制度实施办法》第4条规定，下列取水免予申请取水许可证：①为农业抗旱应急必须取水的。②为保障矿井等地下工程施工安全和生产安全必须取水的。③为防御和消除对公共安全或者公共利益的危害必须取水的。

五、农业取水涉及公共利益时如何处理？因取水申请引起的纠纷如何处理？

当农业用水涉及公共利益时，也要对此时农业用水的价值与公共利益的价值进行衡量。若农业用水的价值相对较大（如生命、自由、人格尊严或重大的财产利益等）时，其应当优先于公共利益，相反则公共利益优先，农业用水不能损害公共利益。《取水许可和水资源费征收管理条例》第18条规定："审批机关认为取水涉及社会公共利益需要听证的，应当向社会公告，并举行听证。取水涉及申请人与他人之间重大利害关系的，审批机关在作出是否批准取水申请的决定前，应当告知申请人、利害关系人。申请人、利害关系人要求听证的，审批机关应当组织听证。因取水申请引起争议或者诉讼的，审批机关应当书面通知申请人中止审批程序；争议解决或者诉讼终止后，恢复审批程序。"

根据《取水许可制度实施办法》规定，有些用水需要向审批机关申请用水，需要用水申请取水的单位或者个人（以下简称"申请人"），应当向具有审批权限的审批机关提出申请。申请利用多种水源，且各种水源的取水许可审批机关不同的，应当向其中最高一级审批机关提出申请。用水申请的批准，审批机关必须在事实清楚的基础之上才能作出，当相关用水的事实没有查清之前，审批机关很难作出正确的判断。当取水申请发生争议时，也就是用水的事实存在争议，事实未查清，此时审批机关应当通知取水申请人中止审批程序，要求取水申请人通过协商或诉讼等方式将事实厘清，待争议或诉讼终止后，重新提出取水许可申请，此后才能恢复取水申请的审批。《取水许可和水资源费征收管理条例》第 18 条规定："因取水申请引起争议或者诉讼的，审批机关应当书面通知申请人中止审批程序；争议解决或者诉讼终止后，恢复审批程序。"当取水申请人就纠纷得到解决后，可以再次向审批机关提出取水申请，审批机关应当恢复审批程序，根据纠纷解决的结果作出批准。对水行政主管部门作出的不予批准的决定，申请人可以依法申请复议或者提起行政诉讼。

六、颁发给农民的取水许可证应当包括哪些内容？取水许可证有效期一般为多长时间？

《取水许可和水资源费征收管理条例》第 24 条规定："取水许可证应当包括下列内容：（一）取水单位或者个人的名称（姓名）；（二）取水期限；（三）取水量和取水用途；（四）水源类型；（五）取水、退水地点及退水方式、退水量。前款第（三）项规定的取水量是在江河、湖泊、地下水多年平均水量情况下允许的取水单位或者个人的最大取水量。取水许可证由国务院水行政主管部门统一制作，审批机关核发取水许可证只能收取工本费。"被许可人应当按照取水许可证上的内容进行取水，否则将承担相应责任。同时，禁止伪造、涂改或转让《中华人民共和国取水许可证》。工作人员违反有关法律、法规的，根据情节轻重给予行政处分；触犯刑律的，由司法机关依法追究刑事责任。

《取水许可和水资源费征收管理条例》第 25 条规定："取水许可证有效期限一般为 5 年，最长不超过 10 年。有效期届满，需要延续，取水单位或者个人应当在有效期届满 45 日前向原审批机关提出申请，原审批机关应当在有效期限届满前，作出是否延续的决定。"《取水许可管理办法》对延续申请提交的文件进行了规定，第 27 条规定："按照《取水条例》第 25 条规定，取水单位或者个人向原取水审批机关提出延续取水申请时应当提交下列材料：（一）延续取水申请书；（二）原取水申请批准文件和取水许可证。取水审批机关应当对原批准的取水量、实际取水量、节水水平和退水水质状况以及取水单位或者个人所在行业的平均用水水平、当地水资源供需状况等进行全面评估，在取水许可证届满前决定是否批准延续。批准延续的，应当核发新的取水许可证；不批准延续的，应当书面说明理由。”取水申请人应当严格按照取水许可证进行取水，遵循取水许可证的有效期。当有效期届满时，应当到颁发机关进行注销，否则将承担法律责任。

七、什么是水资源费？农业水资源费由谁来征收？

水资源费主要指对城市中直接从地下取水的单位征收的费用。这项费用，按照取之于水和用之于水的原则，纳入地方财政，作为开发利用水资源和水管理的专项资金。

农业水资源费由谁来征收的问题，实际上就是农业水资源费的征收主体问题。需要根据不同的农业水资源的用水类型来决定征收主体。《取水许可和水资源费征收管理条例》第31条规定："水资源费由取水审批机关负责征收；其中，流域管理机构审批的，水资源费由取水口所在地省、自治区、直辖市人民政府水行政主管部门代为征收。"第33条规定："直接从江河、湖泊或者地下取用水资源从事农业生产的，对超过省、自治区、直辖市规定的农业生产用水限额部分的水资源，由取水单位或者个人根据取水口所在地水资源费征收标准和实际取水量缴纳水资源费；符合规定的农业生产用水限额的取水，不缴纳水资源费。取用供水工程的水从事农业生产的，由用水单位或者个人按照实际用水量向供水工程单位缴纳水费，由供水工程单位统一缴纳水资源费；水资源费计入供水成本。"

八、农民由于特殊困难不能按时缴纳水资源费的怎么办？农业用水中用水户拖欠水费应承担哪些责任？

农民缴纳水资源费，供水单位供水，实际上就是农民与供水单位之间签订了供水合同，当农民由于特殊困难不能按时缴纳水资源费时，就属于供水合同履行迟延问题，应当承担履行迟延的法律责任。《取水许可和水资源费征收管理条例》第34条规定："取水单位或者个人因特殊困难不能按期缴纳水资源费的，可以自收到水资源费缴纳通知单之日起7日内向发出缴纳通知单的水行政主管部门申请缓缴；发出缴纳通知单的水行政主管部门应当自收到缓缴申请之日起5个工作日内作出书面决定并通知申请人；期满未作决定的，视为同意。水资源费的缓缴期限最长不得超过90日。"对农业生产、农民家庭生活和畜禽饲养取水，可暂缓征收水资源费。可以提供担保人。国家对特殊困难的农民用水实施补贴，对符合一定困难条件的农民减轻或免除水资源费的征收。

农户拖欠水费，实际上就是不履行农户与供水单位之间的供水合同，需要承担违约责任。违约责任是违反合同的民事责任的简称，是指合同当事人一方不履行合同义务或履行合同义务不符合合同约定所应承担的民事责任。违约责任有多种形式，即承担违约责任的具体方式。对此，《民法通则》第111条和《合同

法》第107条作了明文规定。《合同法》第107条规定："当事人一方不履行合同义务或者履行合同义务不符合约定的，应当承担继续履行、采取补救措施或者赔偿损失等违约责任。"据此，违约责任有两种基本形式，即继续履行、采取补救措施和赔偿损失。除此之外，违约责任还有其他形式，如违约金和定金责任。

九、未经批准擅自取水应承担哪些责任？未经批准擅自建设取水工程的如何处理？

对于擅自取水的，法律明确规定了相应的法律责任：

（1）由县级以上人民政府水行政主管部门，或者流域管理机构，按照法律程序，依据职权责令有关单位或者个人，停止其违法行为，并且要求其在限定的时间内，采取必要的措施进行补救活动，而且还要处以2万元以上（包括2万元，下同）10万元以下的罚款。

（2）如果情节严重的，还要吊销其取水许可证。

（3）如果擅自取水的行为，给别人造成了损失，或者妨碍了别人正常行使权利，则应当排除这种妨碍，并且赔偿被损害人的损失。

对于未经批准擅自建设取水工程的行为，法律对其责任作了相应的规定。主要有以下几种情况：

（1）没有取得取水申请批准文件就进行取水工程或者设施的建设。对于这种情况有关主管机关可以责令相关单位或者个人停止其违法行为，并且要求其在规定的时间内补充办理有关手续。

（2）超过规定的时间，而没有办理相关手续，或者补办有关手续而没有被主管部门批准。对于这种情况，可以责令他们在规定的时间内拆除相关的取水工程或者设施，根据具体情况，有的工程或设施则可以采取封闭的方法，总之，工程或设施不能再进行建设而且要拆除已经建设的部分。

（3）超过规定的时间而没有拆除或者是封闭相关的工程或设施。对于这种情况，县级以上地方人民政府水行政主管部门，或者流域管理机构就可以组织人力拆除或者封闭，在这个过程中产生的拆除或封闭费用就由违法行为人来承担，这也算是对违法行为人的一种惩罚。同时，对违法人员处以5万元以下的罚款。

十、不按取水许可证规定的水量取水的如何处理？未经批准擅自转让取水权的如何处理？

拒不执行取水许可证规定的水量，是指相关取水单位或个人，不按照取水许可证规定的取水条件来利用水资源，对此，《取水许可和水资源费征收管理条例》第50条规定了以下几种处理方式：

（1）由县级以上人民政府水行政主管部门或者流域管理机构依据职权，责令相关违法单位或个人停止违法行为，并且要求其在规定的期限内采取相应的补救措施，同时还要处以2万元以上10万元以下的罚款。

（2）情节严重的，则要吊销其取水许可证，也就是有关主管机关收回由其发放的许可证，作为违法一方则失去了取水的权利。

未经批准擅自转让取水权，是指已经取得取水许可证的有关单位或个人未经审批机关同意就将其拥有的取水权转让给了第三方。对于这种情形，《取水许可和水资源费征收管理条例》第51条规定：

（1）未经批准擅自转让取水权的，责令其停止违法行为，并且要求其在规定的时间内改正其违法行为，然后处以2万元以上10万元以下的罚款。

（2）超过规定期限不改正违法行为，或者是违法情节严重的，则有关主管机关可以吊销其取水许可证，相关用水单位或个人就失去了取水的权利。

十一、什么是水权？新《水法》对水权有哪些规定？

水权，是以水资源所有权为基础的一组权利的集合，包括水资源使用权、水资源占有权、水资源收益权、水资源转让权等。它和水资源所有权是不同的两个概念。水资源所有权是一种完全的所有权，包括占有、使用、收益、处分四项权能。水权是不包括水资源所有权在内的使用权、收益权，即水权是民法上所说的用益物权，是一种他物权。

新《水法》第48条规定："直接从江河、湖泊或者地下取用水资源的单位和个人，应当按照国家取水许可制度和水资源有偿使用制度的规定，向水行政主管部门或者流域管理机构申请领取取水许可证，并缴纳水资源费，取得取水权。但是，家庭生活和零星散养、圈养畜禽饮用等少量取水的除外。实施取水许可制度和征收管理水资源费的具体办法，由国务院规定。"该条确认了取水许可制度，即直接从江河、湖泊或者地下取用水资源的组织和个人通过行政许可或合同方式取得的水资源使用权。第3条规定："水资源属于国家所有。水资源的所有权由国务院代表国家行使。农村集体经济组织的水塘和由农村集体经济组织修建管理的水库中的水，归各该农村集体经济组织使用。"该条确认了水资源所有权国有的性质，并且具有不可转让性。第55条规定："使用水工程供应的水，应当按照国家规定向供水单位缴纳水费。供水价格应当按照补偿成本、合理收益、优质优价、公平负担的原则确定。具体办法由省级以上人民政府价格主管部门会同同级水行政主管部门或者其他供水行政主管部门依据职权制定。"该条确认了水资源的有偿使用制度。需要特别指出的是，《取水许可和水资源费征收管理条例》第一次认可了取水权的变更，这说明我国已经以新《水法》为核心初步建立了水

权制度，水权制度大致包括水资源所有权制度、水资源使用权制度以及水权转让制度三方面的内容。

十二、建设节水型社会的主要内容是什么？建设节水型社会有哪些保障措施？

（1）建设节水型社会的主要内容。

第一，建设措施。包括：①管理体制建设。建立以水权、水市场理论为基础的水资源管理体制，改变长期形成的条块分割的水资源管理体制和“多龙管水、多头治水”的紊乱局面，逐步建立分级管理、职责明确、运转协调、行为规范、高效合理的水资源统一管理体制。②运行机制建设。建立健全节水型社会建设运行机制，包括总量控制下的取水许可制度、水资源论证、初始水权分配、地下水开采总量控制、用水定额管理等制度，初步形成“总量控制，定额管理，以水定地，配水到户，公众参与，水量交易，水票运转，城乡一体”的一整套运行机制，从而保证国民经济用水控制指标的实现。③法规体系建设。根据《水法》、《水土保持法》等水利法规，结合各地实际，制定和出台一系列节水型社会配套管理办法，为切实做好水资源合理开发、利用和保护工作，依法治水、依法管水创造良好的法制环境。④规划体系建设。主要包括编制经济结构调整规划、工业及城镇生活节水规划、高效节水农业发展规划、水资源开发利用与保护规划等内容。⑤参与机制建设。节水型社会建设是全社会的共同任务。因此，部门合作和公众参与是建设节水型社会的关键。参与机制建设的主要内容包括部门协作制度、灌区农民用水者协会制度、水价听证会制度、水信息社会公布制度等。

第二，经济措施。包括：①经济结构调整。包括产业结构调整和种植结构调整，积极推进产业结构调整，切实提高第二、第三产业的比例。同时，要大力发展优质、高效、特色、节水型农业，限制高耗水低产出的行业，重点发展耗水少、节水效益高的工业和服务业，努力提高水的重复利用率。②相关经济机制建设。主要开展水资源有偿使用制度、节水激励制度、节水投入机制、水权（水量）交易制度等方面建设。

第三，工程措施。重点完成灌区续建套与节水改造项目、农业综合水利开发骨干项目、干渠改扩建工程、管道输水工程、常规节水与渠道改建等项目建设。

第四，科技措施。主要是开展科学技术研究、水资源调配与节水管理信息系统建设和节水新技术、新工艺的推广等工作。

第五，宣传教育措施。开展节水宣传教育工作，普及群众的节水意识和提高全社会参与意识。

（2）建设节水型社会的保障措施。

第一，组织保障。节水型社会建设是一项全社会参与的系统工程，试点工作涉及面广、任务重，必须加强领导。各地须成立由市发改委、经贸、农业、林业、水利、畜牧、财政、国土、环保、科技、教育、广电等部门负责人为成员的节水型社会建设工作领导小组，具体负责节水型社会建设的组织协调和日常工作。并建立起统一、高效、有序的工作机制，协调各县区之间、水利局与各职能部门之间的关系，保障具体工作真正落到实处。各相关部门要明确责任，相互沟通，密切协作，共同搞好节水型社会建设工作。

第二，资金保障。建立多渠道、多元化的融资机制，切实加大对节水型社会建设的资金投入。设立节水专项经费，用于节水技术研究、技术推广、节水管理及节水设施建设等。积极策划项目，加大对国家和省上的资金争取力度，吸引更多的资金，同时引导企业加大节水投入，发展循环经济，提高经济、社会和生态的三大效益。

第三，科技保障。以科研院校为依托，研究、推广、使用节水新技术，提高节水科技水平。深入开展水价、用水定额、排污定额和水资源承载力、水环境承载能力等专题研究工作，为节水型社会建设工作提供智力支持和技术保障，推动各地节水型社会建设试点工作的顺利进行。

十三、为什么要对水工程建设是否符合流域综合规划进行审批?

水工程是在江河、湖泊和地下水源上用于开发、利用、控制调配和保护水资源的各类工程。水资源的流域性、多功能性、不可替代性，使得水工程建设必然涉及上下游、左右岸相邻用水者和不同行业的权益以及兴利除害的关系。特别是面对水资源短缺、水资源恶化、洪涝灾害频繁三大问题，兴建任何水工程都必须科学地、严格地审查是否符合流域的水资源和水环境承载能力，是否影响防洪。流域综合规划是在协调上述关系的基础上制定的。因此建设工程，必须符合流域综合规划，统筹考虑水资源的开发、利用、治理、配置、节约和保护。坚持开源节流和治污并举，对供水、用水、节水、治污、水资源保护进行统筹安排，符合水资源开发利用总体布局，实现对地表水、地下水和其他水源在不同区域不同用水目标，不同用水即水量和水质的统一合理的监管管理手段。目前不严格遵守规划的水工程建设依然存在，存在较多地考虑局部利益和单项工程自身的效益，不严格遵守规划的总体布局，水事矛盾增加的现象。尤其是随着社会主义市场经济体制的建立，更需要用法律法规来规范水工程建设，切实保障流域综合规划的执行。《水法》第 19 条规定："建设水工程，必须符合流域综合规划。在国家确定的重要江河、湖泊和跨省、自治区、直辖市的江河、湖泊上建设水工程，其工程可行性研究报告报请批准前，有关流域管理机构应当对水工程的建设是否符合流

域综合规划进行审查并签署意见；在其他江河、湖泊上建设水工程，其工程可行性研究报告报请批准前，县级以上地方人民政府水行政主管部门应当按照管理权限对水工程的建设是否符合流域综合规划进行审查并签署意见。水工程建设涉及防洪的，依照《防洪法》的有关规定执行；涉及其他地区和行业的，建设单位应当事先征求有关地区和部门的意见。”

十四、《水法》对农业用水、工业用水等有什么规定？《水法》在节约用水方面作了哪些规定？《水法》对发展农村水利有哪些规定？

《水法》第21条规定：“开发、利用水资源，应当首先满足城乡居民生活用水，并兼顾农业、工业、生态环境用水以及航运的需要。”此外，第54条要求“各级人民政府应当积极采取措施，改善城乡居民的饮用水条件”。

水资源可持续开发利用是我国经济社会发展的战略问题，核心是提高用水效率，把节水放在突出的位置，大力推行节约用水措施，发展节水型农业、工业和服务业，建立节水型社会。《水法》在节约用水方面作了多项规定：

（1）把发展节水型工业、农业和服务业，建立节水型社会，作为发展目标写入总则，实行从“开源与节流并重”到“开源与节流相结合，节流优先，大力建设节水型社会”的调整。

（2）根据水资源的宏观管理和配置，在水资源的微观分配和管理上，实行总量控制和定额管理相结合的制度，以及取水许可制度和水资源有偿使用制度。

（3）强化工业、农业、城市生活节水管理，大力推行采用节水先进技术、工艺和设备，逐步淘汰落后的、耗水量高的工艺、产品和设备。

（4）新建、扩建、改建建设项目，应当制定节水措施方案，配套建设节水设施，其节水设施应当与主体工程同时设计、同时施工、同时投产。

（5）实行计划用水、超定额用水累计加价制度。通过这些措施，提高水资源利用效率，促进水资源合理利用，建设节水型社会。

《水法》第25条规定：“地方各级人民政府应当加强对灌溉、排涝、水土保持工作的领导，促进农业生产发展；在容易发生盐碱化和渍害的地区，应当采取措施，控制和降低地下水的水位。农村集体经济组织或者其成员依法在本集体经济组织所有的集体土地或承包土地上投资兴建水工程设施的，按照谁投资建设谁管理和谁受益的原则，对水工程设施及其蓄水进行管理和合理使用。农村集体经济组织修建水库应当经县级以上地方人民政府水行政主管部门批准。”水利是农业的命脉，水利灌溉、水土保持和中低产田改造对于促进农业生产发展起着十分重要的作用。我国灌溉面积从1949年的2.4亿亩发展到目前的8.2亿亩，初步形成了以当地水资源利用为主体的供水格局和农田灌排工程体系。我国《水法》

规定了地方各级政府在灌溉、排涝、水土保持方面和预防盐碱化和渍害方面的法律职责，以加强政府对上述工作的领导，促进农业的可持续发展。同时为了调动和保护农村集体经济组织和农民投资兴建各种水利设施的积极性，《水法》对农村集体经济组织或者其成员投资兴建的水工程设施，规定了谁投资建设谁管理和谁受益的原则，促使农村集体经济组织及其成员加强对水工程设施的管理和合理使用。农村集体经济组织修建水库应经县级以上地方人民政府水行政主管部门批准，有利于国家对水资源的统一管理，防止私建水库导致上、下游矛盾，综合平衡多方面的利益。

十五、处理农村邻居之间因用水、排水等产生的纠纷应当遵循哪些原则?

关于处理相邻关系的原则，法律有明确规定。《民法通则》第 83 条规定："不动产的相邻各方，应当按照有利生产、方便生活、团结互助、公平合理的精神，正确处理截水、排水、通行、通风、采光等方面的相邻关系。给相邻方造成妨碍或者损失的，应当停止侵害，排除妨碍，赔偿损失。"《物权法》第 84 条规定："不动产的相邻权利人应当按照有利生产、方便生活、团结互助、公平合理的原则，正确处理相邻关系。"为此，我们可以将处理相邻关系的原则总结如下：

（1）依据法律、法规和习惯处理相邻关系。《物权法》第 85 条规定："法律、法规对处理相邻关系有规定的，依照其规定；法律、法规没有规定的，可以按照当地习惯。"这就是说，如果法律法规对相邻关系作出了明确的规定，则必须依照法律法规来处理相邻关系。如果法律法规没有规定的就依据习惯。习惯包括风俗和惯例，此处所说的习惯主要是生活习惯。习惯是人们在长期的生活中形成并遵守的生活准则，可以调节人们之间的生产生活。

（2）有利生产、方便生活的原则。《物权法》第 84 条规定："不动产的相邻权利人应当按照有利生产、方便生活、团结互助、公平合理的原则，正确处理相邻关系。"法律之所以规定相邻关系的处理规则，就是要保证人们最基本的生活条件，保障人们的生产生活能够顺利进行。所以，在处理因相邻关系发生的纠纷时，应从有利于有效合理的使用财产、有利于生产生活出发。

（3）团结互助、公平合理的原则。相邻各方在行使所有权和使用权的时候，要团结互助、公平合理。相邻各方在不动产权利上发生争议的时候，必须本着互谅互让、有利于团结的精神来处理相互间的矛盾和纠纷。相邻关系涉及各方不动产权益方面的争议甚至冲突，在纠纷发生后，如果处理不当，就容易造成比较严重的社会矛盾，危害社会的稳定和团结。所以纠纷发生后本着公平原则来处理相邻关系就显得很重要。

（4）依法给予补偿原则。《物权法》第92条规定："不动产权利人因用水、排水、通行、铺设管线等利用相邻不动产的，应当尽量避免对相邻的不动产权利人造成损害；造成损害的，应当给予赔偿。"相邻关系是法律对于不动产的一种干预，在许多情况下，相邻一方为另一方提供通行、通风、采光等便利，是义务人的法定义务，不能要求对方给予补偿。但是，一方因用水、排水、通行、铺设管线等利用相邻不动产的，应当尽量避免对相邻的不动产权利人造成损害。如果造成损害的，应当给予赔偿。

十六、相邻排水纠纷如何解决？

《物权法》第86条规定："不动产权利人应当为相邻权利人用水、排水提供必要的便利。对自然流水的利用，应当在不动产的相邻权利人之间合理分配。对自然流水的排放，应当尊重自然流向。"

相邻的不动产权利人基于用水、排水而发生的相邻关系的内容非常丰富，我国《水法》第28条规定："任何单位和个人引水、截（蓄）水、排水，不得损害公共利益和他人的合法权益。"根据《水法》并参考国外或地区立法例，关于水的相邻关系的内容大概有以下几项：

（1）对自然流水的规定：①尊重自然流水的流向及低地权利人的承水、过水义务。例如，许多国家的法律都规定，从高地自然流至之水，低地权利人不得妨阻。②水流的权利人变更水流或者宽度的限制。水流的权利人，如对岸的土地属于他人时，不得变更水流或者宽度。两岸的土地均属于一个权利人时，该权利人可以变更水流或者宽度，但应给下游留出自然水路。当地对此有不同习惯的，从其习惯。③对自然流水使用上的合理分配。我国对跨行政区域的河流实行水资源配置制度。《水法》第45条规定："调蓄径流和分配水量，应当依据流域规划和水中长期供求规划，以流域为单元制定水量分配方案。"

（2）蓄水、引水、排水设施损坏而致邻地损害时的修缮义务。土地因蓄水、引水、排水所设置的工作物破溃、阻塞，致损及他人的土地，或者有损害发生的危险时，土地权利人应以自己的费用进行必要的修缮、疏通和预防。但对费用的承担另有习惯的，从其习惯。

（3）排水权。高地权利人为使其浸水之地干涸，或者排泄家用、农工业用水至公共排水通道时，可以使其水通过低地。但应选择于低地损害最小的处所和方法为之。在对低地仍有损害的情况下，应给予补偿。

（4）土地权利人为引水或排水而使用邻地水利设施的权利。土地权利人为引水或排水，可以使用邻地的水利设施，但应按其受益的程度，负担该设施的设置及保存费用。

(5) 用水权。由于我国法律规定水资源属于国家所有，所以《水法》第48条第1款规定："直接从江河、湖泊或者地下取用水资源的单位和个人，应当按照国家取水许可制度和水资源有偿使用制度的规定，向水行政主管部门或者流域管理机构申请领取取水许可证，并缴纳水资源费，取得取水权。但是，家庭生活和零星散养、圈养畜禽饮用等少量取水的除外。"

我国最高人民法院《关于贯彻执行民法通则若干问题的意见》，从审判的角度对水的相邻关系作了一些规定，主要是：

(1) 关于自然流水的分配与使用。一方擅自堵截或者独占自然流水，影响他方正常生产、生活的，他方有权请求排除妨碍；造成他方损失的，受益人应负赔偿责任。

(2) 关于自然流水以及生产、生活用水的排放。相邻一方必须使用另一方的土地排水的，应当予以准许，但应在必要限度内使用，并采取适当的保护措施排水，如仍造成损失的，由受益人合理补偿。相邻一方可以采取其他合理的措施排水而未采取，向他方土地排水毁损或者可能毁损他方财产，他方要求致害人停止侵害、消除危险、恢复原状、赔偿损失的，应当予以支持。

(3) 关于房屋滴水。处理相邻房屋滴水纠纷时，对有过错的一方造成他方损害的，应当责令其排除妨碍、赔偿损失。

十七、为建设水利工程而需要移民时，如何保护移民的利益？

2005年颁布的《南水北调工程建设征地补偿和移民安置暂行办法》第2条规定："贯彻开发性移民方针，坚持以人为本，按照前期补偿、补助与后期扶持相结合的原则妥善安置移民，确保移民安置后生活水平不降低。"第3条规定："南水北调工程建设征地补偿和移民安置，应遵循公开、公平和公正的原则，接受社会监督。"

2006年颁布的《大中型水利水电工程建设征地补偿和移民安置条例》第3条规定："国家实行开发性移民方针，采取前期补偿、补助与后期扶持相结合的办法，使移民生活达到或者超过原有水平。"第4条规定："大中型水利水电工程建设征地补偿和移民安置应当遵循下列原则：（一）以人为本，保障移民的合法权益，满足移民生存与发展的需求；（二）顾全大局，服从国家整体安排，兼顾国家、集体、个人利益；（三）节约利用土地，合理规划工程占地，控制移民规模；（四）可持续发展，与资源综合开发利用、生态环境保护相协调；（五）因地制宜，统筹规划。"第13条规定："对农村移民安置进行规划，应当坚持以农业生产安置为主，遵循因地制宜、有利生产、方便生活、保护生态的原则，合理规划农村移民安置点；有条件的地方，可以结合小城镇建设进行。农村移民安置后，应当使移民拥有与移民安置区居民基本相当的土地等农业生产资料。”第16条规定：“征地补偿和移民安置资金、依法应当缴纳的耕地占用税和耕地开垦费以及依照国务院有关规定缴纳的森林植被恢复费等应当列入大中型水利水电工程概算。征地补偿和移民安置资金包括土地补偿费、安置补助费，农村居民点迁建、城（集）镇迁建、工矿企业迁建以及专项设施迁建或者复建补偿费（含有关地上附着物补偿费），移民个人财产补偿费（含地上附着物和青苗补偿费）和搬迁费，库底清理费，淹没区文物保护费和国家规定的其他费用。”在水利工程建设过程中的移民问题，国家主要是通过以下几个方面来保护移民的利益：首先是生产生活环境保障。水利工程建设要保障移民的生产生活环境，至少不低于移民前。其次就是就业保障。水利工程建设的首要任务是保障移民群体的劳动就业，维持和发展生产。在移民迁建过程中，需要在详细调查、测算、合理确定补偿标准和规模的基础上，根据社会进步和经济发展，统筹规划，稳步实施，并根据实际情况的变化不断调整，以维护和保障移民工程建设的顺利进行。此外，政府给予财政扶持及税收优惠政策等，都是国家对移民补偿的方式。

十八、什么是农业水权交易？农业水权交易应遵循哪些原则？

农业水权交易，通俗地讲，是指将农业用水节约余量转用于工业。用水的企业在申请用水指标后与水利部门签订相关的用水协议，由水库供水。企业上缴的费用用于农业节水工程的改造。

按照水利部《关于水权转让的若干意见》的精神，水权转让（水权交易）一般应遵循以下几个原则：

（1）水资源可持续利用的原则。水权转让既要尊重水的自然属性和客观规律，又要尊重水的商品属性和价值规律，适应经济社会发展对水的需求，统筹兼顾生活、生产、生态用水，以流域为单元，全面协调地表水、地下水、上下游、左右岸、干支流、水量与水质、开发利用和节约保护的关系。充分发挥水资源的综合功能，实现水资源的可持续利用。

（2）政府调控和市场机制相结合的原则。水资源属国家所有，水资源所有权由国务院代表国家行使，国家对水资源实行统一管理和宏观调控，各级政府及其水行政主管部门依法对水资源实行管理。充分发挥市场在水资源配置中的作用，建立政府调控和市场调节相结合的水资源配置机制。

（3）公平和效率相结合的原则。在确保粮食安全、稳定农业发展的前提下，为适应国家经济布局和产业结构调整的要求，推动水资源向低污染、高效率产业转移。水权转让必须首先满足城乡居民生活用水，充分考虑生态系统的基本用水，水权由农业向其他行业转让必须保障农业用水的基本要求。水权转让要有利于建立节水防污型社会，防止片面追求经济利益。

(4) 产权明晰的原则。水权转让以明晰水资源使用权为前提，所转让的水权必须依法取得。水权转让是权利和义务的转移，受让方在取得权利的同时，必须承担相应义务。

(5) 公平、公正、公开的原则。要尊重水权转让双方的意愿，以自愿为前提进行民主协商，充分考虑各方利益，并及时向社会公开水权转让的相关事项。

(6) 有偿转让和合理补偿的原则。水权转让双方主体平等，应遵循市场交易的基本准则，合理确定双方的经济利益。因转让对第三方造成损失或影响的必须给予合理的经济补偿。

除上述基本原则外，2004 年 6 月 29 日水利部黄河水利委员会颁布的《黄河水权转换管理实施办法（试行）》还规定了黄河水权转换应遵循以下特殊原则：

(1) 总量控制原则。黄河水权转换必须在国务院批准的正常年份黄河可供水量分配方案确定的水量指标内进行，凡无余留黄河水量指标的省（自治区、直辖市），新增引黄用水项目必须通过水权转换方式在分配给本省（自治区、直辖市）水量指标内获得黄河取水权。

(2) 统一调度原则。实施黄河水权转换的有关省（自治区、直辖市）必须严格执行黄河水量调度指令，确保省（自治区）际断面下泄流量和水量符合水量调度要求。水权转换双方应严格按照批准的年度用水计划用水。

另外，坚持市场调节在水权交易当中的作用、坚持生态保护等原则也是非常必要的。

十九、现行水价制度合理吗？

目前我国的水价制度存在着不合理之处，具体来说有以下两点：

(1) 确定水价的依据不够科学。目前，我国单纯以用水量作为恒定水价的标准，这是不科学的。由于我国水资源的分布存在时间上和空间上的差异，应当根据不同季节和不同地域实行不同的水价。在我国，北方地区水资源相对贫乏，南方水资源相对丰沛。因此，北方相应的水价应当较高，南方水价可以适当降低。经济发达地区的水价在同一程度上应当高于经济欠发达地区的水价。确定科学的水价制定依据应当考虑水资源的所有权、可供水总量、地域、季节、水质等因素，将这些因素综合起来制定合理的水价。

(2) 水价偏低。是我国近年来普遍存在的问题，低廉的水费不但使我国供水公司面临开工不足和亏损的困境，而且抑制城市供水事业的发展，甚至严重阻碍了节水政策的推行。实践中，我国工业用水的重复利用率、工业万元产值取水量与国外相比均有较大的差距，其原因不仅仅在于技术方面的限制，更在于缺乏水价的激励。水价过低带来的直接后果，就国家方面而言，是国有水资产严重流失，财政收入降低；就供水企业而言，也会因此而入不敷出，水利工程老化，导致缺乏水工程的维持管理资金，从而制约水资源的可持续发展开发和利用；而对用户来说，低价必然导致用水浪费，排污量大，不利于节水措施的开展，给节水环境和供水带来巨大压力。

二十、什么是节水灌溉？为什么要在农业生产中推广节水灌溉？如何实施农业的节水灌溉？

节水灌溉是指以最低限度的用水量获得最大的产量或收益，也就是最大限度地提高单位灌溉水量的农作物产量和产值的灌溉措施。主要措施有渠道防渗、低压管灌、喷灌、微灌和灌溉管理制度等。

在农业生产中推广节水灌溉的原因有：

（1）农业用水供给严重不足。我国现阶段人均水资源量仅为世界平均水平的1/4。预计到2030年，人均水资源量将下降到1760立方米，逼近国际公认的1700立方米的严重缺水警戒线。

（2）农业水资源时空分布严重不均。全年降水的60%～80%集中在6～9月。秦岭、淮河以北土地面积占全国的65%，人口为40%，耕地为51%，而水资源总量仅为20%。

（3）水污染加剧了水资源短缺。全国90%的废、污水未经处理或处理未达标就直接排放，11%的河流水质低于农田灌溉标准，75%的湖泊受到污染。

（4）干旱缺水严重制约农业发展。20世纪90年代以后，我国年均受旱面积近4亿亩，特别是近几年农作物年均受旱面积达6亿亩，因干旱影响粮食产量近500亿公斤。

与此同时，农业用水浪费严重。

（1）灌溉水利用率低，仅在40%左右；

（2）灌溉定额严重超标，多数超过实际需水量的1倍甚至多倍；

（3）自然降水利用率低，仅为30%；

（4）农业用水产出率低，每立方水仅产粮食0.8公斤，综合经济产出只有0.2美元。

节水灌溉是根据作物需水规律和当地供水条件，高效利用降水和灌溉水，以取得农业最佳经济效益、社会效益和生态环境效益的综合措施。也就是说，节水灌溉包括技术、管理、经济等综合措施，非单项手段。节水灌溉是将灌溉水自水源输送到农田，满足作物的需要，可以分为三个环节：通过输配水系统把水送到田间；在田间为作物所利用；作物吸收的水通过光合、蒸腾作用最后产出收获量。节水灌溉在这三个环节中都有水可节，第一个环节减少输配水损失，第二个环节可以减少田间深层渗漏和株间蒸发，在第三个环节中，提高水分的产出率也是节水。

节省灌溉水有以下途径：采用各种防渗措施和管道输水，再加上加强管理可以减少输配水损失；采用节水的灌水技术，如小畦灌、喷滴灌、水稻控制灌溉等可减少田间损失；采取节水灌溉制度和农业措施可提高水的产出量。以上措施都要硬件和软件相结合，才能效果更佳。

节水灌溉措施有多种分类方法。这里，将节水灌溉措施划分为工程类措施、管理类措施和农艺措施三大类。其中工程类措施又可进一步划分为三类：渠系输水节水措施、田间灌水节水措施和改进地面灌水技术。渠系输水节水措施通常又分为渠道防渗措施和管道化输水措施。田间灌水节水措施通常又分为改进地面灌水技术、推广喷灌技术和微灌技术。改进地面灌水技术通常又包括平整土地、大畦改小畦、长畦改短畦、间歇灌（或称波涌灌）、膜上灌和膜下灌等多种节水灌溉措施。管理类节水措施通常分为六类，分别为：改进灌溉制度、建立节水技术服务体系、改进水源管理、改革水管理体制、政策与法规、制定合理水价标准与水费计收办法。其中每一类又包括 1 ~ 3 项管理节水措施。农艺节水措施通常包括适水种植、深耕或保护性耕作、覆盖保墒和作物栽培等技术。管理节水灌溉措施主要指在灌溉管理环节上对用水计划、配水计划、渠道工作制度和工作顺序等方面通过科学管理、合理调度达到减少损失、节约用水的目的。

二十一、地下水能否任意开采？法律对饮用水水源有什么特别保护？

《水法》第 36 条规定："在地下水超采地区，县级以上地方人民政府应当采取措施，严格控制开采地下水。在地下水严重超采地区，经省、自治区、直辖市人民政府批准，可以划定地下水禁止开采或者限制开采区。在沿海地区开采地下水，应当经过科学论证，并采取措施，防止地面沉降和海水入侵。"因此，地下水是不能任意开采的。

《水法》对饮用水水源的特别保护体现在：

第 33 条规定："国家建立饮用水水源保护区制度。省、自治区、直辖市人民政府应当划定饮用水水源保护区，并采取措施，防止水源枯竭和水体污染，保证城乡居民饮用水安全。"

第 34 条第 1 款规定："禁止在饮用水水源保护区内设置排污口。"

第 67 条第 1 款规定："在饮用水水源保护区内设置排污口的，由县级以上地方人民政府责令限期拆除、恢复原状；逾期不拆除、不恢复原状的，强行拆除、

恢复原状，并处5万元以上10万元以下的罚款。”

《水污染防治法》第五章规定了饮用水水源和其他特殊水体保护。对饮用水水源具体包含以下条款：

第56条第1款规定：“国家建立饮用水水源保护区制度。饮用水水源保护区分为一级保护区和二级保护区；必要时，可以在饮用水水源保护区外围划定一定的区域作为准保护区。”

第57条规定：“在饮用水水源保护区内，禁止设置排污口。”

第58条规定：“禁止在饮用水水源一级保护区内新建、改建、扩建与供水设施和保护水源无关的建设项目；已建成的与供水设施和保护水源无关的建设项目，由县级以上人民政府责令拆除或者关闭。禁止在饮用水水源一级保护区内从事网箱养殖、旅游、游泳、垂钓或者其他可能污染饮用水水体的活动。”

第59条规定：“禁止在饮用水水源二级保护区内新建、改建、扩建排放污染物的建设项目；已建成的排放污染物的建设项目，由县级以上人民政府责令拆除或者关闭。在饮用水水源二级保护区内从事网箱养殖、旅游等活动的，应当按照规定采取措施，防止污染饮用水水体。”

第60条规定：“禁止在饮用水水源准保护区内新建、扩建对水体污染严重的建设项目；改建建设项目，不得增加排污量。”

第61条规定：“县级以上地方人民政府应当根据保护饮用水水源的实际需要，在准保护区内采取工程措施或者建造湿地、水源涵养林等生态保护措施，防止水污染物直接排入饮用水水体，确保饮用水安全。”

第62条规定：“饮用水水源受到污染可能威胁供水安全的，环境保护主管部门应当责令有关企业事业单位采取停止或者减少排放水污染物等措施。”

第63条规定：“国务院和省、自治区、直辖市人民政府根据水环境保护的需要，可以规定在饮用水水源保护区内，采取禁止或者限制使用含磷洗涤剂、化肥、农药以及限制种植养殖等措施。”

第81条规定：“有下列行为之一的，由县级以上地方人民政府环境保护主管部门责令停止违法行为，处10万元以上50万元以下的罚款；并报经有批准权的人民政府批准，责令拆除或者关闭：（一）在饮用水水源一级保护区内新建、改建、扩建与供水设施和保护水源无关的建设项目的；（二）在饮用水水源二级保护区内新建、改建、扩建排放污染物的建设项目的；（三）在饮用水水源准保护区内新建、扩建对水体污染严重的建设项目，或者改建建设项目增加排污量的。在饮用水水源一级保护区内从事网箱养殖或者组织进行旅游、垂钓或者其他可能污染饮用水水体的活动的，由县级以上地方人民政府环境保护主管部门责令停止违法行为，处2万元以上10万元以下的罚款。个人在饮用水水源一级保护区内游泳、垂钓或者从事其他可能污染饮用水水体的活动的，由县级以上地方人民政府环境保护主管部门责令停止违法行为，可以处500元以下的罚款。”

专门对饮用水水源进行保护的法规还有1989年7月10日国家环境保护局、卫生部、建设部、水利部、地矿部联合制定的《饮用水水源保护区污染防治管理规定》，具体包括饮用水地表水源保护区的划分和防护、饮用水地下水源保护区的划分和防护、饮用水水源保护区污染防治的监督管理以及奖励与惩罚。

二十二、工厂擅自排放污水致使农田的庄稼遭受损害的，受害人能否主张损害赔偿？

根据《民法通则》第124条违反国家保护环境防止污染的规定，污染环境造成他人损害的，应当依法承担民事责任的规定，工厂擅自排放污水致使农田的庄稼遭受损害的，受害人可以主张损害赔偿。

受害人主张赔偿，首先要明确何种行为构成环境侵权。环境侵权的构成要件包括：第一，要有污染环境的行为。第二，损害。环境污染中的损害，是受害人因接触或暴露于被污染的环境而受到的人身伤害、死亡以及财产损失等后果。第三，污染环境的行为与损害之间存在因果关系。污染环境行为与损害结果之间的因果关系，是加害人承担民事责任的必要条件。由于在环境侵权中这种因果关系的认定比较困难，因而以因果关系的推定原则代替因果关系的直接、严格的认定。因果关系的推定，即在确定污染行为与损害结果之间的因果关系时，如果无因果关系的直接证据，可以通过间接证据推定其因果关系存在。

对于环境侵权行为的归责原则采用无过错归责原则，即“一切污染危害环境的单位或个人，只要自己的污染危害环境行为给他人造成财产或人身损害，即使自己主观上没有故意或过失，也要对其造成的损害承担赔偿责任”。无过错责任原则在应对环境侵权特殊性方面弥补了过错责任原则的不足。一方面它有利于保护受害人的合法权益。只要加害人造成了环境污染损害，无论主观意识是否有过错，都要承担责任。另一方面无过错责任原则对环境侵权因果关系的认定，适用因果关系推定原则，同时由加害人就法律规定的免责事由及其行为与损害结果之间不存在因果关系承担举证责任。这样就减轻了受害人的举证责任，有效地保护了受害人的合法权益。此外，适用无过错责任原则，还可以推动和促使污染单位积极主动地采取措施防止环境污染，改善人类赖以生存和发展的环境。

环境侵权案件属于特殊侵权民事案件，实行举证责任倒置原则，即受害人只要对污染环境和损害结果之间的因果关系作出举证，证明客观上存在着污染损害事实即可。其他的举证责任转移给侵害人承担。侵害人要举出其没有责任的证据和法律依据。如果不能确切证明其没有违反国家保护环境防止污染的规定，且污染环境与损害结果之间不具因果关系，则应推定侵权人承担民事赔偿责任。

对于环境侵权行为的赔偿应当坚持环境利益、全面赔偿、限定补偿原则、惩罚性赔偿和考虑当事人经济状况的原则。

二十三、农村生活污水有何特点？农村中产生的生活污水能否直接排入河流？

农村生活污水具有排放分散、来源众多、排放量大和处理率低的特点。

（1）排放分散。我国大多数村庄分散、农民住房分散，使农村生活污水排放分散，大部分没有污水排放管网。

（2）来源众多。主要有四类：第一类是人畜排泄及冲洗粪便产生的污水；第二类是厨房产生的污水；第三类是洗衣和家庭清洁产生的污水；第四类是农民洗澡产生的污水。

（3）排放量大。随着农村居住人口不断增多，所产生的农村生活污水也随之增加。另外，随着农民生活水平的提高以及农民生活方式的逐步城市化，如抽水马桶和洗衣机的普及，生活污水的产生量还将随之增长。

（4）处理率低。农村生活污水一般呈粗放型排放。很多农村尚无完善的污水排放系统，污水沿道路边沟或路面排放至就近的水体。只有少部分地区具有完善的污水排放系统。

农村中产生的生活污水不能直接排入河流。农村生活污水未经处理直接排入河道之后，污垢便会直接溶解在水体之中，造成水体中氮、硫、磷的含量较高，在厌氧微生物的作用下，易产生硫化氢、硫醇等具有恶臭气味的物质。人畜粪便具有导致血吸虫病和钩体病等疾病的病菌，其对水体和环境造成的污染，要比洗涤和厨房产生的生活污水更为严重，是导致农村疫病流行的重要因素。因此，为了避免河流水体遭到污染，也为了保障农村居民身体健康，不得将生活污水直接排入河流。我国也对此制定了相应的政策保障和立法保障。2007 年 11 月国务院办公厅转发八部委《关于加强农村环境保护工作意见》（国办发〔2007〕63 号）中明确提出："因地制宜开展农村污水、垃圾污染治理。逐步推进县域污水和垃圾处理设施的统一规划、统一建设、统一管理。有条件的小城镇和规模较大村庄应建设污水处理设施，城市周边村镇的污水可纳入城市污水收集管网，对居住比较分散、经济条件较差村庄的生活污水，可采取分散式、低成本、易管理的方式进行处理。"在 2008 年 7 月 24 日召开的全国第一次农村环境保护工作电视电话会议上，李克强副总理也强调："要强化农村生活污水治理，在经济发达、人口集中和环境敏感地区，加快建设乡镇污水集中处理设施，其他地区乡镇也要采取多种方式处理好生活污水。"2008 年 2 月 28 日修订通过的《水污染防治法》对水污染的防治作了全面细致的规定。该法第 3 条规定：“水污染防治应当坚持预防为主、防治结合、综合治理的原则，优先保护饮用水水源，严格控制工业污染、城镇生活污染，防治农业面源污染，积极推进生态治理工程建设，预防、控制和减少水环境污染和生态破坏。”

二十四、新修订通过的《水污染防治法》对农业和农村水污染防治有什么规定？

新修订通过的《水污染防治法》第四章专门规定了农业和农村水污染防治。具体规定包括：

第 47 条规定：“使用农药，应当符合国家有关农药安全使用的规定和标准。运输、存贮农药和处置过期失效农药，应当加强管理，防止造成水污染。”

第 48 条规定：“县级以上地方人民政府农业主管部门和其他有关部门，应当采取措施，指导农业生产者科学、合理地施用化肥和农药，控制化肥和农药的过量使用，防止造成水污染。”

第 49 条规定：“国家支持畜禽养殖场、养殖小区建设畜禽粪便、废水的综合利用或者无害化处理设施。畜禽养殖场、养殖小区应当保证其畜禽粪便、废水的综合利用或者无害化处理设施正常运转，保证污水达标排放，防止污染水环境。”

第 50 条规定：“从事水产养殖应当保护水域生态环境，科学确定养殖密度，合理投饵和使用药物，防止污染水环境。”

第 51 条规定：“向农田灌溉渠道排放工业废水和城镇污水，应当保证其下游最近的灌溉取水点的水质符合农田灌溉水质标准。利用工业废水和城镇污水进行灌溉，应当防止污染土壤、地下水和农产品。”

二十五、什么是水事纠纷？水事纠纷可以通过哪些途径来解决？

水事纠纷是指水事主体间因开发利用水资源和防治水害发生分歧而产生的争议，包括单位之间、个人之间、单位与个人之间发生的争议。水事纠纷从当事各方关系上来说，分为两大类：一类是不同行政区域之间发生的水事纠纷，其性质属于行政争端；另一类是单位之间、个人之间、单位与个人之间发生的水事纠纷，其性质属于民事纠纷。

按照我国有关法律法规的规定，水事纠纷可以通过诉讼方式和非诉讼方式解决。诉讼方式即纠纷主体向人民法院提起诉讼。非诉讼方式则包括协商、行政裁决、行政调解等。

《水法》第六章对水事纠纷的处理作了规定。第 56 条规定：“不同行政区域之间发生水事纠纷的，应当协商处理；协商不成的，由上一级人民政府裁决，有

关各方必须遵照执行。在水事纠纷解决前，未经各方达成协议或者共同的上一级人民政府批准，在行政区域交界线两侧一定范围内，任何一方不得修建排水、阻水、取水和截（蓄）水工程，不得单方面改变水的现状。”本条指出，一旦纠纷发生，先由当事双方协商解决。所谓协商，就是指不同行政区域之间的当事双方在发生水事纠纷后，双方在自愿的基础上，本着团结协作、互谅互让的精神，依照有关法律、行政法规的规定，直接进行磋商，自行解决纠纷。如果双方达成一致意见则协商成功。如果协商不成或者协商达成了协议而一方又反悔，不履行协议，另一方可依照本条的规定提请上一级人民政府处理。这里的上一级人民政府，是纠纷双方共同的上一级人民政府。人民政府收到纠纷案件后，一般是对当事人先进行调解，调解不成的再进行行政裁决。该裁决应视为终审裁决，有关各方必须遵照执行，否则将依法追究其法律责任。

《水法》第57条规定：“单位之间、个人之间、单位与个人之间发生的水事纠纷，应当协商解决；当事人不愿协商或者协商不成的，可以申请县级以上地方人民政府或者其授权的部门调解，也可以直接向人民法院提起民事诉讼。县级以上地方人民政府或者其授权的部门调解不成的，当事人可以向人民法院提起民事诉讼。在水事纠纷解决前，当事人不得单方面改变现状。”这类水事纠纷属于民事纠纷，当事人可以通过三种方式进行解决：

（1）纠纷发生后先由当事人之间协商解决。因为当事双方是平等的民事主体，双方可以在自愿的基础上先进行协商，这样有利于化解矛盾，稳定事态，使纠纷得到迅速解决。

（2）当事人不愿协商或者协商不成时，可申请人民政府或者其授权的部门调解。水事纠纷发生地的人民政府或者其授权的主管部门只起到主持调解的作用。

（3）当事人不愿协商或者协商、调解不成时，可以直接向人民法院提起民事诉讼。诉权是当事人保护自身权益的最终手段和方式。县级以上地方人民政府或者其授权的部门调解不成的，当事人也可以向人民法院提起民事诉讼，由人民法院作出最终的裁决。这里需要说明的是，本条关于这类水事纠纷由当事人双方协商解决和由人民政府或者其授权的部门调解解决，都不是法定的必经程序。也就是说，发生这类水事纠纷后，当事人可以直接向人民法院提起民事诉讼，不必经过协商和调解程序。由于因调解不成而提起的是民事诉讼，不是行政诉讼，被告应是当事的一方，而不是调处水事纠纷的人民政府或者其授权的部门。

二十六、围湖造田或者未经批准围垦河道的将会受到什么处罚？

围湖造田是指湖泊的浅水草滩由人工围垦成为农田的活动。过度围垦往往会损害湖泊自然资源，破坏湖泊生态环境和调蓄功能。因此，围湖造田或者未经批准围垦河道将会受到处罚。

《河道管理条例》第27条规定："禁止围湖造田。已经围垦的，应当按照国家规定的防洪标准进行治理，逐步退田还湖。湖泊的开发利用规划必须经河道主管机关审查同意。禁止围垦河流，确需围垦的，必须经过科学论证，并经省级以上人民政府批准。"

该条例第44条规定，违反本条例第27条规定，围垦湖泊、河流的，县级以上地方人民政府河道主管机关除责令其纠正违法行为、采取补救措施外，可以并处警告、罚款、没收非法所得；对有关责任人员，由其所在单位或者上级主管机关给予行政处分；构成犯罪的，依法追究刑事责任。

《水法》第40条规定："禁止围湖造地。已经围垦的，应当按照国家规定的防洪标准有计划地退地还湖。禁止围垦河道。确需围垦的，应当经过科学论证，经省、自治区、直辖市人民政府水行政主管部门或者国务院水行政主管部门同意后，报本级人民政府批准。"

《水法》第66条规定："有下列行为之一，且防洪法未作规定的，由县级以上人民政府水行政主管部门或者流域管理机构依据职权，责令停止违法行为，限期清除障碍或者采取其他补救措施，处1万元以上5万元以下的罚款：（一）在江河、湖泊、水库、运河、渠道内弃置、堆放阻碍行洪的物体和种植阻碍行洪的林木及高秆作物的；（二）围湖造地或者未经批准围垦河道的。"

二十七、超标开采地下水造成地面下陷，应采取什么措施处理？

超标开采地下水造成地面下陷应采取的措施主要有：

（1）重新确定合理开采量。过去通过勘察虽然计算和确定了开采量，但几年的开采和发生的环境变化已证明了过去开采量确定的不够合理，现应重新确定。

（2）扩大水源地保护区的范围和加强对水源地上部植被的保护。因过量抽水造成下降漏斗的扩展，必然造成补给范围的扩大，而补给范围的扩大也就必须扩大水源地保护区的范围。另外，目前我国多数水源地的上部挖坑取沙、地表植被被破坏的现象也十分严重，此现象必须坚决杜绝，在水源地保护区范围内，严禁采挖。

（3）不允许在水源地的上游和下游再开辟新的水源地。在水源地的上游开辟水源地，显然是属于截流，在水源的下游开辟水源地，就会增加地表水和潜水的流速，这样也就减少了上游补给渗入的时间，实际也是夺取了上游的水量。

（4）寻找相应的地下水补给措施。对于已经超标开采的地区，不但要做好补给工作，而且要严格控制地下水的开采量。《水法》第36条规定："在地下水超采地区，县级以上地方人民政府应当采取措施，严格控制开采地下水。在地下水严重超采地区，经省、自治区、直辖市人民政府批准，可以划定地下水禁止开采或者限制开采区。在沿海地区开采地下水，应当经过科学论证，并采取措施，防止地面沉降和海水入侵。"

（5）树立广大民众的节水意识，在生产生活中推广节约用水的措施。节约用水的推广可以减少用水量，相应地抽取地下水量也就会减少，这会在一定程度上防止对地下水的超标开采导致的地面下陷。

二十八、违法破坏水利设施的应当承担什么责任？

近年来，水利设施被盗窃破坏的问题十分严重。水利部、公安部联合发出了《关于严厉打击盗窃破坏水利设施犯罪活动的通知》，严厉打击盗窃、破坏水利设施的行为。破坏水利设施造成损失的应当承担民事责任，破坏严重的还应当承担刑事责任等。

《水法》第72条规定："有下列行为之一，构成犯罪的，依照刑法的有关规定追究刑事责任；尚不够刑事处罚，且防洪法未作规定的，由县级以上地方人民政府水行政主管部门或者流域管理机构依据职权，责令停止违法行为，采取补救措施，处1万元以上5万元以下的罚款；违反治安管理处罚条例的，由公安机关依法给予治安管理处罚；给他人造成损失的，依法承担赔偿责任：（一）侵占、毁坏水工程及堤防、护岸等有关设施，毁坏防汛、水文监测、水文地质监测设施的；（二）在水工程保护范围内，从事影响水工程运行和危害水工程安全的爆破、打井、采石、取土等活动的。"

第73条规定："侵占、盗窃或者抢夺防汛物资，防洪排涝、农田水利、水文监测和测量以及其他水工程设备和器材，贪污或者挪用国家救灾、抢险、防汛、移民安置和补偿及其他水利建设款物，构成犯罪的，依照刑法的有关规定追究刑事责任。"

《防洪法》第61条规定："对破坏、侵占、毁损这些水利工程设施或物资者，有关水行政主管部门应责令违法者停止违法行为，采取补救措施（如修复、补齐等），可以处5万元以下的罚款。造成损失者，还须依法承担民事责任；应当给予治安管理处罚的，依照治安管理处罚条例处罚；构成犯罪者，依法追究刑事责任。"

《刑法》第114条规定："放火、决水、爆炸、投毒或者以其他危险方法破坏工厂、矿场、油田、港口、河流、水源、仓库、住宅、森林、农场、谷场、牧场、重要管道、公共建筑物或者其他公私财产，危害公共安全，尚未造成严重后果的，处3年以上10年以下有期徒刑。”

《刑法》第115条规定：“放火、决水、爆炸、投毒或者以其他危险方法致人重伤、死亡或者使公私财产遭受重大损失的，处10年以上有期徒刑、无期徒刑或者死刑。过失犯前款罪的，处3年以上7年以下有期徒刑；情节较轻的，处3年以下有期徒刑或者拘役。”

《刑法》第264条第一款规定：“盗窃公私财物，数额较大或者多次盗窃的，处3年以下有期徒刑、拘役或者管制，并处或者单处罚金；数额巨大或者有其他严重情节的，处3年以上10年以下有期徒刑，并处罚金；数额特别巨大或者有其他特别严重情节的，处10年以上有期徒刑或者无期徒刑，并处罚金或者没收财产。”

二十九、煽动群众卷入水事纠纷的应当承担什么责任？

煽动群众卷入水事纠纷但尚不够刑事处罚的，由公安机关依法给予治安管理处罚；构成犯罪的，依照刑法的有关规定追究刑事责任。

《水法》第74条规定：“在水事纠纷发生及其处理过程中煽动闹事、结伙斗殴、抢夺或者损坏公私财物、非法限制他人人身自由，构成犯罪的，依照刑法的有关规定追究刑事责任；尚不够刑事处罚的，由公安机关依法给予治安管理处罚。”

可能承担刑事责任的犯罪有：

（1）非法拘禁罪。《刑法》第238条规定：“非法拘禁他人或者以其他方法非法剥夺他人人身自由的，处3年以下有期徒刑、拘役、管制或者剥夺政治权利。具有殴打、侮辱情节的，从重处罚。犯前款罪，致人重伤的，处3年以上10年以下有期徒刑；致人死亡的，处10年以上有期徒刑。使用暴力致人伤残、死亡的，依照本法第234条、第232条的规定定罪处罚。为索取债务非法扣押、拘禁他人的，依照前两款的规定处罚。”

（2）聚众哄抢罪。《刑法》第268条规定：“聚众哄抢公私财物，数额较大或者有其他严重情节的，对首要分子和积极参加的，处3年以下有期徒刑、拘役或者管制，并处罚金；数额巨大或者有其他特别严重情节的，处3年以上10年以下有期徒刑，并处罚金。”

（3）故意毁坏财物罪。《刑法》第275条规定：“故意毁坏公私财物，数额较大或者有其他严重情节的，处3年以下有期徒刑、拘役或者罚金；数额巨大或者有其他特别严重情节的，处3年以上7年以下有期徒刑。”

（4）煽动暴力抗拒法律实施罪。《刑法》第278条规定：“煽动群众暴力抗拒国家法律、行政法规实施的，处3年以下有期徒刑、拘役、管制或者剥夺政治

权利；造成严重后果的，处3年以上7年以下有期徒刑。”

（5）聚众斗殴罪。《刑法》第292条规定：“聚众斗殴的，对首要分子和其他积极参加的，处3年以下有期徒刑、拘役或者管制；有下列情形之一的，对首要分子和其他积极参加的，处3年以上10年以下有期徒刑：（一）多次聚众斗殴的；（二）聚众斗殴人数多，规模大，社会影响恶劣的；（三）在公共场所或者交通要道聚众斗殴，造成社会秩序严重混乱的；（四）持械聚众斗殴的。聚众斗殴，致人重伤、死亡的，依照本法第234条、第232条的规定定罪处罚。”

【案例】

康县位于大巴山脉西部，该县南部富产铜矿。20世纪90年代，一些乡镇和个人纷纷集资建厂经营铜矿生产。由于工艺落后、设备简陋、经营混乱，大量的尾矿污水在毫无环保措施的情况下流入嘉陵江水系的广坪河、安乐河、玉泉河，造成了比邻地区的水污染，引起沿途群众的强烈不满。在康县太平乡柯家河村与杜家坝、阳坝、新时代铜选矿厂附近，原本清澈的溪流因注入大量尾矿污水而呈黑灰色，河床里沉淀着厚厚的一层矿渣，在弯道和回水区更加明显，部分河段散发着刺鼻的臭味。目前停产的杜家坝选矿厂的尾矿库竟然建在玉泉河源的河道中央，尾矿渣已接近库坝的顶端，简陋的水泥、草袋堆砌成的库坝不断渗漏出污水，直接泄入河中。而阳坝选矿厂的治污设施更是形同虚设，废水从污水管道进入尾矿库，尚未沉淀就直接排入河道。由于水质污染，宁强县广坪镇、青木川镇、安乐河乡的村民们深受其害，致使数万名群众饮水困难。在陕西省汉中市环保部门的配合下，宁强县环保局就此进行了污染源调查。对杜家坝选矿厂工业废水的抽样监测表明，河水中化学耗氧量及铜、锌含量分别超过《国家污水综合排放标准》的0.6倍、8.7倍和2.6倍，洞水中悬浮物超标173.9倍。

【评析】

这是一起典型的由于工厂选址、防污不当而导致的饮用水遭污染事件。而饮用水关系到每个人的健康和安全。世界卫生组织（WHO）的调查表明：全球每年有2.5亿个病例与水污染有关；经水传播的传染病约占传染病总数的80%；全球50%的癌症与饮用水不洁有关；全球每年有众多儿童死于饮用被污染的水引发的疾病；全球因水污染引发的霍乱、痢疾的人数超出500万。我国水污染也在持续恶化，7大水系，主要湖泊，近海岸海域及部分地区地下水污染严重，流经城市的河流水质90%不符合饮用水源标准，75%的湖泊水域呈现富营养化，城市地下水50%受到严重污染。据中国预防医学科学院统计表明：全国约有7亿人饮用大肠杆菌超标水、3亿人饮用含铁量超标水、1.1亿人饮用高硬度水、0.7亿人在饮用高氟水、0.5亿人饮用高硝酸盐水。

触目惊心的数据使水污染受到越来越多的专家和市民的关注，保证饮用水安全已成为各级政府关注的大事。在2005年3月召开的中央人口资源环境工作座谈会上，胡锦涛总书记强调："要把切实保护好饮用水源，让群众喝上放心水作为首要任务。"而我国《水污染防治法》在立法宗旨中明确规定"保障饮用水安全"。国家建立饮用水水源保护区制度，饮用水水源保护区分为一级保护区和二级保护区。必要时，可以在饮用水水源保护区外围划出一定的区域作为准保护区。在饮用水水源保护区内，禁止设置排污口。禁止在饮用水水源一级保护区内新建、改建、扩建与供水设施和保护水源无关的建设项目；已建成的与供水设施和保护水源无关的建设项目，由县级以上人民政府责令拆除或者关闭；禁止在饮用水水源一级保护区内从事网箱养殖、旅游、游泳、垂钓或者其他可能污染饮用水水体的活动；禁止在饮用水水源二级保护区内新建、改建、扩建排放污染物的建设项目；已建成的排放污染物的建设项目，由县级以上人民政府责令拆除或者关闭。在饮用水水源二级保护区内从事网箱养殖、旅游等活动的，应当按照规定采取措施，防止污染饮用水水体。禁止在饮用水水源准保护区内新建、扩建对水体污染严重的建设项目，改建建设项目，不得增加排污量。饮用水水源受到污染可能威胁供水安全的，环境保护主管部门应当责令有关企业事业单位采取停止或者减少排放水污染物等措施。《水污染防治法实施细则》也规定，矿井、矿坑排放有毒有害废水，应当在矿床外围设置集水工程，并采取有效措施，防止污染地下水。这些强制性规定为防治饮用水遭污染，保障居民饮用水安全提供了具体保障。

在康县铜矿污染案中，3家选矿厂在宁强县广坪镇、青木川镇、安乐河乡的村民饮用水水源地建厂，并且没有采取有效的污染防治措施，从而导致村民饮水被污染，严重违反了《水污染防治法》及其《实施细则》的规定，因而应当承担法律责任。可由环保部门责令停止违法行为，处10万元以上50万元以下的罚款；并报经有批准权的人民政府批准，责令拆除或者关闭。同时，受害人还可以要求这几家污染企业承担损害赔偿责任。

饮用水安全是一个世界性问题，各国都通过相关立法来进行保障，如美国国会1974年通过了《安全饮用水法》，1986年和1996年，先后两次修改安全饮用水法。该法授权美国环保署建立基于保证人体健康的国家饮用水标准，以防止饮用水中的自然和人为的污染。同时，要求美国环保署、各州和供水系统互相协作、共同努力，以确保饮用水符合上述标准。《安全饮用水法》要求美国环保署每4年对供水基础设施进行一次评价，并且要向国会提交评价报告。美国环保署的"州饮用水改善基金计划"从1997年实施以来已经为各州的基础设施提供了

约 80 亿美元的资金。

我国已经通过立法对饮用水安全进行法律保障，但让我们每个人喝上放心水还有很多工作要做，比如要以保障饮用水水源安全为重点，综合运用法律、经济、行政、科学技术的手段，强化水源保养和保护，加大治污力度和水源地综合治理，加大入河排污和水源保护区水土保持的监督管理力度，建立完善的饮水安全防护体系和监测网络。同时要加大农村饮水安全工程的建设力度，加快城市供水设施改造和建设，完善水源地安全监测系统，制定防止水源地污染突发事件的应急预案和应急保障措施，建立健全供水保障应急机制。

第五章　农村固体废弃物污染环境防治

一、什么是固体废物？农村固体废物污染有哪些危害？

固体废物，是指在生产、生活和其他活动中产生的丧失原有利用价值或者虽未丧失利用价值但被抛弃或者放弃的固态、半固态和置于容器中的气态的物品、物质以及法律、行政法规规定纳入固体废物管理的物品、物质。我国法律所规定的固体废物主要包括工业固体废物、生活垃圾及有关的危险废物。工业固体废物，是指在工业生产活动中产生的固体废物；生活垃圾，是指在日常生活中或者为日常生活提供服务的活动中产生的固体废物以及法律、行政法规规定视为生活垃圾的固体废物；危险废物，是指列入国家危险废物名录或者根据国家规定的危险废物鉴别标准和鉴别方法认定的具有危险特性的固体废物。

农村固体废物污染有以下危害：

（1）固体废物堆放会占用土地并造成土壤污染。截至2003年，我国工业固体废物历年累计存量89.7亿吨，占地63241公顷。固体废物堆存量逐年增多，会加剧我国耕地短缺的矛盾。固体废物渗滤液所含有的有害物质会改变土壤结构，影响土壤中微生物的活动，妨碍植物根系生长，或在植物体内积蓄，通过食物链影响人体健康。

（2）固体废物会造成水污染。固体废物直接排入水体，必然会造成地表水的污染，固体废物也会因腐烂变质渗透而污染地下水体。投入水体的固体废物不仅会污染水质，而且会直接影响和危害水生生物的生存和水资源的利用。

（3）固体废物会造成大气污染。固体废物的大量堆放，无机固体废物会因化学反应而产生二氧化硫等有害气体，有机固体废物则会因发酵而释放大量可燃、有毒有害的气体。且其存储时，烟尘会随风飞扬，污染大气，例如粉煤灰、尾矿堆场在遇到4级以上风力时，可剥离1~1.5厘米，灰尘飞扬高度可达20~50米。在对许多固体废物进行堆存分解或焚化的过程中，会不同程度地产生毒气和臭气而直接危害人体健康。

（4）固体废物堆置不当会造成很大的危害，尤其是一些危险废物污染后果

更严重，容易造成即时性的严重灾害或持续性的危害。固体废物会寄生或滋生各种有害物质，如鼠、蚊、苍蝇等，导致病菌传播，引起疾病流行。由于固体废物的大量堆存，长期不予清理，会导致腐烂，产生病菌，通过大气传播于人体，对人的生命健康构成巨大威胁。

二、农村固体废物污染的来源是什么?

（1）畜禽养殖废弃物。我国改革开放以来，农村副业发展迅速，特别是畜禽养殖业。畜禽养殖业由庭院式向集约化、规模化、商品化方向发展。随着畜禽养殖业规模的不断扩大，畜禽数量的不断增多，不可避免地带来畜禽粪便产量的增多，而且附带各种伴生物和添加物，对卫生、空气、水体和土壤造成极大的危害。

（2）农用塑料残膜。农用薄膜主要包括农用地膜和农用棚膜。农膜的使用，获得了巨大的经济效益和社会效益，但是随之也带来了严重的环境污染问题，其中最严重的是残膜污染。农用塑料地膜是一种高分子的碳氢化合物，在自然环境条件下难以降解。而生产上使用的主要是0.012ram以下的超薄地膜，这样的地膜成本低，易破碎，难回收。随着地膜栽培年限的延长，耕地土壤中的残膜量不断增加。土壤中的残存地膜降低了土壤渗透性能，减少了土壤的含水量，削弱了耕地的抗旱能力，并通过影响作物根系的生长发育，对作物生长产生影响，导致减产。

（3）农作物秸秆。我国是一个农业大国，各类农作物秸秆资源十分丰富，除少部分用作饲料、纤维素生产和造纸原料外，大部分作物秸秆没有得到利用或者没有得到充分利用，要么在村头地头进行堆积，要么露天进行焚烧，这不仅侵占大量的土地，还会引起空气、河流等的污染。

（4）农村生活垃圾。农村人口居住分散，大多数农村还没有指定的堆放垃圾场所和专门的垃圾收集、运输、填埋及处理系统，加上农村部分村民环境保护意识较差，许多难以回收利用的固体废弃物，例如旧衣服、一次性塑料制品、废旧电池、灯管、灯泡等随意倒在田头、路旁、山脚或河边。由于这些废弃物难以分解，致使农村暴露垃圾越来越多，严重影响了农村的生活环境。大大小小的垃圾堆不仅侵占了土地，而且还成为蚊蝇、老鼠和病原体的滋生场所。随着时间的推移，混合垃圾腐烂、发臭以及发酵甚至发生反应，不仅会释放出危害人体健康的气体，而且垃圾的渗滤液还会污染水体和土壤，进而影响农产品的品质。

（5）乡镇企业固体废物。据相关统计资料，1995年全国乡镇工业固体废物产生量为3.8亿吨，占当年全国工业固体废物产生量的37.3%，并且其产生量占全国工业固体废物产生量的百分比逐年升高；排放量为1.8亿吨，占当年全国工业固体废物排放总量的88.7%。并且乡镇企业固体废物处理处置率也很低。乡镇企业固体废物的增长势头对环境的破坏日益严重，对农村的生态环境、农民的生存环境以及农业的生产都产生了极大的影响。

三、哪些法律对防治固体废弃物污染环境作了规定?

我国固体废物管理始于对固体废物的综合利用。1979 年《环境保护法（试行)》对固体废物污染环境防治的一些方面作出了规定。1985 年，国务院制定了《海洋倾废管理条例》，对向海洋倾废行为及其方法作了规定。1989 年，我国制定了《传染病防治法》，其中对传染病病原体污染的垃圾等的卫生处理作出了规定。此外，在有关治安管理、运输、税收、安全、放射性物质等管理规定中都涉及了对有关固体废物的管理。1995 年，我国通过了《固体废物污染环境防治法》，于2004 年进行了修改并于2005 年4 月开始实施。此外，《环境保护法》、《海洋环境保护法》、《水污染防治法》、《大气污染防治法》、《水法》、《矿产资源法》、《污染防治法》和《自然资源法》，以及有关工业企业“三废”排放标准、排污收费标准、工业企业涉及卫生标准中，均对固体废物的排放控制及其污染防治作了规定。

四、制定《固体废物污染环境防治法》的目的是什么?

根据《固体废物污染环境防治法》的规定，制定《固体废物污染环境防治法》的立法目的包括三个方面：

（1）防治固体废物污染环境，这是制定《固体废物污染环境防治法》的首要目的、防治固体废物污染环境是保护环境的一项重要内容。随着工业化的迅速发展和人民生活水平的提高，我国每年产生的固体废物数量巨大、种类繁多、性质复杂，由固体废物造成的环境污染也相当严重。目前全国有2/3 的城市陷入垃圾包围之中。每年只有一小部分工业固体废物被利用，大部分仍处于简单堆放、任意排放的状况，污染事故时有发生。因此，防治固体废物污染环境是摆在我们面前的重要任务。

（2）保障人体健康，这是制定《固体废物污染环境防治法》的根本任务。人是生活在环境中的，如果固体废物污染了环境就会对人类的生存产生不利影响，特别是其中的危险废物如处置不当，会对人民的生命安全产生严重威胁。因此，《固体废物污染环境防治法》对固体废物，特别是危险废物的管理，规定了一系列较为严格的法律制度以保障人的生存环境。

（3）促进社会主义现代化建设的发展，这是制定《固体废物污染环境防治法》的最终目标。坚持环境保护是我国的一项基本国策，随着我国经济的迅猛发展，保护环境与经济发展的矛盾将日益突出，如果不协调好经济发展与合理使用资源、保护生态环境的关系，经济就难以发展。因此，只有坚持环境保护的基本国策，才能促进社会主义现代化建设的发展。

五、《固体废物污染环境防治法》的适用范围是什么?

根据《固体废物污染环境防治法》的规定，固体废物污染环境防治法的适用范围包括以下四个方面:

（1）《固体废物污染环境防治法》适用的主体是我国境内的单位和个人。单位包括法人，也包括未取得法人资格的其他组织；个人包括具有中国国籍的人，也包括进入我国境内的外国人，法律另有规定的除外。适用的地域范围为中华人民共和国境内。生效的时间是1996年4月1日。

（2）《固体废物污染环境防治法》所调整的社会关系和行为规范包括在工业、交通等生产活动中产生的固体废物以及城市生活垃圾和具有危险特性的危险废物，还包括与固体废物具有相同特性和污染防治要求，可以与固体废物共同控制而又未被纳入《水污染防治法》和《大气污染防治法》范围内的高浓度液态废物和置于容器中的气态废物。

（3）《固体废物污染环境防治法》调整的固体废物污染环境防治行为规范，既包括治理已产生的污染，还注重污染的预防；既包括单纯的对固体废物进行处置，还着眼于不产生、少产生固体废物或对已产生的固体废物进行综合利用。同时，对产生、排放、收集、贮存、运输、利用到处置固体废物的各个环节都进行了规范。

（4）固体废物污染海洋环境的防治和放射性固体废物污染环境的防治不适用于《固体废物污染环境防治法》的规定。因为我国已颁布了《海洋环境保护法》、《水污染防治法》和《大气污染防治法》，对防止倾倒废弃物对海洋环境的污染损害、废水污染环境的防治和废气污染环境的防治都作出了明确具体的规定。同时，由于放射性固体废物污染环境的防治有许多特殊问题，需要制定专门的法律予以规范，因此，也不适用《固体废物污染环境防治法》。

六、我国固体废物的处理、处置的现状如何?

长期以来，我国固体废物的处置主要是填埋，其次是高温堆肥，最后对少量的固体废物予以焚烧。但是我国固废处理处置水平的落后，导致了相当严重的环境危害，污染事故频发，污染日趋严重。首先，就填埋而言，由于技术落实，压实不到位，很多填埋场未达使用年限就关闭，造成大量土地资源的浪费，这使土地本就紧张的部分地区很难再找到合适的场地。并且，还可能发生隔离不到位、滤液渗透造成对周围地下水和土壤的严重污染。另外，堆肥的危害也很严重。

简单的堆放，未经处理或未经严格处理，大量的土地被侵占，并且废物中的化学杂质污染了土壤环境甚至破坏了土壤性质。堆肥产生的“污水”也会污染水体、污染大气。而在目前对这些污染水或者气体尚无有效的方式处理。最后，就是现在较少应用的焚烧了。焚烧主要危害对象是大气，污染气体无法控制，而且焚烧产生的渣滓也无法控制。现在，国际上已经基本禁止了焚烧。

目前，我国因为固体废物处理处置不当造成的环境污染和资源浪费问题已经引发人们忧虑。除了技术问题的原因，根本原因还在于关于固体废弃物立法理念的落后。还停留在污染防治的阶段，虽有提起回收再利用，但是没有真正重视“资源化”。这种陈旧的理念已经不能适应当前发展的需要。

七、防止固体废弃物污染环境应当遵循什么管理原则？

（1）“三化”原则，即减量化、资源化和无害化原则。《固体废物污染环境防治法》第3条第1款规定了此原则，即国家对固体废物污染环境的防治，实行减少固体废物的产生量和危害性、充分合理利用固体废物和无害化处置固体废物的原则，促进清洁生产和循环经济发展。

减量化，是指应当最大限度地利用资源或者能源，尽可能地减少固体废物的产生量和排放量。这需要从两方面着手：一是减少固体废物的产生，这属于物质生产过程的前端，需从资源的综合开发和生产过程物质资源的综合利用着手；二是对固体废物进行处理利用，即固体废物资源化。另外，对固体废物采用压实、破碎、焚烧等处理方法，也可以达到减量和便于运输、处理的目的。

资源化，是指对已经成为固体废物的物质采取措施，进行回收、加工，使其转化为二次原料或能源予以再利用的过程。广义的资源化包括物质回收、物质转换和能量转换三个部分。资源化应遵循的原则是：资源化技术是可行的；资源化的经济效益比较好，有较强的生命力；废物应尽可能在排放源就近利用，以节省废物在储放、运输等过程的投资；资源化产品应当符合国家相应产品的质量标准，并具有与之相竞争的能力。

无害化，是指对不能再利用或者通过当前技术无法予以再利用的固体废物进行妥善的贮存或处置，使其不对环境和人身、财产安全造成危害。目前，固体废物无害化处理技术有垃圾焚烧、卫生填埋、粪便的厌氧发酵、有害废物的热处理和解毒处理等，达到减少已产生的固体废物数量、缩小固体废物体积、减少或者消除其危害成分的目的。在废物处置过程中，必须使其符合标准和技术的要求，防止发生二次污染。

（2）全过程管理原则。是指对固体废物从产生、收集、贮存、运输、利用

直至最终处置的全部过程都实行控制管理和开展污染防治的一体化管理的原则。

（3）分类管理原则。是指采取分别管理和分类管理的方法，针对不同的固体废物制定不同的对策，采取不同的措施，以对固体废物进行有效的管理和控制。固体废物的种类繁多，危害方式各不相同，因此，必须根据不同废物的危害程度区别对待、分类管理，对具有特别严重危害性质的危险废物实施严格控制和重点管理。我国《固体废物污染环境防治法》将固体废物区分为工业固体废物和生活垃圾固体废物，分别规定进行环境污染的防治，并专章（第四章）对危险废物污染环境防治作了特别规定。实行这一原则，体现了“因废制宜”的要求，使监督管理方便、可行，降低执法成本，提高经济效益。

（4）污染防治责任原则。即“谁污染谁治理”原则。污染者依法负责，是指污染环境造成的损失及治理污染的费用或者责任应当由污染者承担，而不能转嫁给国家和社会。此有利于提高污染者防止、治理环境污染的责任感，促进资源合理利用和环境保护。

八、什么是生产者责任延伸制度？违反《固体废物污染环境防治法》应当承担什么责任？

2004 年修订的《固体废物污染环境防治法》第 5 条第 2 款规定：“产品的生产者、销售者、进口者、使用者对其产生的固体废物依法承担污染防治责任。”由此，在我国的环境保护相关立法中首次确立了生产者延伸责任制度。生产者责任延伸，是指生产者在产品的生命周期内不仅要对生产产品过程中的环境污染承担责任，还要对报废后的产品和使用过的包装物承担回收或者处置的责任。

从事畜禽规模养殖未按照国家有关规定收集、贮存、处置畜禽粪便，造成环境污染的，由县级以上地方人民政府环境保护行政主管部门责令限期改正，可以处 5 万元以下的罚款。收集、贮存、运输、利用、处置固体废物的单位和个人，必须采取防扬散、防流失、防渗漏或者其他防止污染环境的措施。造成固体废物污染环境的，应当排除危害，依法赔偿损失，并采取措施恢复环境原状。

九、秸秆焚烧有哪些危害？

（1）污染环境。秸秆焚烧造成浓烟遮天、灰尘悬浮，严重污染了大气环境，是形成酸雨、“黑雨”的主要原因，特别是刚收割的秸秆尚未干透，经不完全燃烧会产生大量氮氧化物、二氧化硫、碳氢化合物及烟尘，氮氧化物和碳氢化合物在阳光作用下还可能产生臭氧等二次污染。因此，秸秆焚烧不仅会危害人畜健康，而且由于能见度降低，可致使飞机、汽车交通事故增多，甚至影响航班的正常起降。

(2) 浪费资源。作物秸秆中不仅含有大量纤维素、木质素，还含有一定数量粗蛋白、粗脂肪、磷、钾等营养成分和许多微量元素。6亿吨秸秆相当于300多万吨氮肥、700多万吨钾肥、70多万吨磷肥，约为全国每年化肥施用量的1/4。在田间焚烧农作物秸秆，仅能利用所含钾的40%，其余氮、磷、有机质和热能则全部损失。

(3) 损伤地力。土壤中含有丰富的对农作物有益的微生物。绝大多数土壤微生物在15~40摄氏度范围内活性最强，对促进土壤有机质的矿质化，加速养分的释放，改善植物养分供应起着重要作用。表层土壤过火以后，导致土壤肥力下降。另外，由于秸秆中的有机物质和氮在焚烧过程中丧失殆尽，只留下一些钾和较多不溶性的磷，很难被作物吸收。焚烧秸秆使土壤盐碱度增高，种子发芽率也随之降低。

(4) 引发火灾。焚烧秸秆，由于火势不易控制，极易引发火灾，可造成大量农田林网和地头路边树木被毁，破坏了生态环境。有的甚至会酿成森林火灾，威胁油库、粮库、通信设施和高压输电线的安全。

(5) 危害周围生态动植物。秸秆焚烧使地温升高，加速地下害虫的孵化，土壤中碱性升高，使施入土壤中的农药失效，造成地下害虫增多，对作物幼苗生长形成危害。还会引起鸟类、蛇类迁逃，虫害、鼠害加重，使农田生态环境恶化。

十、我国秸秆利用中存在哪些问题？

(1) 秸秆利用方式不合理，直接还田的数量相对较少。全国有一半以上的秸秆被烧掉。如此做法不仅损失大量氮，造成饲料、肥料和原料紧张，而且有机质不能还田，耕地越种越贫瘠。许多农民认为在地里焚烧秸秆，省时省力，或者片面依赖化肥，排斥秸秆还田。

(2) 秸秆燃烧技术落后、效率低，且露天燃烧造成严重的空气污染。农村的旧式炉灶热效率低，一般有效燃烧率在10%以下，因烟尘大，还有一部分有机物散失，就地腐烂，造成环境污染。随着农村经济的发展和农民生活水平的提高，农村对秸秆的传统利用发生了很大变化，在一些地区出现了大量的秸秆剩余，燃烧秸秆就成了农民最方便的处置方法。露天焚烧秸秆带来的一个最突出的问题是对大气的污染，直接影响了民航、铁路、高速公路的正常运行，且对人体健康造成极大危害。

(3) 资金投入不足。农作物秸秆综合利用的资金投入较大，以秸秆还田为例，一台中型的秸秆还田机，加上配套的拖拉机、深耕犁和环形镇压器，总计需2万多元。此外，农作物秸秆的综合利用生态效益显著，但经济效益有时不明

显，因此当地政府很少会把有限的政府资金投入到秸秆还田等环境保护事业中。

（4）技术规范不完善，推广阻力较大。由于缺乏适宜于当地自然环境和社会条件的、操作性强的技术规范，影响了综合利用技术的推广利用。例如沼气工程的发酵工艺、材料选择、施工与验收办法等都没有统一的技术规范，致使工程设计不标准、不规范，给运行管理加大了难度，个别甚至出现了渗漏、塌陷等事故，这也是造成技术至今未大规模推广的一个重要原因。再如，秸秆还田技术难以推广，是因为秸秆本身难以降解。秸秆降解是一个复杂的过程，涉及的问题很多。农作物秸秆主要由纤维素、半纤维素和木质素三大部分组成，但是这些难以被微生物分解，所有秸秆直接还田后秸秆在土壤中被土壤微生物分解转化的周期较长，不能作为当季作物的肥源，而且一年只能还田一次。还田秸秆数量、土壤水分、秸秆的粉碎程度等影响秸秆还田的效果。受病虫害危害的秸秆一般不能直接还田。

十一、法律对秸秆焚烧与综合利用有何规定？

（1）《关于秸秆焚烧和综合利用管理办法》（环发〔1999〕98 号）规定：①秸秆禁烧区范围。禁止在机场、交通干线、高压输电线路附近和省辖市（地）级人民政府下令划定的区域内焚烧秸秆。秸秆禁烧区范围：以机场为中心 15 公里为半径的区域；沿高速公路、铁路两侧各 2 公里和国道、省道公路干线两侧各 1 公里的地带。②秸秆的综合利用。各地应大力推广机械秸秆还田、秸秆饲料蒸发、秸秆气化、秸秆微生物高温快速沤肥和秸秆工业原料开发等多种形式的综合利用成果。秸秆禁烧与综合利用工作应纳入地方各级环节、农业目标责任制，严格检查、考核。③法律责任。对违反规定在秸秆禁烧区内焚烧秸秆的，由当地环境保护行政主管部门责令其立即停烧，可以对直接责任人处以 20 元以下的罚款；造成重大大气污染事故，导致公私财产重大损失或人身伤亡严重后果的，对有关责任人员依法追究刑事责任。

《固体废物污染环境防治法》第 20 条第 2 款也明确规定："禁止在人口集中地区、机场周围、交通干线附近以及当地人民政府划定的区域露天焚烧秸秆。"

（2）加强宣传教育，加大禁烧督查力度。地方有关环保部门可以采取宣传车、刷写标语、引发传单、开设电视专题节目等行之有效的方式，大力宣传焚烧秸秆的严重危害和秸秆的广泛用途，引导广大农民群众，特别是村组干部转变思想观念，自觉遵守和执行禁烧工作各项规定，做好秸秆回收利用，变废为宝，提高农业生产效益。同时，要明确各级部门禁烧工作职责，夯实责任，建立群众联户联防和领导包抓禁烧工作制度，切实加大行政执法力度，严防死守。要重视调动广大村民的禁烧积极性，努力形成全社会抓禁烧的工作局面。

十二、农作物秸秆应当如何进行综合利用?

(1) 秸秆还田。可以采取墒沟埋草还田、留高桩机械化返转灭茬还田、铺盖还田等方式。秸秆还田可以提高土壤肥力，增加种植业收入，同时减轻焚烧带来的污染，保护生态环境。

(2) 秸秆饲料。作物秸秆中含有大量碳水化合物，可以采用氨化、青贮和微贮进行处理，提高其消化率、可储藏性，用作牛羊的粗饲料。

(3) 秸秆气化。新型秸秆生物气化技术是以秸秆为主要原料，进行厌氧发酵生产沼气和有机肥料，以村为单位进行集中供气，发展前景广阔。具体做法：将稻草、玉米等秸秆粉碎后，用生物制剂“结秸灵”加定量氮肥，搅拌、湿润、堆沤后入沼气池，2~3天后即可产生沼气。

(4) 秸秆栽培食用菌。以秸秆为原料栽培食用菌形成的菇渣密布菌丝体，具有较高的营养价值，加工后可制成菌体蛋白饲料喂养家畜。

十三、农用废塑料污染有哪些危害?对农用废塑料污染如何防治管理?

农用废塑料污染，又称“白色”污染，其危害主要体现在：

(1) 对农作物的危害。废旧塑料废弃物进入环境后，很难降解，大量残留在土壤中的塑料制品使土壤的通透性变差，致使农作物减产。同时，塑料农膜生产过程中添加的增塑剂能在土壤中挥发，对农作物特别是蔬菜作物产生毒性，破坏叶绿素和叶绿素的合成，致使作物生长缓慢或黄化死亡。连续覆膜的时间越长，残留量越大，对农作物产量影响越大，连续使用15年以后，耕地将颗粒无收，这对农业发展来说是一个不容忽视的隐患。

(2) 视觉污染，塑料废弃物在空中、水上、树梢、地里随处可见，破坏了周围环境美感，造成严重的景观影响。

(3) 抛弃在陆地、水体中的废旧塑料包装物，被动物误食，导致动物死亡。

(4) 农用残膜对土壤具有极大危害，主要表现在以下几个方面：①残膜的阻隔性影响农田耕作层土壤的物理性质，破坏土壤的结构和通透性，阻断土壤的毛细作用，使农田多余的雨水不能向土壤深层渗透，土壤深层的水分也不能上升补充地表，使土壤丧失抗旱防涝的自调能力。②含有残膜的土壤修渠筑堤容易形成渗漏，渠堤塌垮。残膜还会堵塞渠道涵洞，影响农田水利。③塑料农膜（指PVC膜）含有增塑剂、稳定剂、添加剂等各种化学品，残留在农田影响土壤的化学性质，形成化学污染，妨碍肥效或造成肥料危害。④残膜阻隔农田土壤中的水肥和土壤微生物的均匀分布，影响土壤肥力发挥效用和水肥流失。⑤对土壤中的

有益昆虫如蚯蚓等和微生物的生存条件形成障碍，使土壤生态的良性循环受到破坏。

国家鼓励科研、生产单位研究、生产易回收利用、易处置或者在环境中可降解的薄膜覆盖物和商品包装物。使用农用薄膜的单位和个人，应当采取回收利用等措施，防止或者减少农用薄膜对环境的污染。我国对农用废塑料的管理最大的难度是回收工作，因其用量大、分布广、质量差、回收价格低，所以回收相当难，特别是对地膜的回收更困难。广大农民朋友应当正确使用农膜，在使用后要及早揭去回收，集中堆放于指定专用场所，对散落在农田的零星残膜，也应认真进行清理；政府也要加强对于农用塑料产品生产企业的管理，控制农用塑料产品的质量。

十四、农村生活垃圾污染有哪些危害?

农村生态系统中的生活垃圾主要来源于农村和城镇居民的生活垃圾。生活垃圾的成分主要是厨房废弃物（煤灰、蛋壳、废弃的食物等）以及废塑料、废纸、废电池、碎玻璃、废纤维及其他废弃的生活用品。农村和乡镇生活垃圾在组分和性质上基本和城市生活垃圾相似，只是在组成的比例上有一定区别，有机物含量多，水分大，同时掺杂化肥、农药等与农业生产有关的废弃物。因此有其鲜明的特点，有害性一般大于城市生活垃圾。生活垃圾成分复杂，除含有碳、氮、磷、钾等植物所需的营养元素外，还含有一些有害元素。

生活垃圾有机物含量多，如果放置时间较长，会孳生多种病源微生物、病毒及蚊蝇，特别是含有毒有害物质的生活垃圾，如处理处置不当，其中的有毒有害物质如化学物质、病源微生物等可以通过环境介质——大气、土壤、地表或地下水体进入生态系统形成化学物质型污染和病源体型污染，对人体健康产生危害，同时破坏生态环境，导致不可逆生态变化。其具体途径取决于农村生活垃圾本身的物理、化学和生物性质，而且与农村生活垃圾处置所在地的水质、水文条件有关，如有些可通过蒸发直接进入大气，但更多通过接触浸入、食用或通过进入受污染的饮用水或食物进入人体。农村生活垃圾对土壤、水体和空气均会造成一定程度的污染。

十五、生活垃圾对土壤、水体、大气环境有何影响?

（1）生活垃圾对土壤的影响。农村生活垃圾不加利用，任意露天堆放，不但占用一定的土地，导致可利用土地资源减少，而且如填埋处置不当，不进行严密的场地工程处理和填埋后的科学管理，容易污染土壤环境。土壤是许多细菌、真菌等微生物聚集的场所，这些微生物与其周围环境构成一个生物系统，在大自然的物质循环中，担负着碳循环和氮循环的一部分重要任务，国际禁止使用的持续性有机污染物在环境中难以降解，这类废弃物进入水体或渗入土壤中，不仅会严重影响当代人的健康，还会危及后代人的健康，对生态环境也会造成长期的不可低估的影响。残留毒害物质不仅在土壤里难以挥发消解，而且能杀死土壤中微生物，改变土壤的性质和结构，阻碍植物根系的发育和生长，破坏生态环境，而且会积存在人体内，对肝脏和神经系统造成严重损害，可诱发癌症，并且能使胎儿畸形。

（2）生活垃圾对水体的影响。农村生活垃圾可随地表径流入河流湖泊，或随风迁徙落入水体，从而将有毒有害物质带入水体，杀死水中生物，污染人类饮用水水源，危害人体健康。特别是落后农村，由于没有自来水供水系统，如果还以河流作为饮用水水源，很容易爆发大规模传染病。农村生活垃圾堆积产生的渗滤液危害更大，它可进入土壤使地下水受污染，或通过地表径流流入河流、湖泊和海洋，造成水资源的水质型短缺。

（3）生活垃圾对大气环境的影响。堆放的农村生活垃圾中的细微颗粒、粉尘等可随风飞扬，进入大气并扩散到很远的地方；特别是农村生活垃圾有机物含量高，在适宜的温度和湿度下还可发生生物降解，释放出沼气，在一定程度上消耗其上层空间的氧气，使种植物衰败；有毒有害废物还可发生化学反应产生有毒气态，扩散到大气中危害人体健康。

十六、如何防治农村生活垃圾污染?

我国并没有统一的专门防治农村生活垃圾污染的法律。农村生活垃圾污染环境防治的具体办法，由地方性法规规定。农村垃圾的治理与防治不能只做简单的垃圾转移，而是要走减量化、资源化、无害化的道路。地方人大及其常委会在制定本地区农村生活垃圾污染防治法规时，要依照《固体废物污染环境防治法》的有关规定，并参照《生活垃圾填埋污染控制标准》（1998 年 1 月 1 日实施）、《生活垃圾焚烧污染控制标准》（GB 18485—2001）（2001 年颁布实施）和《生活垃圾填埋场污染控制标准》（GB 16889—2008）（2008 年 7 月 1 日实施）的规定，主要对以下内容作出规定：

（1）要明确村镇生活垃圾处理规划权限。村镇生活垃圾治理是一项系统工程，需要确立县域城市垃圾处理规划权限，才能指导城镇生活垃圾处理规划建设。要使县域内垃圾处理设施实现合理配置，资源共享，就需要确定区域内垃圾处理规划的主导权。

（2）要建立垃圾收运系统，推行垃圾分类收集。建立完善的生活垃圾收集系统是改善农村环境卫生的基本条件。如果政府加强宣传、重视管理、配套到

位，生活垃圾的分类收集是可以推行开的。推行生活垃圾分类收集后，不需要日产日清，可采用1～2次/周，这样可以有效降低垃圾收集运输成本。一些地区实行的“村收集、乡镇运输、县集中收集”的模式十分有效。对于偏远的城镇，垃圾量小，可以先建简易垃圾填埋场或堆放场。

（3）要规划建立垃圾的处理处置系统。根据现阶段我国经济发展水平，对于大多数村镇，首先要建立低成本垃圾收运处理系统。把能够回收的垃圾收集起来，对有机垃圾和渣土等就地资源化利用，可燃垃圾进行能源利用；把不能回收、不能堆肥处理的垃圾收集起来作为燃煤替代品或集中处理。

十七、农村生活垃圾可以有哪些处理方式？如何进行垃圾分类收集？

（1）农村生活垃圾处理方式。①填埋法。经过焚烧或其他方法处理后的残余物被送到填埋场进行填埋，盖上黄土压实，使其发生生物、物理、化学的变化，分解有机物。②焚烧法。焚烧技术适用于可燃组分较高的农村生活垃圾。可燃组分较低时也可采用焚烧技术，但需添加助燃剂。选址时距离有人居住的地方至少要有1000米。③堆肥法。农村生活垃圾中厨余、瓜果皮、植物残体等有机组分含量高，可以采用堆肥法进行处理。

（2）垃圾的分类收集。①可堆肥有机垃圾易腐烂，可将厨余、瓜果皮、植物残体等用作牲畜饲料，或进行堆肥处理。②煤渣、泥土、建筑垃圾等可用于修路、筑堤，或进行填埋处理。③废纸、碎玻璃、废橡胶等可回收垃圾回收再利用。④有毒、易燃易爆或具有腐蚀性物品需要专门进行无害化处理。

十八、畜禽粪便对环境会造成哪些污染？

（1）对水环境的影响。①粪便的贮存和处理对水环境的影响。一些畜牧场的粪便没有出路，长期堆放，任其日晒雨淋，空气恶臭，孳生蚊蝇，污染周围水域环境。据调查，养殖一头牛产生并排放的废水超过22个人生活产生的废水，而养殖1头猪产生的污水相对于7个人生活产生的废水，猪对水环境的污染居首位，尤其是猪所排泄的猪尿。其次是家禽。在畜牧业生产过程中，清洗、消毒等所产生的污水数量大大超过畜禽粪便的排放量。此外，在这些污水和废弃物中含有大量的有机物质和消毒剂的化学成分，且可能含有病原微生物和寄生虫卵等。在1毫升的牧场污水中有83万个大肠杆菌、69万个肠球菌。未经处理的污水流入河流、水塘、湖泊，导致水质富营养化，污染环境，危害人体健康。②粪肥归田利用对水环境的影响。首先是对地表水水质的影响。归田后粪便中氮磷营养物的流失是对地表水水质影响最主要的因素，它会加重湖泊、河口等水体的富营养化。其次是对地下水水质的影响。地表土壤中被施用的粪肥中的某些成分会通过下渗水流进入地下水，最终作为饮用水水源或回收水又重返回到地表。对于接收液态粪肥的土地，其地下水会受到潜在的细菌和营养物的污染，结果可能导致人体肠胃不适症状，使婴儿患高铁血红蛋白血症，影响人类身体健康。

（2）对土壤环境的污染。在畜禽粪便堆放或流经的地点，有大量高浓度粪便水渗入土壤，可造成植物一时疯长，或使植物根系受损伤，乃至引起植物死亡。

（3）畜禽粪便对大气环境的污染。刚排出的畜禽粪便含有氨、硫化氢和胺等有害气体，在未能及时清除或清除后不能及时处理时臭味成倍增加，产生甲基硫醇、二甲二硫醚、甲硫醚、二甲胺及低级脂肪酸等恶臭气体。如年出栏5000头的猪场每天氨气产生量达0.8千克以上。恶臭气体会对现场及周围人们的健康产生不良影响，例如引起精神不振、烦躁、记忆力下降和心理状况不良，也会使畜禽的抗病力和生产力降低。

（4）对农业生态系统的影响。农业生态系统的物质和能量转换主要是在土壤库中进行的。土壤及有机肥中的有机质，除了有营养作用、能增加作物产量外，在改良土壤和培肥地力方面有其独特的效果。可以说，它们一直对植物的生长发育和土肥保持起着重要作用。随着农田复种指数的提高，土壤养分输出量大，如不从系统外输入一定营养物质，将影响作物生长和土壤肥力的保持，影响农业可持续复种。对于小规模、分散的饲养场产生的畜禽粪便就近还田，既为农田增加了有机肥，也不会对环境产生负面影响。如今大规模、集约化养殖场畜禽粪便未加处理地大量集中排放，给环境造成了极大的压力。

十九、造成畜禽养殖污染的原因有哪些？对畜禽养殖污染的防治有何法律规定？

造成畜禽养殖污染严重的原因有：一是当初的布局不合理，太集中；二是绝大多数规模化畜禽养殖场没有相应的配套耕地消纳其生产的畜禽粪便，客观上形成了严重的农牧脱节；三是缺乏经济实用的畜禽粪便处理技术；四是对于畜禽污染物处理缺少优惠政策。

对畜禽养殖污染的防治有以下法律规定：

为了防治畜禽养殖污染，我国《农业法》、《固体废物污染环境防治法》、《畜牧法》、《水污染防治法》等法律作出了一系列规定。《固体废物污染环境防治法》规定：“从事畜禽规模养殖应当按照国家有关规定收集、贮存、利用或者处置养殖过程中产生的畜禽粪便，防止污染环境。造成环境污染的，由县级以上地方人民政府环境保护行政主管部门责令限期改正，可以处5万元以下的罚款。”

《水污染防治法》规定：“国家支持畜禽养殖场、养殖小区建设畜禽粪便、

废水的综合利用或者无害化处理设施。畜禽养殖场、养殖小区应当保证其畜禽粪便、废水的综合利用或者无害化处理设施正常运转，保证污水达标排放，防止污染水环境……从事水产养殖应当保护水域生态环境，科学确定养殖密度，合理投饵和使用药物，防止污染水环境。”

国家环境保护总局还制定了《畜禽养殖污染防治管理办法》（2001年5月8日公布）和《畜禽养殖业污染物排放标准》（2001年12月28日发布）等部门规章和标准，其中《畜禽养殖污染防治管理办法》规定了一系列防治畜禽养殖污染的措施和法律制度。例如新建、改建和扩建畜禽养殖场要进行环境影响评价、执行三同时制度。

《畜禽养殖业污染防治技术规范》对以下方面进行了详细规定：①畜禽养殖场的选址要求；②场区布局与清粪工艺；③畜禽粪便贮存；④污水处理；⑤固体粪肥的处理利用；⑥饲料和饲养管理；⑦病死畜禽尸体处理与处置；⑧污染物监测等污染防治的基本技术要求。

二十、什么区域内禁止建设畜禽养殖场？畜禽养殖场进行排污有什么要求？

（1）以下区域内禁止建设畜禽养殖场。①生活饮用水水源保护区、风景名胜区、自然保护区的核心区及缓冲区；②城市和城镇中居民区、文教科研区、医疗区等人口集中地区；③县级人民政府依法划定的禁养区域；④国家或地方法律、法规规定需特殊保护的其他区域。

（2）畜禽养殖场排污要求。①畜禽养殖场要进行排污申报登记。②畜禽养殖场排污不得超过国家或地方规定的排放标准。在依法实施污染物排放总量控制的区域内，畜禽养殖场必须按规定取得排污许可证，并按照排污许可证的规定排放污染物。③畜禽养殖场排污要缴纳排污费；超标排放的还要缴纳超标排污费。

二十一、畜禽废渣应该如何处理？

（1）畜禽养殖场要清洁养殖，必须设置畜禽废渣的储存设施和场所，防止畜禽废渣渗漏、散落、溢流、雨淋、恶臭气味等对周围环境造成污染和危害。

（2）畜禽养殖场应采取将畜禽废渣还田、生产沼气、制造有机肥料、制造再生饲料等方法进行综合利用。

（3）禁止向水体倒畜禽废渣。

（4）运输畜禽废渣，必须采取防渗漏、防流失、防遗撒及其他防止污染环境的措施，妥善处置贮运工具清洗废水。

（5）违反相关法律规定的，由县级以上人民政府环境保护行政主管部门责令停止违法行为，限期改正，并处以罚款。

二十二、病死畜禽尸体应当如何处理与处置？

（1）病死畜禽尸体要及时处理，严禁随意丢弃，严禁出售或作为饲料再利用。

（2）病死畜禽尸体处理应采用焚烧炉焚烧的方法，在养殖场比较集中的地区，应集中设置焚烧设施；同时焚烧产生的烟气应采取有效的净化措施，防止烟尘、一氧化碳、恶臭等对周围大气环境的污染。

（3）不具备焚烧条件的养殖场应设置两个以上安全填埋井，填埋井应为混凝土结构，深度大于2米，直径1米，井口加盖密封。进行填埋时，在每次投入畜禽尸体后，应覆盖一层厚度大于10厘米的熟石灰，井填满后，须用黏土填埋压实并封口。

二十三、什么是生物环保养猪？

生物环保养猪是环保型饲养新模式。在猪舍内按每头猪占用1.2～1.5平方米进行设计，并将菌种与谷壳、锯末、秸秆等混合物铺设在猪舍内，形成80～100厘米的垫料发酵床。生猪所排出的粪尿在发酵床上经微生物发酵后，迅速完全降解、融合，从而达到免冲洗、无臭味、零排放的效果，解决养猪环节中的环境污染，实现健康养殖、生态养殖的目标。

二十四、什么是禽流感？

禽流感是禽流行性感冒的简称，它是由甲型流感病毒的一种亚型（也称禽流感病毒）引起的传染性疾病，被国际兽疫局定为甲类传染病，又称真性鸡瘟或欧洲鸡瘟。按病原体类型的不同，禽流感可分为非致病性、低致病性和高致病性禽流感三大类。非致病性禽流感不会引起明显症状，仅使染病的禽鸟体内产生病毒抗体。低致病性禽流感可使禽类出现轻度呼吸道症状，食量减少，产蛋量下降，出现零星死亡。高致病性禽流感最为严重，发病率和死亡率均高，感染的鸡群常常“全军覆没”。禽流感潜伏期从几小时到几天不等，其长短与病毒的致病性、感染病毒的剂量、感染途径和被感染禽的品种有关。禽流感也能感染人类，感染后的症状主要表现为高热、咳嗽、流涕、肌痛等，多数伴有严重的肺炎，严重者心、肾等多种脏器衰竭导致死亡，病死率很高。此病可通过消化道、呼吸道、皮肤损伤和眼结膜等多种途径传播，人员和车辆往来是传播本病的重要因素。

二十五、如何预防禽流感？

（1）加强禽类疾病的监测，一旦发现禽流感疫情，动物防疫部门立即按有

关规定进行处理。养殖和处理的所有相关人员做好防护工作。

（2）加强对密切接触禽类人员的监测。当这些人员中出现流感样症状时，应立即进行流行病学调查，采集病人标本并送至指定实验室检测，以进一步明确病原，同时应采取相应的防治措施。

（3）注意饮食卫生，进食禽肉、蛋类要彻底煮熟，加工、保存食物时要注意生、熟分开；解剖活或死的家禽、家畜及其制品后要彻底洗手；注意生活用具的消毒处理，禽流感病毒不耐热，100℃时1分钟即可杀死，且对干燥、紫外线照射、汞、氯等常用消毒药都很敏感。

（4）注意个人卫生，打喷嚏或咳嗽时掩住口鼻；不喝生水；勤洗手；加强身体锻炼。

（5）疫情发生后，要避免与禽类接触；接触人禽流感患者应戴口罩、戴手套、穿隔离衣，接触后应洗手。

（6）若有发热及呼吸道症状等，应戴上口罩，尽快就诊，并如实告诉医生发病前与禽类接触情况和与他人接触及外出情况。

二十六、乡镇企业污染有何特点？

乡镇企业在快速发展的过程中，也给农村环境带来了极大的污染，不仅影响村民的生存环境，还影响农业的生态环境。其污染的特点有：

（1）排污量大、污染面广。近年来，乡镇企业得到快速发展，随之而来的是污染物与日俱增，乡镇工业企业排放的污染物所占比重越来越大，但是工业污染物的控制和管理却因乡镇企业的技术、工艺、设备落后，跟不上发展速度。大量工业固体废物被堆积在工厂周围或者散积在田间。

（2）乡镇企业环境污染后果严重，具有潜在危害性。乡镇企业布局比较分散，污染点与农田、农村居民点交织在一起，更容易造成直接污染，而且乡镇企业周围多是蔬菜、瓜果、经济作物和粮食种植密集生产区，乡镇企业的污染会引发高密度的农业环境污染，有巨大的危害性。

（3）资源利用率低，农村生态破坏严重。乡镇企业主要是煤炭采选、金属矿物制品、化工等重工业企业，这些企业大都是原材料生产、粗放型经营，以投入增量谋取发展增量，需要消耗大量的原料和能源。资源利用率低、经济效益差、生态破坏严重。其在生产过程中产生大量的废水、废气和固体废弃物，给农村环境带来了无法估量的污染和损失。

（4）管理和治理难度较大。乡镇工业企业普遍规模较小，工艺技术落后，设备条件差，经济实力弱，因此难以在技术上和资金上充分保证治理，常常出现偷偷排放现象。由于其分散度高，因此管理也较为困难。据资料统计，乡镇企业的环境影响评价制度执行率约为20%，与城市大中企业100%形成鲜明的对比。

乡镇企业污染主要是由其结构的不合理性造成的。当前乡镇企业主要的行业是石棉、炼焦、炼磺、炼砷、金属冶炼、砖瓦、陶瓷及水泥、化工、电镀、制革、印染、造纸、淀粉及酿酒等，其企业结构具有不合理性，主要体现在：

（1）资源配置不合理，高消耗（高耗能、高耗水）、重污染、低产出；

（2）工业技术构成低，资源能源利用率低，大量资源以污染物的形式流失并危害环境；

（3）企业规模过小，经济上失去规模效应，污染治理不具备条件，造成多数企业排污失控，以牺牲环境为代价；

（4）分布不集中，经济上失去聚集效应，环保不能集中控制合并治理。

二十七、乡镇企业固体废物污染的危害是什么？

（1）侵占大量农田。乡镇企业的发展最直接的危害是占用大量耕地。一些地区和地方，在发展乡镇企业中急于发展经济，不经过合理规划，通过政治强迫等手段，使企业占用大量土地，而且往往是靠水、靠路交通便利的高品质良田。小城镇工业占地过多的原因主要在于乡镇企业的粗放型生产方式和分布的分散性。乡镇企业产生的固体废物在厂内外堆积，也会侵占大量的土地。

（2）污染水环境。乡镇企业产生的固体废物由于没有采用相关的技术进行处理和处置，只是简单堆积，在风和雨的作用下，必然会有一部分漂入河流，影响水的外观；更为重要的是，固体废物中的重金属以及其他可溶性有毒有害物质随着进入河流和地下水系统，最后进入饮用水区域，从而进入人的生活循环圈，并得以积累，最终危害人类生存。

（3）污染大气环境。乡镇企业废气已影响居民的生产、生活。主要表现为一部分未经改造的工业锅炉、窑炉排放的烟尘、粉尘以及化工企业排放的有毒有害气体。其他危害主要是简单堆积的固体废物的细小颗粒在风的作用下四处飘散，增加了大气悬浮物，降低了环境质量。

（4）影响人类生存和工作环境。乡镇企业产生的有毒有害固体废物由于没有相应无害化技术进行处理，往往是简单堆积在厂内，通过累计效应，危害职工身体健康；并且往厂外堆积，占用农田，使污染扩散，进入地下河和饮水系统，严重影响周围农民的生存。据统计资料，由于乡镇企业的污染，使污染地区的急性病发率增加了1.6倍，慢性病的患病率增加了0.7倍，每10万人中多死亡98人，男性平均期望寿命下降了2.66岁，女性平均期望寿命下降了1.56岁。

（5）破坏农业生产。由于乡镇企业高度分散，与农田纵横交错，单位污染物效应强；而且由于它们规模小，管理差，随意占用周围土地堆放材料、垃圾、废物等。这些生产废渣在堆放过程中由于雨水淋洗，有毒有害物质逐步进入水体和土壤中，对生态环境造成危害。

二十八、法律对乡镇企业固体废物污染有何规定?

根据《乡镇企业法》的规定，乡镇企业应当依法合理开发和使用自然资源，遵守有关环境保护的法律、法规，按照国家产业政策，在当地人民政府的统一指导下，采取措施，积极发展无污染、少污染和低资源消耗的企业，切实防治环境污染和生态破坏，保护和改善环境。乡镇企业不得采用或者使用国家明令禁止的严重污染环境的生产工艺和设备；不得生产和经营国家明令禁止的严重污染环境的产品。我国现行农村环境保护法已经含有大量规制乡镇企业污染的内容，有关防治工业企业污染的法律法规原则上也适用于乡镇企业，如《工业企业设计卫生标准》、《工业“三废”排放试行标准》、《中华人民共和国固体废物污染环境防治法》、《中华人民共和国清洁生产促进法》等。此外，还需进一步做到：

（1）完善乡镇企业环境管理的地方性立法，加强地方环境管理执法队伍的建设。各地政府也要根据当地实际情况制定地方性环境保护法规，并根据环境保护的有关法律法规制定乡镇企业主要污染行业的排污标准、总量控制标准、环境管理部门的职权职责，使乡镇工业企业环境管理有法可依。同时对现有环境执法人员进行必要培训，提高其执法能力，严肃其执法态度，坚决做到执法必严，违法必究，加强对乡镇企业污染的治理力度。同时要研究解决乡镇一级环境保护机构和环保员的编制，制定有关职责规定，为加强乡镇一级的环境监督管理和执法提供保证。

（2）加强环境教育和宣传，鼓励公众参与。当前我国乡镇公众环境意识较为淡薄，公众对环境危害认识不清，对自己的环境权益不了解，往往在自身受到环境危害的威胁时不懂得如何维护自己的合法权益。因此必须加强环境的宣传教育，转变公众的传统观念，强化其环境、生态和资源意识，树立环境资源价值观念，提高保护环境、节约能源、合理使用资源的自觉性。一是要对城镇基层领导和干部要进行环境法律教育培训；二是必须对乡镇企业广大职工进行环境保护法律知识的宣传；三是地方各级学校要开展环境教育；四是充分发挥新闻媒体的舆论监督作用。电视、广播、报纸等新闻媒体要敢于公开揭露和批评严重污染和破坏农村生态环境的违法分子，尤其是领导干部，对那些严重损害和破坏环境的单位和个人予以曝光，同时应积极报道和表彰环境保护工作中的先进分子。

二十九、什么是“限塑令”?

塑料购物袋是日常生活中的易耗品，是“白色污染”的主要来源。为了节约资源，保护生态环境，引导消费者减少使用塑料购物袋，从2008年6月1日起，我国正式实施“限塑令”。其主要内容如下：

（1）在全国范围内禁止生产、销售、使用厚度小于0.025毫米的塑料购物袋。

（2）实行塑料购物袋有偿使用制度。所有超市、商场、集贸市场等商品零售场所实行塑料购物袋有偿使用制度，一律不得免费提供塑料购物袋。商品零售场所必须对塑料购物袋明码标价，并在商品价外收取塑料购物袋价款，不得无偿提供或将塑料购物袋价款隐含在商品总价内合并收取。

（3）提倡重拎布袋子、重提菜篮子，重复使用耐用型购物袋，减少使用塑料袋，引导企业简化商品包装，积极选用绿色、环保的包装袋，鼓励企业及社会力量免费为群众提供布袋子等可重复使用的购物袋。

【案例】

某化工厂建于2000年，其产品主要是化工原料红矾钠，其生产过程中排放的废料含有六价铬等有害物质。该厂投产后，未按照所申报环境影响报告书的要求对化工废料进行处置，而是将其堆放在厂外废弃仓库里。由于正值雨季，部分化工废料随着雨水流入周围村庄农田和水井。随后不久，周围农民青苗枯黄，粮食减产，所喂养牲畜出现眼瞎和突然死亡，人饮用井水后出现鼻口干、流鼻血等现象。当地群众找到该厂要求采取措施防止污染继续产生，并要求该厂赔偿其粮食减产、牲畜生病和死亡、购买饮用水和治疗相关疾病所带来的损失，但遭到化工厂的拒绝。化工厂认为农民们的损失与他们无关，如果要求他们赔偿，必须要拿出是他们厂污染的证据来。当地群众希望通过法律途径来保护自己的权益，那么他们该怎么办呢？

【评析】

这是一起典型的固体废物污染环境案。近年来，固体废物污染损害赔偿纠纷明显增加。虽然根据《环境保护法》的规定，固体废物污染环境受害人可以提起诉讼，但受害者往往会遭遇一些困难，就使实践中许多环境纠纷难以得到及时、公正的处理。如环境污染造成危害后，受害者不可能自己进行污染监测和难以证明污染与损害之间的因果关系，但我国现有环境法律法规中却没有被告举证、因果关系推定、环保部门的监测机构必须提供监测报告的规定，从而形成了环境污染案件“举证难、胜诉难”的局面。不少污染受害者受到损害后一般没钱聘请律师，也缴不起诉讼费，而我国的环境法律法规里也没有对污染受害者提供法律援助和减免诉讼费的规定，从而形成了环境污染案件起诉难的局面。对污

染损失的大小，受害者不可能自己进行评估，而我国的环境法律法规中也没有建立污染损失评估鉴定机构的规定，使受害者委托评估无门，损失请求经常被法院驳回，导致当事人经常出现这样的困惑，如何才能保护自己的合法权益呢？

2004年修订后的《固体废物污染环境防治法》对这个问题进行了回应，为固体废物受害者提起诉讼提供了有力途径。

（1）该法第84条规定了"国家鼓励法律服务机构对固体废物污染环境诉讼中的受害人提供法律援助"。它不仅使污染受害者的弱者地位受到重视，而且也为污染受害者今后更有可能提起环境诉讼提供了法律基础。法律之所以做出这一规定，是因为许多污染受害者缺乏环境法律知识，特别是在受到污染危害后往往因经济特别困难而无法委托律师向法院提起诉讼。通过法律援助，可以使更多的污染受害者走上法庭，通过法律手段维护自己的环境权利，也可以在一定程度上减少社会不安定因素，并对污染者形成一定压力，促使其自觉遵守环境法律、法规。

（2）明确了在环境诉讼中实行举证责任倒置，并实行因果关系推定的制度。虽然最高人民法院的司法解释规定在环境污染损害诉讼中应当实行被告举证制和因果关系推定，但在相关环境法律、《民事诉讼法》中都没有得到确认。由于法律没有规定，最高人民法院的解释在实践中往往不能很好地执行，造成了许多法院的判决往往以原告人不能举证证明排污与损害之间存在因果关系判决污染受害者败诉。《固体废物污染环境防治法》第86条关于"因固体废物污染环境引起的损害赔偿诉讼，由加害人就法律规定的免责事由及其行为与损害结果之间不存在因果关系承担举证责任"的规定，以法律的形式确认了在环境污染损害赔偿诉讼中，如果排污者不能举证证明其可以依法免责或者不能证明其行为与损害结果之间不存在因果关系，就必须承担污染损害赔偿责任。这一规定将使污染受害者更容易在诉讼中获得胜诉判决。

（3）明确了环境监测机构有接受委托监测并提供监测报告的义务。在环境诉讼中经常遇到污染受害者为了取得污染事实存在的证据而委托环境监测机构监测的情况。然而，由于种种原因，有些环境监测机构往往拒绝接受委托，使得污染受害者难以取得污染证据，特别在排污者是当地的纳税大户而受当地政府袒护的情况下就更是如此。为了解决这一问题，《固体废物污染环境防治法》在第87条做出了有针对性的规定："固体废物污染环境的损害赔偿责任和赔偿金额的纠纷，当事人可以委托环境监测机构提供监测数据。环境监测机构应当接受委托，如实提供有关监测数据。"也就是说，接受委托进行监测并如实提供监测数据，是环境监测机构的一项义务，是必须履行的。这里之所以加上"如实"二字，是防止一些监测机构在为受害者提供监测数据时故意不监测超标因子、故意在不满负荷运行时监测或篡改监测数据的情况发生。如果监测机构不“如实”提供监测数据，就应当承担弄虚作假的法律责任。

上述规定为受害者这一弱势群体合法的环境权益提供了有力的法律保障。在本案中，受化工废料污染的受害人可以通过委托环境监测机关提供化工厂污染数据和损害数据，同时也可以请求当地的法律援助机构为自己提供法律帮助，对化工厂提起损害赔偿诉讼。而在具体的诉讼中，受害人只要收集自己受到损害的证据和对方污染的证据就可以了，而化工厂要想免除责任，则需要承担举证责任，即要证明化工厂没有排放化工废料，或者即使排放了也没有造成污染，或者即使造成了污染也没有对村民们造成损害。这样证明污染行为与损害结果的因果关系就由化工厂承担，减少了村民们的举证负担，为其胜诉提供了程序上的保证。

第六章　农村土壤环境保护与利用

一、什么是土壤？其组成是怎样的？

土壤，是由一层层厚度各异的矿物质成分所组成大自然主体。土壤和母质层的区别表现在于形态、物理特性、化学特性以及矿物学特性等方面。由于地壳、水蒸气、大气和生物圈的相互作用，土层有别于母质层。它是矿物和有机物的混合组成部分，存在着固体、气体和液体状态。疏松的土壤微粒组合起来，形成充满间隙的土壤的形式。这些孔隙中含有溶解溶液（液体）和空气（气体）。因此，土壤通常被视为有多种状态。

土壤是矿物质、有机质和活的有机体以及水分和空气等的混合体。按重量计，矿物质占到固体部分（土壤干重）的90%～95%或更多，有机质约占1%～10%，可见土壤成分以矿物质为主。土壤有机质就是土壤中以各种形态存在的有机化合物。除此之外还有土壤溶液，它是土壤水分及其所含的溶解物质和悬浮物质的总称。土壤溶液是植物和微生物从土壤中吸收营养物的媒介，也是污染物在土壤中迁移的主要途径。

土壤中的固体颗粒的粒度级配或粒度组合称为土壤的机械组成，又称土壤质地。根据土壤的机械组成可对土壤进行分类。我国的土壤质地分类为沙土、壤土和黏土三个级别。土壤的质地是影响土壤肥力高低、可耕性好坏以及污染物容量大小的基本因素之一。

二、什么是土壤有机质？其作用是什么？

土壤有机质是指存在于土壤中的各种含碳的有机物。土壤中各种植物的茎秆、根茬、落叶以及动物残骸和施入土壤的有机肥料等含有大量的有机物质，这些有机物质在物理、化学、生物等因素的作用下，形成一种新的性质相当稳定而复杂的有机化合物，称为土壤有机质。土壤有机质是土壤形成的重要基础，它与土壤矿物质共同构成土壤的固相部分。

尽管土壤中的有机质含量很少，但在土壤肥力上的作用却很大。它不仅含有植物生长所需的各种营养元素，而且是土壤微生物生命活动的能源。此外，它还能改善土壤的物理、化学和生物学性状。

土壤有机质主要以腐殖质为主。腐殖质是具有多种功能团、芳香族结构及酸性的高分子化合物，呈黑色或暗棕色液体状，具有吸收性能、土壤缓冲性能以及与土壤重金属的络合性能等，对土壤的结构、性质和质量都有重大影响。如腐殖质对重金属的吸附、络合、离子交换等作用，可使土壤中某些重金属沉积；腐殖质对有机磷和有机氯等农药有极强的吸附作用，可以降低农药的蒸发量，减少农药被水淋洗渗入地下量，从而减少了对大气和水源的污染。另外，在一定条件下，土壤还具有净化解毒作用，但这种净化作用是极不稳定的。

三、什么是土壤矿物质？土壤矿物质有哪些组成成分？

土壤矿物质是岩石经物理风化作用和化学风化作用形成的，占土壤固相部分总重量90%以上，是土壤的骨骼和植物营养元素的重要供给来源。按成因分为原生矿物和次生矿物。

（1）原生矿物。是直接来源于岩石受到不同程度的物理风化作用的碎屑，其化学成分和结晶构造未有改变。土壤原生矿物主要种类有：硅酸岩和铝酸盐类、氧化物类、硫化物和磷酸盐类，以及某些特别稳定的原生矿物（如石英、石膏、方解石等）。

（2）次生矿物。岩石风化和成土过程新生成的矿物，包括各种简单盐类，次生氧化物和铝硅酸盐类矿物等统称次生矿物。次生矿物中的简单盐类属水溶性盐，易淋湿，一般土壤中较少，多存在于盐渍土中。三氧化物类和次生铝硅酸盐是土壤矿物质中最细小的部分，一般称之为次生黏土矿物。土壤很多物理、化学性质，如吸收性、膨胀收缩性、黏着性等都和土壤所含的黏土矿物，特别是次生铝硅酸盐的种类和数量有关。

四、土壤中主要的微生物类型有哪些？微生物在土壤中有何作用？

（1）土壤微生物的类群。土壤中的微生物种类繁多，数量极大，一克肥沃土壤中通常含有几亿到几十亿个微生物，贫瘠土壤每克也含有几百万至几千万个微生物，一般说来，土壤越肥沃，微生物种类和数量越多。另外，土壤表层或耕作层中及植物根附近微生物数量也较多。土壤中的渐生物主要有细菌、真菌、放线菌、藻类和原生动物。土壤中的微生物以细菌数量最多，细菌占土壤微生物总量的70%～90%，而且种类多，它们多数是异养菌，少数是自养菌。放线菌的数量仅次于细菌，多存在于偏碱性的土壤中，主要是链霉菌属、诺卡菌属和小单孢菌属等。放线菌虽然数量比细菌少，但由于其菌丝体的体积比单个细菌大几十倍

甚至几百倍，所以在土壤中的生物量也相近于细菌。土壤中的真菌各种类型都有，但以半知菌类为最多，主要分布于土壤表层中。土壤中的藻类数量远远少于上述各类，主要有绿藻、硅藻等。土壤中的原生动物都是单细胞异养型的，主要是纤毛虫、鞭毛虫、根足虫等。

（2）土壤微生物的作用。土壤中的微生物有些对农业有害。如反硝化细菌，能把硝酸盐还原成氨散失到大气中，降低土壤肥力。但多数是对农业有益的。

第一，合成土壤腐殖质。腐殖质是一种黑色的胶状物质，它常与矿物质颗粒紧密结合在一起，成为土壤有机质的主要类型，对土壤肥力有重要的影响。腐殖质的形成，是由一些异养的微生物，如某些腐生细菌，把土壤中的动、植物残体和有机肥料分解，然后再重新合成的。当土壤温度较低，通气差时，嫌气性微生物活动旺盛，腐殖质合成速度加快，并得到积累。

第二，增加土壤有机物质。每当温暖多雨季节，在潮湿的土壤表层藻类大量繁殖。藻类具有光合色素，通过光合作用制造有机物，增加土壤中的有机物质。固氮菌能固定空气中的氮，成为自身的蛋白质，当这些细菌死亡和分解后，其氮素即可被植物吸收利用，并使土壤中积累很多氮素。

第三，促进营养物质的转化。在土壤温度高、水分适当、通气良好的条件下，土壤中的好气性微生物活动旺盛，腐殖质分解，释放出其中的养分供植物吸收利用。硝化细菌能把有机肥料分解产生的氨转变为对植物有效的硝酸盐类。磷细菌分解磷矿石和骨粉，钾细菌分解钾矿石，把植物不能直接利用的磷和钾转化为能被植物利用的形式。土壤中的原生动物吞食土壤中的细菌、单细胞藻类、真菌孢子和有机物残片等，对土壤中有机物的分解起着明显的作用，并促进了物质的转化。

第四，其他作用。土壤中的微生物除了上述几个作用外，还有一些其他的有益之处。如土壤中的真菌有许多能分解纤维素、木质素和果胶等，对自然界物质循环起重要作用。真菌菌丝的积累，能使土壤的物理结构得到改善。放线菌能产生抗生素。如我国使用的“5406”是由泾阳链霉菌制成的。总之土壤中的微生物对增加土壤肥力、改善土壤结构、促进自然界的物质循环具有重要作用。

五、什么是土壤水？土壤水的来源有哪些？

土壤水是土壤中各种形态水分的总称，它实际上并非纯水，而是含有复杂溶质的稀溶液。土壤水是土壤的重要组成部分，它除了供给植物生长所需的水分和养分之外，对土壤中物质的转化过程和土壤形成过程都起着决定作用。

土壤水的来源主要有大气降水、降雪和地表径流，若地下水位接近地表面（2~3 米），则地下水亦是土壤水的来源之一。

土壤水因受土壤中作用力的不同而形成不同的水分类型，主要有吸湿水、膜状水、毛管水、重力水四种。

六、什么是土壤污染？土壤污染的危害主要有哪些？

土壤污染，是指当大量的有害物质排入土壤，超过了其自净能力时，就会引起土壤的组成、结构和功能发生变化，微生物活动受到抑制，有害物质或其分解产物在土壤中逐渐积累，导致土壤的自然功能失调，土壤质量恶化，或者有害物质或其分解产物通过“土壤—植物—人体”，或“土壤—水—人体”间接被人体吸收，危害人体健康的现象。

土壤污染的危害主要有：

（1）土壤污染导致严重的直接经济损失。对于各种土壤污染造成的经济损失，目前尚缺乏系统的调查资料。仅以土壤重金属污染为例，全国每年因重金属污染而造成农作物粮食减产1000多万吨，另外被重金属污染的粮食每年也多达1200万吨，合计经济损失至少200亿吨。

（2）土壤污染导致生物品质不断下降。我国农村及城市郊区的土壤受到不同程度的污染，许多地方的粮食、蔬菜、水果等食物中镉、铬、铅等重金属含量超标或接近临界值。土壤污染除影响食物的卫生品质外，也明显地影响到农作物的其他品质。有些地区污灌已经使蔬菜的味道变差、易烂，甚至出现难闻的异味；农产品的储藏品质和加工品质也不能满足深加工的要求。

（3）土壤污染危害人体健康。土壤污染会使污染物在作物体中积累，并通过食物链富集到人体和动物体中，危害人畜健康，引发癌症和其他疾病等。华县瓜坡镇龙岭村民小组是一个独立的自然村。自1974年村上发现第一例食道癌患者至今，该村共死亡55人，其中30人死于癌症，其余人死于肺心病、脑血管病等，无一例自然死亡。全村人口从154人锐减至77人，癌症患者和死亡人数连年增多，且呈年轻化，几十年来被癌魔笼罩，经检验鉴定，该村的土壤污染十分严重。

（4）土壤污染导致其他环境问题。土地受到污染后，含重金属浓度较高的污染表土容易在风力和水力的作用下分别进入到大气和水体中，导致大气污染、地表水污染、地下水污染和生态系统退化等其他次生环境问题。

七、土壤污染的类型有哪些？

土壤污染的类型目前并无严格的划分，如从污染物的属性来考虑，一般可分为有机物污染、无机物污染、生物污染与放射性物质的污染。

（1）有机物污染。可分为天然有机污染物与人工合成有机污染物，这里主

要是指后者，它包括有机废弃物（工农业生产及生活废弃物中生物易降解与生物难降解有机毒物）、农药（包括杀虫剂、杀菌剂与除莠剂）等污染。有机污染物进入土壤后，可危及农作物的生长与土壤生物的生存，如稻田因施用含二苯醚的污泥曾造成稻苗大面积死亡，泥鳅、鳝鱼绝迹。人体接触污染土壤后，手脚出现红色皮疹，并有恶心、头晕现象。农药在农业生产上的应用尽管收到了良好的效果，但其残留物却污染了土壤与食物链。近年来，塑料地膜地面覆盖栽培技术发展很快，由于管理不善，部分膜弃于田间，它已成为一种新的有机污染物。

（2）无机物污染。有的是随地壳变迁、火山爆发、岩石风化等天然过程进入土壤，有的随着人类的生产与消费活动而进入的。采矿、冶炼、机械制造、建筑材料、化工等生产部门，每天都排放大量的无机污染物，包括有害的元素氧化物、酸、碱与盐类等。生活垃圾中的煤渣，也是土壤无机物的重要组成部分。

（3）土壤生物污染。是指一个或几个有害生物种群，从外界侵入土壤，大量繁殖，破坏原来的动态平衡，对人类健康与土壤生态系统造成不良影响。造成土壤生物污染的主要物质来源是未经处理的粪便、垃圾、城市生活污水、饲养场与屠宰场的污物等。其中危害最大的是传染病医院未经消毒处理的污水与污物。土壤生物不仅可能危害人体健康，而且有些长期在土壤中存活的植物病原体还能严重地危害植物，造成农业减产。

（4）土壤放射性物质的污染。是指人类活动排放出的放射性污染物，使土壤的放射性水平高于天然本底值。放射性污染物是指各种放射性核素，它的放射性与其化学状态无关。

八、土壤污染具有哪些特点？

土壤污染具有以下几个方面的特点：

（1）隐蔽性和滞后性。水和大气的污染比较直观，有时通过人的感觉器官就能发现。土壤的污染则往往先作用在农作物（如粮食、蔬菜、水果等）以及家畜、家禽等食物上，通过食物污染间接进入人体，再通过人体的健康情况反映出来。因此，从开始污染到出现问题，有一段很长的滞后时间。如日本的“痛痛病”事件经过了10～20年的时间才被人们所认识。

（2）累积性。污染物质在土壤中的迁移速度较慢，因此容易在土壤中不断积累而超标，同时也使土壤污染具有很强的地域性。

（3）土壤污染难以治理。大气和水体受到污染，切断污染源之后通过稀释作用和自净作用有可能使污染问题逐渐得到好转，但是积累在污染土壤中的难降解污染物则很难靠稀释作用和自净作用来消除。此外，许多有机化学污染物质需要较长的时间才能被降解，而重金属的污染几乎是不可逆的过程。因此，土壤一且被污染后很难恢复，且治理需要的成本较高，周期较长。

（4）土壤污染的判定比较复杂。到目前为止，国内外尚未制定出类似于水和大气的判定标准。因为土壤中污染物质的含量与农作物生长发育之间的因果关系十分复杂，有时污染物质的含量超过土壤背景值很高，并且影响植物的正常生长；有时植物生长已受影响，但植物内未见污染物的积累。

（5）土壤污染具有不可逆转性。重金属对土壤的污染基本上是一个不可逆转的过程，许多有机化学物质的污染也需要较长的时间才能降解。例如，被某些重金属污染的土壤可能要100～200年时间才能够恢复。

土壤污染一旦发生，仅仅依靠切断污染源的方法则往往很难恢复，有时要靠换土、淋洗土壤等方法才能解决问题，其他治理技术可能见效较慢。因此，治理污染土壤通常成本较高、治理周期较长。鉴于土壤污染难以治理，而土壤污染问题的产生又具有明显的隐蔽性和滞后性等特点，因此土壤污染问题一般都不太容易受到重视。

九、造成土壤污染的主要原因是什么？

造成土壤污染的物质来源是极为广泛的，有天然污染源，也有人为污染源，后者是造成土壤污染的主要原因，具体有以下几个方面：

（1）污水灌溉。利用污水灌溉既能节约水资源，又能充分利用污水中的营养元素。但过度污灌或污水浓度过大，则会造成土壤污染。大量的污水若未加处理而直接注入环境中，会使灌区土壤中有毒有害物质有明显的积累，从而直接或间接危害人体健康。

（2）农药和化肥的污染。大量使用农药和化肥，会使许多有毒有害物质进入土壤并积累起来。施在作物上的农药有一半左右流入土壤中，这些农药虽然在生物、光解和化学作用下，有一部分可以降解，但对于像有机氯这样的长效农药来说，降解是十分缓慢的。农业上长期、过量地施用化肥，特别是氨态氯肥，使土壤理化性质变劣，发生板结，土壤透水、透气性变差，土壤微生物区系发生改变，肥力下降。过量施用氮肥还会引起硝酸盐在土壤和作物中积累。在土壤中具有污染性质的化肥主要是氮肥和磷肥。

（3）农用塑料薄膜的污染。塑料薄膜大多是烯烃类的高分子聚合物，其中烷基链含碳数不同的各类酞酸（PAES）约占2/3。人食用PAES超标的食物后，PAES转化为酞酸酯后易引起肝肿大，致畸、致突变倾向。

（4）固体废弃物的污染。大量堆积的固体废弃物经雨淋，会排出含有大量有毒有害物质的渗滤液，如不经处理而流入土壤，将造成土壤的污染。此外，某些固体废物的不合理利用也是造成土壤污染的原因之一。例如，生活污水处理厂

的污泥中含有一定的养分，因而可用来作为肥料使用，但如混入工业废水或工业废水处理厂的污泥，其成分较生活污泥要复杂得多，特别是金属的含量很高，这样的污泥如在农田中施用不当，势必造成土壤污染。

（5）大气中污染物质的迁移。在大气污染严重的地区，大气中的飘尘自身降落或随雨水进入土壤后，都能造成土壤污染。酸雨沉降也是土壤污染的重要来源。我国长江以南大部分地区本身就是酸性土壤，在酸雨的作用下，土壤进一步酸化，养分淋溶，结构破坏，肥力降低，作物受损，从而可破坏土壤生产力。

十、怎样控制和消除土壤污染源？

控制和消除土壤污染源，是防止污染的根本措施。土壤对污染物所具有的净化能力相当于一定的处理能力。控制土壤污染源，即控制进入土壤中的污染物的数量和速度，使其能通过自然净化作用而不致引起土壤污染。

（1）控制和消除工业“三废”排放。大力推广闭路循环，无毒工艺，以减少或消除污染物的排放。对工业“三废”进行回收处理，化害为利。对所排放的“三废”要进行净化处理，并严格控制污染物排放量和浓度，使之符合排放标准。

（2）加强土壤污灌区的监测和管理。对污水进行灌溉的污灌区，要加强对灌溉污水的水质监测，了解水中污染物质的成分、含量及其动态，避免带有不易降解的高残留的污染物随水进入土壤，引起土壤污染。

（3）合理施用化肥和农药。禁止或限制使用剧毒、高残留性农药，大力发展高效、低毒、低残留农药，发展生物防治措施。同时禁止使用虽是低残留，但急性、毒性大的农药。根据农药特性，合理施用，制定使用农药的安全间隔期。采用综合防治措施，既要防治病虫害对农作物的威胁，又要把农药对环境和人体健康的危害限制在最低程度。

（4）增加土壤容量和提高土壤净化能力。增加土壤有机质含量、沙掺黏改良性土壤，以增加和改善土壤胶体的种类和数量，增加土壤对有害物质的吸附能力和吸附量，从而减少污染物在土壤中的活性。发现、分离和培养新的微生物品种，以增强生物降解作用，是提高土壤净化能力的极为重要的一环。

（5）建立监测系统网络，定期对辖区土壤环境质量进行检查。建立系统的档案资料，要规定优先检测的土壤污染物和检测标准方法，这方面可参照有关国际组织的建议和我国国情来编制土壤环境污染的目标，按照优先次序进行调查、研究及实施对策。

十一、防治土壤污染的措施有哪些？

防治土壤污染的措施主要有以下几点：

（1）施加改良剂。主要目的是加速有机物的分解和使重金属固定在土壤中，如添加有机质可加速土壤中农药的降解，减少农药的残留量。施用重金属吸收抑制剂（改良剂），即向土壤施加改良抑制物（如石灰、磷酸盐、硅酸钙等），使它与重金属污染物作用生成难溶化合物，降低重金属在土壤及土壤植物体内的迁移能力。这种方法能起到临时性的抑制作用，但时间过长会引起污染物的积累，并在条件变化时重金属又转成可溶性，因而只在污染较轻地区尚能使用。

（2）控制土壤氧化—还原状况。控制土壤氧化—还原条件，也是减轻重金属污染危害的重要措施。据研究，在水稻抽穗到成熟期，无机成分大量向穗部转移，淹水可明显地抑制水稻对镉的吸收，落干则促进水稻对镉的吸收。重金属元素均能与土壤中的硫化氢反应生成硫化物沉淀。因此，加强水浆管理，可有效地减少重金属的危害。但砷相反，它随着土壤氧化—还原电位的降低毒性增加。

（3）改变耕作制度。通过土壤耕作改变土壤环境条件，可消除某些污染物的危害。例如，DDT在旱田中的降解速度慢，积累明显；在水田中的降解速度加快，利用这一性质实行水旱轮作，是减轻或消除农业污染的有效措施。

（4）客土深翻。土壤污染，特别是重金属的土壤污染，在土壤中产生积累，阻碍作物的生长发育。防治的根本办法是彻底挖去污染土层，换上新土，以根除污染，此法称客土法。但如果是地区性的污染，实际采用客土法是不现实的。耕翻土层，即采用深耕，将上下土层翻动混合，使表层土壤污染物含量减低。这种方法动土量较少，但在严重污染的地区不宜采用。

（5）采用农业生态工程措施。在污染土壤上种植非食用的经济作物或种属，可减少污染物进入食物链的途径。或利用某些特定的动植物和微生物较快地吸走或降解土壤中的污染物质，从而达到净化土壤的目的。

（6）工程治理。即利用物理（机械）、物理化学原理治理污染土壤，主要有隔离法、清洗法、热处理法、电化法等。近年来，把其他工业领域，特别是污水、大气污染治理技术引入土壤治理过程中，为土壤污染治理研究开辟了新途径，如磁分离技术、阴阳离子膜代换法、生物反应器等。虽然大多数处于试验探索阶段，但这些方法积极吸收、转化新技术、新材料，在保证治理效果的基础上降低治理成本，提高工程实用性，有很重要的实际意义。

（7）制定农药的容许残留量。根据农药的最大一日容许摄取量乘以安全系数（一般定为1/100），确定容许摄取量（ADI）。

总之，在防治土壤污染的措施上，必须考虑到因地制宜，采取可行的办法，既消除土壤环境的污染，也不致引起其他环境污染问题。

十二、我国关于土壤污染防治的法律法规有哪些?

《国务院关于落实科学发展观加强环境保护的决定》明确提出，要“以防治土壤污染为重点，加强农村环境保护”，并要求开展全国土壤污染状况调查和超标耕地综合治理，抓紧拟订有关土壤污染方面的法律法规草案。目前我国《环境保护法》、《水污染防治法》、《土地管理法》及《土地管理实施条例》等法律法规已有防治土壤污染的零散规定，一些防治环境污染的一般性法律措施与制度，原则上也适用于农村土壤污染防治。国家环境保护部的《关于加强土壤污染防治工作的意见》对土地防治的重要性、指导思想、基本原则、主要目标、重点领域和工作措施等作了具体规定。

十三、土壤污染防治工作的主要目标是什么？

目前，我国土壤污染的总体形势不容乐观，部分地区土壤污染严重，在重污染企业或工业密集区、工矿开采区及周边地区、城市和城郊地区出现了土壤重污染区和高风险区；土壤污染类型多样，呈现出新老污染物并存、无机有机复合污染的局面；土壤污染途径多，原因复杂，控制难度大；土壤环境监督管理体系不健全，土壤污染防治投入不足，全社会土壤污染防治的意识不强；由土壤污染引发的农产品质量安全问题和群体性事件逐年增多，成为影响群众身体健康的重要因素。

所以，我国土壤污染防治工作的主要目标是：

（1）到 2010 年，全面完成土壤污染状况调查，基本摸清我国土壤环境质量状况；初步建立土壤环境监测网络；编制完成国家和地方土壤污染防治规划，初步构建土壤污染防治的政策法律法规等管理体系框架；编制完成土壤环境安全教育行动计划并开始实施，公众土壤污染防治意识有所提高。

（2）到 2015 年，基本建立土壤污染防治监督管理体系，出台一批有关土壤污染防治的政策法律法规，土壤污染防治标准体系进一步完善；建立土壤污染事故应急预案，土壤环境监测网络进一步完善；土壤环境保护监管能力明显增强，公众土壤污染防治意识显著提高；土壤污染防治规划全面实施，土壤污染防治科学研究深入开展，污染土壤修复与综合治理示范项目取得明显成效。

十四、对于造成土壤污染者应当如何追究责任？

按照“谁污染、谁治理”的原则，被污染的土壤或者地下水，由造成污染的单位和个人负责修复和治理。造成污染的单位因改制或者合并、分立而发生变更的，其所承担的修复和治理责任，依法由变更后承继其债权、债务的单位承担。变更前有关当事人另有约定的，从其约定，但是不得免除当事人的污染防治责任。

造成污染的单位已经终止，或者由于历史等原因确实不能确定造成污染的单位或者个人的，被污染的土壤或者地下水，由有关人民政府依法负责修复和治理；该单位享有的土地使用权依法转让的，由土地使用权受让人负责修复和治理。有关当事人另有约定的，从其约定，但是不得免除当事人的污染防治责任。

十五、什么是土壤背景值?

土壤背景值又称土壤本底值。它代表一定环境单元中的一个统计量的特征值。背景值这一概念最早是地质学家在应用地球化学探矿过程中引出的。背景值指在各区域正常地质地理条件和地球化学条件下元素在各类自然体（岩石、风化产物、土壤、沉积物、天然水、近地大气等）中的正常含量。在环境科学中，土壤背景值是指在未受或少受人类活动影响下，尚未受或少受污染和破坏的土壤中元素的含量。当今，由于人类活动的长期积累和现代工农业的高速发展，使自然环境的化学成分和含量水平发生了明显的变化，要想寻找一个绝对未受污染的土壤环境是十分困难的，因此土壤环境背景值实际上是一个相对概念。

有关背景值的调查研究，近几十年来国内外做了大量工作。美国首先于1961年由地质调查局在美国大陆本土上开展背景值的调研工作，1984 年发表了“美国大陆土壤及其他地表物质中的元素浓度”的专项报告，并于 1988 年完成了全国土壤背景值的研究，前后共分析近 50 个元素。日本在 1978 ~ 1984 年也开展了全国范围的表土和底土背景值的调研，测定了 Cu、Pb、Zn、Cd、Cr、Mn、Ni、As 8 种元素，并提出了背景值的表达方法。

我国土壤环境背景值的研究始于 20 世纪 70 年代中期，首先由中国科学院土壤研究所等单位开展了部分城市及地区（北京、南京、广州等）的土壤背景值调查研究。1982 年国家把环境背景值调查研究列入“六五”重点科技攻关项目，在松辽平原、湘江谷地开展了土壤环境背景值研究。1986 年再次将土壤环境背景值研究列为“七五”重点科技攻关课题，研究范围包括除台湾省以外的 30 个省、市、自治区的所有土壤类型，分析元素达 60 多个，并于 1990 年出版了《中国土壤元素背景值》专著。该书对开展我国环境保护、环境监测、环境规划、环境评价、土壤环境标准以及地方病等多方面的科学研究提供了重要的科学依据。

十六、什么是土壤环境容量?

土壤环境容量（或称土壤负载容量）是指一定环境单元、一定时限内遵循环境质量标准，即保证农产品质量和生物学质量，同时也不使环境污染时，土壤所能容纳污染物的最大负荷量。不同土壤其环境容量是不同的，同一土壤对不同污染物的容量也是不同的，这就涉及土壤的净化能力的问题。

（1）土壤是一个多相的疏松多孔体系。污染物质在土壤中可进行挥发、稀释、扩散和浓集以致移出土体之外。这一过程显然是与土壤温度和含水量的变化，土壤质地和结构，以及层次构型相关的。

（2）土壤是一个胶体体系。对于某些可呈离子态的污染物质，如重金属、化学农药进入土壤后，土壤胶体的吸附作用可以大大改变其有效含量，成为土壤污染物，特别是重金属自净和富集的关键因子。

（3）土壤是一个络合—螯合体系。土壤中有许多天然的有机和无机配位体，如土壤腐殖质、土壤微生物分解有机残体过程中产生的各种有机物质或分泌物，如酶等。也有人工合成的污染物质的有机配位体，如农药和其他有机污染物质。而土壤中几乎所有的金属离子都有形成络合物和螯合物的能力。但从形成的络合物或螯合物的稳定性看，则各离子间的差异较大。因而，土壤中络合—螯合过程的存在，也显著影响污染物质在土壤中的迁移转化及其环境效应。

（4）土壤是一个氧化还原体系。其氧化还原作用影响有机物质分解的速度和强度，也影响有机和无机物质存在的状态（可溶性和不溶性），从而影响到它们的迁移转化。这也是一个关系到土壤污染物质迁移转化的重要的土壤环境条件。特别是对某些变价元素，如铁、锰、硫、砷、汞、铬、钒等尤为重要。

（5）土壤是一个化学体系。土壤中的化合物或进入土壤的污染物质，还直接受到土壤中化学平衡（溶解和沉淀）过程的控制，在重金属和磷的迁移转化中，化学平衡过程扮演着重要的角色。

（6）土壤是一个生物体系。土壤微生物是土壤生物的主体。土壤微生物在土壤有机质的转化过程（有机质的分解和合成）中起着巨大的作用。土壤对有机污染物质之所以具有强大的自净能力，即生物降解作用，也主要是因为有种类繁多、数量巨大的土壤微生物存在。土壤微生物除参与有机质的转化外，还积极参与其他土壤过程。此外，土壤动物在有机污染物的分解转化中也起着一定作用。

上述过程，无论是个别地或是彼此联系地、同时地、相继地或是相互交叠地发生，也还没有完全概括复杂的土壤污染物的迁移、转化以及净化机制。但是，我们必须看到，进入土壤的各种污染物质，一方面受上述土壤过程的控制和影响，会缓冲土壤污染的发生；另一方面随着它们进入土壤数量的增加，也完全可能改变上述过程的方向、性质和速度，即土壤发生污染。

十七、土壤环境容量有哪些表达方法？

土壤环境容量一般有两种表达方式：一是在满足一半目标值的限度内，特定区域土壤环境容纳污染物的能力，其大小由环境自净能力和特定区域土壤“自净能力”的总量决定。二是在保证不超出环境目标值的前提下，特定区域土壤环境能够容许的最大允许排放量。

土壤环境容量可分为土壤环境绝对容量（静容量）和土壤年容量（动容量）两类。

（1）土壤环境绝对容量（静容量）。土壤环境的绝对容量（WO）是土壤能容纳某种污染物的最大负荷量，达到绝对容量没有时间限制，即与年限无关。土壤环境的绝对容量是由土壤环境标准的规定值和土壤环境的背景值决定的。

（2）土壤年容量（动容量）。土壤年容量（WA）是某一土壤环境在污染物的积累浓度不超过环境标准规定的最大容许值的情况下，每年所能容纳的某污染物的最大负荷值。年容量的大小除了与环境标准规定值和环境背景值有关外，还与环境对污染物的净化能力有关。由于土壤是一个开放体系，污染物既可以进入土壤，也可以离开土壤。所以，土壤年容量是根据污染物的残留量计算出来的。

十八、土壤环境质量如何分级？

《土壤环境质量标准》（GB 15618—1995）中根据土壤的应用功能和保护目标，将土壤环境质量划分为三类。

I类为主要适用于国家规定的自然保护区（原有背景重金属含量高的除外）、集中式生活饮用水源地、茶园、牧场和其他保护地区的土壤，土壤质量基本上保持自然背景水平。

Ⅱ类为主要适用于一般农田、蔬菜地、茶园、果园、牧场等的土壤，土壤质量基本上对植物和环境不造成危害和污染。

Ⅲ类为主要适用于林地土壤及污染物容量较大的高背景值土壤和矿产附近等地的农田土壤（蔬菜地除外）。土壤质量基本上对植物和环境不造成危害和污染。

针对各类土壤质量的要求，相应的将土壤环境质量执行标准划分为三级。一级标准为保护区域自然生态、维持自然背景的土壤质量的限制值。二级标准为保障农业生产、维护人体健康的土壤限制值。三级标准为保障农林生产和植物正常生长的土壤临界值。

十九、土壤环境质量评价的含义及内容是什么？

按照一定的目的和方法，对一定区域范围内的土壤环境的优劣程度进行定性和定量评定的过程，是单要素环境质量评价的一种，区域环境质量综合评价的重要组成部分。按照评价目的可分为土壤环境质量现状评价、影响评价和回顾评价。土壤评价历史悠久，早在2000多年前中国战国时代著作《周礼·地官·司徒》就曾对土壤质量作过分类。但过去对土壤质量评价主要是着眼于土壤肥力和生产性能问题。直到20世纪50年代随着环境污染问题的出现，人们才开始对人为污染问题进行定性评价，到70年代进入定量评价。1990年在中国环境保护局主持下完成了《中国土壤元素背景值》的调查研究，为土壤环境质量评价提供了标准和依据。

土壤环境质量评价的主要内容包括土壤环境质量调查、土壤背景值确定、土壤环境质量现状评价、土壤污染影响预测和评价。

（1）土壤环境质量调查。在建设项目可能影响的区域内，充分考虑成土母质、土壤类型、土壤污染方式和途径的基础上，按方格网格法布点采样分析，采样点的密度可根据评价的精度要求确定。取土深度一般样点表层为0~20厘米，底层为20~40厘米。土样分析项目应以冶金建设项目排放的重金属为主，兼顾地方已经存在的污染物（如农药）和评价所需的土壤理化指标（如代换量、含盐量、石灰反应和pH、Eh）等。

（2）土壤背景值确定。对土壤调查所得各项污染物实测含量数据进行统计分析，对于呈对数正态分布的元素，其背景值可按几何平均值乘除几何标准差确定；对于呈正态分布和接近正态分布的元素，其背景值可按算术平均值加减2倍标准差确定。

（3）土壤环境质量现状评价。目的在于掌握现时土壤的污染程度和污染范围。评价方法一般采用环境质量指数法。土壤中某污染物的单一指数计算式为：

Ii = Ci/Si

式中，Ii为土壤中i污染物的污染指数；Ci为土壤中i污染物的实测含量，mg/kg；Si为土壤中i污染物的环境质量标准（背景值），mg/kg。为确定土壤环境的总体质量，一般采用土壤污染综合指数进行评价，最简单的计算式为：

$$I = \sum_{i=1}^{n} I_i$$

式中，I为土壤污染的综合指数；n为参与评价的污染物种类数。根据计算的各污染物的单一指数Ii和综合指数I的大小，确定土壤环境质量等级，并绘制土壤环境质量图。

（4）土壤污染影响预测和评价。通常要根据土壤环境容量和土壤污染物累积量，来预测建设项目投产后对土壤环境的污染影响和环境质量变化趋势，为提出减少土壤污染的措施提供依据。

二十、土壤环境监测类型有哪些？开展土壤环境监测前需要搜集哪些资料？

1. 土壤环境监测类型

我国《土壤环境监测技术规范》（HJ/T 166—2004）中，根据土壤监测目的将其分为4种主要类型：区域土壤环境背景监测、农田土壤环境质量监测、建设项目土壤环境评价监测和土壤污染事故监测。

2. 开展土壤环境监测前需搜集的资料

（1）收集包括监测区域的交通图、土壤图、地质图、大比例尺地形图等资料，供制作采样工作图和标注采样点位用。

（2）收集包括监测区域土类、成土母质等土壤信息资料。

（3）收集工程建设或生产过程对土壤造成影响的环境研究资料。

（4）收集造成土壤污染事故的主要污染物的毒性、稳定性以及如何消除等资料。

（5）收集土壤历史资料和相应的法律（法规）。

（6）收集监测区域工农业生产及排污、污灌、化肥农药施用情况资料。

（7）收集监测区域气候资料（温度、降水量和蒸发量）、水文资料。

（8）收集监测区域遥感与土壤利用及其演变过程方面的资料等。

二十一、什么是土壤墒情？其存在形态及表示方法是怎样的？

土壤墒情是指土壤中水分的含量及被作物利用的程度，可用土壤含水率、土壤相对湿度、土壤总水分贮存量及土壤有效水分等一系列指标来描述。

土壤水存在于土壤孔隙中，尤其是中小孔隙中，大孔隙常被空气所占据。穿插于土壤孔隙中的植物根系从含水土壤孔隙中汲取水分，用于蒸腾。土壤中的水气界面存在湿度梯度，温度升高，梯度加大，因此水会变成水蒸气蒸发逸出土表。蒸腾和蒸发的水加起来叫做蒸散，是土壤水进入大气的两条途径。表层的土壤水受到重力会向下渗漏，在地表有足够水量补充的情况下，土壤水可以一直入渗到地下水位，继而可能进入江、河、湖、海等地表水。

土壤中水分的多少有两种表示方法：一种是以土壤含水量表示，分重量含水量和容积含水量两种，二者之间的关系由土壤容重来换算。另一种是以土壤水势表示，土壤水势的负值是土壤水吸力。

二十二、土壤墒情的重要指标是什么？

土壤墒情有三个重要指标：

（1）土壤饱和含水量，表明该土壤最多能含多少水，此时土壤水势为0。

（2）田间持水量，是土壤饱和含水量减去重力水后土壤所能保持的水分。重力水基本上不能被植物吸收利用，此时土壤水势为 -0.3 巴。

（3）萎蔫系数，是植物萎蔫时土壤仍能保持的水分。这部分水也不能被植物吸收利用，此时土壤水势为 -15 巴。

田间持水量与萎蔫系数之间的水称为土壤有效水是植物可以吸收利用的部分。

当然，一般在田间持水量的60%时，即土壤水势 -1 巴左右就采取措施进行灌溉。

土壤水势可细分为重力势、基模势和溶质势。

重力势是以土壤水面与土表面相平时为0，水面高于土表面时为正值（此时也称为压力势）。水面低于土表面时为负值（土壤水吸力为正值）。

土壤基模势指土壤中矿质颗粒表面和有机质颗粒表面对水所产生的张力，它的值永远是负值，即总是将土壤表面的水分向土体内吸进来。

土壤水分溶质势与土壤溶液中所含溶质数量有关，溶质越多，溶质势越小（越负）。点水源入渗时，水沿湿度梯度从高水势处向低水势处流动，逐渐形成一个干湿交界分明的椭球体形状，称为湿润球，球面各处土壤水势相等。该球面称为入渗峰，在水头固定不变时，入渗峰的前进速度随着时间的延长而减慢。

大部分植物养分都是溶于水后随水移动运输到植物根系被吸收的，无论根系以质流、扩散、截获哪种方式吸收植物养分都在土壤溶液中进行。

二十三、为什么要对土壤墒情进行监测?

土壤墒情监测是水循环规律研究、农牧业灌溉、水资源合理利用及抗旱救灾基本信息收集的基础工作。长期以来，土壤墒情信息最重要的要素土壤含水量监测站网少，导致土壤含水量信息紧缺，目前我国土壤含水量资料只有气象部门拥有，而墒情和旱情及其发展趋势是同气象条件、土壤、土壤的水分状态、作物种类及其生长发育状况密切相关的，因此可以认为气象条件、土壤的物理特性、土壤水分状态、作物种类及生长发育状况是墒情和旱情监测的四大要素。

为满足墒情和旱情的分析、水资源科学管理、抗旱救灾决策的需求，加强墒情监测是水资源合理利用，水资源科学管理和抗旱救灾决策的最重要的基础工作，因此加大对干旱及土壤墒情监测的投入势在必行。

二十四、什么是土壤重金属污染？土壤重金属污染的危害有哪些？

所谓重金属，目前并未有严格的统一定义，一般认为金属的密度大于5者为重金属。对农业环境影响较大的重金属污染物主要有镉、汞、铅、铬、铜、锌、镍及类金属元素等。这些污染物虽然主要来自有色金属冶炼厂、电镀厂、制药厂、化工厂及金属矿山所排的废水，但不能忽视的是，许多重金属来自畜禽粪便、农田灌溉水、农药、化肥、污泥肥料等，重金属污染物是对农业危害最大、影响最长远的物质。

土壤重金属污染的危害有：

（1）重金属对植物的毒害作用。重金属对植物造成的危害主要有：影响植物的养分吸收和利用，引起养分缺乏；重金属在植物体内积累，直接打乱体内代谢，使细胞生长发育停止，造成根的伸长受阻或地上出现褐斑等。

（2）重金属污染对土壤微生物的影响。重金属作为一种最重要的土壤污染物之一，对土壤微生物产生较大的影响，重金属影响土壤中的细菌、真菌、放线菌等微生物的生长数量。在低浓度下，重金属对微生物数量一般有刺激作用，而在高浓度下则有抑制作用；不同类群微生物的敏感性不同，其敏感性大小通常依次是放线菌、细菌、真菌。

（3）重金属污染对人体的污染。重金属镉、汞、砷、镍等对人和动物有较强的毒性。有些重金属甚至在土壤中可以转化为毒性更大的甲基化合物。通过食物链，它们的浓度可以增加到对人体有害的水平，最终进入人体，使人发生慢性中毒。20世纪50年代，日本九州岛水俣镇出现了病人，这些病人口齿不清、面部发呆、手脚发抖、精神失常，最后这些病人因为无法医治而全身弯曲，最后悲惨死去。后来经过研究报告证实，这是因为这一带居民长期食用了含有汞的海产品所致。

二十五、土壤中重金属污染来源有哪些？

现阶段我国土壤重金属污染比较严重，而土壤重金属污染来源主要有以下几个方面。

（1）大气中重金属的沉降。大气中重金属主要来源于工业生产、汽车尾气排放、汽车轮胎磨损产生的大量含有重金属的有害气体和粉尘。它们主要分布在工矿的周围及公路、铁路两侧。大气中大多数重金属通过自然沉降和雨淋沉降进入土壤圈。经过自然沉降和雨淋沉降进入到土壤中的重金属污染，主要以工矿烟囱、废物堆和公路为中心向四周及两侧扩散：由城市—郊区—农区，污染随着距城市距离的加大而降低，城市的郊区污染较为严重；此外，还与城市的人口密度、城市土地利用率、机动车密度呈正相关；重工业越发达，污染相对就越严重。

（2）农药、化肥和塑料薄膜的使用。使用含有Pb、Cd、Hg、As等的农药和不合理地施用化肥都可以导致土壤中重金属的污染。一般过磷酸盐中含有高量的重金属Hg、Cd、As、Zn、Pb，磷肥次之，氮肥和钾肥含量较低，但氮肥中Pb、As和Cd含量较高。农用薄膜生产中应用到的热稳定剂中含有Cd、Pb，在大量使用塑料大棚和地膜过程中都可以造成土壤重金属污染。

（3）污泥施肥。污泥中含有大量的有机质和氮、磷、钾等营养元素，但同时污泥中也含有大量的重金属元素，随着市政污水处理产生的大量污泥被施加于农田，农田中的重金属含量也会不断增高。污泥施肥可导致土壤中Cd、Hg、Cr、Cu、Zn、Ni、Pb含量的增加，且污泥施用越多，污染就越严重。

(4) 污水灌溉。一般是指用经过一定处理的城市生活污水来灌溉农用土地、森林及草地。由于大量工业废水同生活污水一起进入市政污水网，使得城市污水中含有的大量重金属离子随着污水灌溉而进入土壤。近年来，污水灌溉已经成分我国农业灌溉的重要组成部分。北方旱作地区污灌最为普遍，占全国污灌面积的90%以上，所以土壤重金属污染也比较严重。

(5) 含有重金属的废物的堆积。废弃物堆中重金属含量一般比较高，污染的范围一般以废弃物堆为中心向四周扩散。重金属在土壤中的含量和形态分布特征受废弃物种类和释放率的影响，如铬渣堆放区的Cd、Hg、Pb为重污染，Zn为中度污染，Cr、Cu为轻污染。

(6) 金属矿山的酸性废水污染。金属矿山的开采、冶炼、重金属尾矿、冶炼废渣和矿渣堆放等，以及可以被酸溶出含重金属的矿山酸性废水，随着矿山排水和降雨使之带入水环境或直接进入土壤，都可以直接或间接地造成土壤重金属污染。矿山酸性废水重金属污染范围一般在矿山的周围或河流的下游，在河流不同河段的重金属污染程度往往受污染源（矿山）的控制。河流同一污染源的下段自上游到下游，由于金属元素迁移能力的减弱和水体自净化能力的适度恢复，重金属化学污染的程度逐渐降低。金属矿山尾矿的特点主要为：①颗粒极细；②数量极大，按重量计，我国铁矿石开采品位平均为32%，经选矿后则68%以上为尾矿，有色金属矿山如德兴露天铜矿，开采品位仅0.5%左右，经选矿后则99.5%以上为尾矿，而黄金矿山开采品位仅为几克/吨，经选矿后几乎100%为尾矿；③毒性很强，金属矿选矿大多为浮选，浮选药剂含大量有机、无机有毒化合物及油脂等，这些有毒物质大部分都存留在尾矿中；④输送浓度很低，选矿厂输送出来的尾矿浆，固体质量百分比一般仅为20%左右，而80%以上则为水。目前，尾矿一般在地面筑坝存放，利用山谷修筑的尾矿坝占90%以上。尾矿坝的类型绝大多数为土坝，还有少量的土石混合坝或石坝。

二十六、土壤中重金属污染物有何现行治理方法?

(1) 工程治理方法。是指用物理或物理化学的原理来治理土壤重金属污染。主要有：客土是在污染的土壤上加入未污染的新土；换土是将以污染的土壤移去，换上未污染的新土；翻土是将污染的表土翻至下层；去表土是将污染的表土移去等。如日本富士县神通川流域的痛痛病发源地，就是由于长期食用含镉的稻米而引发的，他们通过研究，去表土15厘米，并压实心土，在连续淹水的条件下，稻米中镉的含量小于0.4毫克/千克；去表土后再客土20厘米，间歇灌溉稻米中镉的含量也不超标，客土超过30厘米，其效果更佳。此外淋洗法是用淋洗液来淋洗污染的土壤；热处理法是将污染土壤加热，使土壤中的挥发性污染物

(Hg) 挥发并收集起来进行回收或处理；电解法是使土壤中重金属在电解、电迁移、电渗和电泳等的作用下在阳极或阴极被移走。

以上措施具有效果彻底、稳定等优点，但实施复杂、治理费用高和易引起土壤肥力降低等缺点。

(2) 生物治理方法。是指利用生物的某些习性来适应、抑制和改良重金属污染。主要有：动物治理是利用土壤中的某些低等动物蚯蚓、鼠类等吸收土壤中的重金属；微生物治理是利用土壤中的某些微生物等对重金属具有吸收、沉淀、氧化和还原等作用，降低土壤中重金属的毒性如 Citrobacter sp 产生的酶能使 U、Pb、Cd 形成难溶磷酸盐；原核生物（细菌、放线菌）比真核生物（真菌）对重金属更敏感，格兰氏阳性菌可吸收 Cd、Cu、Ni、Pb 等。植物治理是利用某些植物能忍耐和超量积累某种重金属的特性来清除土壤中的重金属；重金属的植物吸收、淋溶和无效态数量将只依赖于它们的有效态的多少，重金属溶液浓度和它们的土壤的有效态之间关系遵循 Freundlich 吸附方程；超积累植物可吸收积累大量的重金属，目前已发现 400 多种，超积累植物积累 Cr、Co、Ni、Cu、Pb 的含量一般在 0.1% 以上，积累 Mn、Zn 含量一般在 1% 以上；印度芥菜（Brassica juncea）可吸收 Zn、Cd、Cu、Pb 等，在 Cu 为 250 毫克/千克、Pb 为 500 毫克/千克、Zn 为 500 毫克/千克条件下能生长，在 Cd 为 200 毫克/千克出现黄化现象；印度芥菜（Brassica juncea）可对 Cr^{6+}、Cd、Ni、Zn、Cu 富集分别为 58 倍、52 倍、31 倍、17 倍和 7 倍；高杆牧草（Agropyron elongatum）能吸收 Cu 等；英国的高山莹属类等，可吸收高浓度的 Cu、Co、Mn、Pb、Se、Cd、Zn 等。

生物治理措施的优点是实施较简便、投资较少和对环境破坏小，缺点是治理效果不显著。

(3) 化学治理方法。就是向污染土壤投入改良剂、抑制剂，增加土壤有机质、阳离子代换量和粘粒的含量，改变 pH、Eh 和电导等理化性质，使土壤重金属发生氧化、还原、沉淀、吸附、抑制和拮抗等作用，以降低重金属的生物有效性。其中沉淀法是指土壤溶液中金属阳离子在介质发生改变（pH 值、OH^-、SO_4^{2-} 等）时，形成金属沉淀物而降低土壤重金属的污染；如向土壤中投放钢渣，它在土壤中易被氧化成铁的氧化物，对 Cd、Ni、Zn 的离子有吸附和共沉淀作用，从而使金属固定。在沈阳对污灌区进行的大面积石灰改良实验表明，每公顷施石灰 1500~1875 千克籽实含镉量下降 50%。有机质法是指有机质中的腐殖酸能络合重金属离子生成难溶的络合物，而减轻土壤重金属的污染；吸附法是指重金属离子能被膨润土、沸石、黏土矿物等吸附固定，从而降低土壤重金属的污染。

化学治理措施优点是治理效果和费用都适中，缺点是容易再度活化。

(4) 农业治理方法。是因地制宜的改变一些耕作管理制度来减轻重金属的

危害，在污染土壤上种植不进入食物链的植物。主要有：控制土壤水分是指通过控制土壤水分来调节其氧化还原电位（Eh），达到降低重金属污染的目的；选择化肥是指在不影响土壤供肥的情况下，选择最能降低土壤重金属污染的化肥；增施有机肥是指有机肥能够固定土壤中多种重金属以降低土壤重金属污染的措施；选择农作物品种是指选择抗污染的植物和不要在重金属污染的土壤上种植进入食物链的植物；如在含镉100毫克/千克的土壤上改种苎麻，五年后，土壤镉含镉平均降低27.6%；因地制宜地种植玉米、水稻、大豆、小麦等，水稻根系吸收重金属的含量占整个作物吸收量的58%～99%，玉米茎叶吸收重金属的含量占整个作物吸收量的20%～40%，玉米籽实吸收量最少，重金属在作物体内分配规律是根>茎叶>籽实。土壤重金属污染也是导致生态系统破坏的重要因素。合理的利用农业生态系统工程措施，也可以保持土壤的肥力，改良和防治土壤重金属污染，提高土壤质量，并能与自然生态循环和系统协调运作。如可以在污染区公路两侧尽可能种树、种花、种草或经济作物（如蓖麻），种植草皮或观赏树木，移栽繁殖，不但可以美化环境，还可以净化土壤；蓖麻可用作肥皂的原料。也可以进行农业改良，即在污染区繁育种子（水稻、玉米），之后在非污染区种植；或种植非食用作物（高粱、玉米），收获后从秸秆提取酒精，残渣压制纤维板，并提取糠醛，或将残渣制作成沼气作能源。

农业治理措施的优点是易操作、费用较低，缺点是周期长、效果不显著。

二十七、土壤重金属污染有哪些防治措施？

土壤是人类赖以生存的自然资源，同时也是人们从事农业生产的重要物质基础之一。在进行土壤重金属污染的防治时要按照以防为主，防治相结合的原则。对未污染或污染较轻的土地应采取以防为主，避免重金属通过各种途径进入土壤环境，这是任何防治措施中最有效、最可靠的措施。对于已污染而污染比较严重的土壤应采用防治并重的办法，一方面要切断污染源，避免污染物质进一步污染土壤；另一方面要采取有效的措施，对土壤进行改良，尽可能提高土壤环境容量、控制重金属活化以切断重金属进入食物链，同时采用一些科学方法对土壤中的重金属进行稀释和去除。

（1）施用改良剂。是指向土壤中施用化学物质，以降低金属活性，减少重金属向植物体内的迁移，这种技术措施一般称之为重金属钝化，将其施在轻度污染的土壤中是有效的。常用的改良剂有石灰、碳酸钙、磷酸盐、硅酸钙炉渣和促进还原作用的有机物质，如有机肥等。

一是调节土壤的PH值和施用碱性物质。可以向酸性土壤中施用石灰性物质如硅酸钙、碳酸钙、熟石灰等含钙的碱性材料。一般施用量以提高土壤PH值在

7 左右为目的，因为土壤的 PH 值提高到 7 以上，对重金属的抑制效果可达 70% ~80%。

二是增施土壤有机质。任何一种有机肥料包括动物粪便、人粪便、泥炭和堆肥等，不仅可以提高土壤肥力带给植物所需营养元素，同时还提供土壤腐殖质物质，尤其在腐熟度比较高的堆肥中，胡敏酸数量也是比较大的。有机肥料施入土壤中可以提高土壤阳离子交换容量，并且也增加了土壤较多的螯合物质，如胡敏酸。施用有机肥不仅能改善土壤环境条件，促进植物生长，而且能明显地降低土壤交换性金属含量。

三是离子拮抗作用。利用离子的拮抗作用，即用一种化学性质相似而又不是污染的元素控制另外一种污染的重金属元素的吸收作用，如镉和锌、钼和铁之间。如利用硫酸铁作为铁的来源施用，可以明显减少稻田钼的活性，从而控制向水稻体中的迁移量，最终使水稻生长正常，各种指标都趋于正常。

(2) 调节土壤 Eh（氧化还原电位）水浆管理。土壤多种重金属在还原条件下，随着淹水时间的延长，与生产的 H_2S 的给源就可以减少重金属在土壤的活性，降低对作物的危害。在遭受镉、钼污染的土壤，采用长期淹水方法，尽量避免落干、烤田和间断灌水栽培，才能明显抑制作物吸收重金属。而对于砷污染的土壤中，就不能采用淹水控制土壤 Eh 方法，因为在还原条件下，砷会转化成亚砷酸，这样不但不能降低砷毒害，反而增加毒害作用。

(3) 客土和换土法。客土是指在现有的污染土壤上覆上一层未污染的土壤。换土是指将受污染的土壤挖除至适当深度后再填入未污染土壤。两种方法对改变污染现状是非常显著的。在采取客土和换土措施时，需要注意：①客土和换土材料尽量和当地土壤的理化性质相一致，以免引起土壤下层或新旧土壤之间性质差异过大，造成新的环境问题。如客土是酸性，而原来的土壤是偏碱性中性，这样就会引起土壤酸度增大，使下层土壤重金属活性增大。②所施用的客土或换土的厚度应大于耕层厚度。被换走的污染的土壤应有妥善的处理办法，以免引起异地污染问题。③在客土和换土过程中应依据土壤（落土材料）的性质，即肥力状况，同时混入一些提高肥力和钝化作用的土壤改良剂、肥料，以便使土壤性质迅速接近耕种土壤，不至于减产。

【案例】

1998 年，江苏通州农民韩某得知卖沙子经济效益好，在没有取得有关部门批准的情况下，开始雇人在自己承包的田地上进行挖沙出售，还时常扩挖到他人承包地内。到 2002 年，韩某挖沙累计挣得 6 万多元，结果致使基本农田 19 亩被毁，无法恢复耕种。从 2000 年 9 月起，韩某兄弟也参与挖沙，也在没有取得有

关部门批准的情况下，通过与他人交换承包土地、给付赔偿金、强行占用等方式，擅自在通州区永乐店镇德仁务中街村的西沙地、西洼子地块内雇人挖沙出售。直到2002年12月，非法获利7万元，造成西沙地9.32亩、西洼子地11.69亩，合计21余亩基本农田被毁坏，无法恢复耕种。因擅自挖沙出售造成大量农田毁坏、无法恢复耕种，韩氏兄弟被通州市检察院以非法占用农用地罪向人民法院提起公诉。人民法院经审理认为，被告人无视国家土地管理法规，为牟取私利，非法在基本农田内挖沙予以出售，数量较大，造成上述基本农田毁坏，无法恢复耕种，两人的行为构成非法占用农用地罪，应依法予以惩处，分别判处有期徒刑2年6个月，处罚金3000元；有期徒刑1年6个月，处罚金3000元。

【评析】

土地是人类社会最宝贵的自然资源，它作为人类生产生活的物质条件，其基本用途是其他资源无可比拟的。我国是一个古老的农业大国，拥有960万平方公里土地，居世界第三位，但人均占有土地面积仅是世界平均数的1/3。尤其是耕地，国土面积中耕地只占10%，人均耕地只有约1.4亩，仅相当于世界人均耕地的1/3。近年来，随着经济的快速发展，工商业、城市建设等对土地的需求日益增多，耕地的贫乏已成为制约我国经济发展的重要因素，必须合理、合法、有效地使用有限的土地资源。为此国家制定了《土地管理法》、《森林法》、《草原法》等法律以及有关行政法规，加强对土地资源的保护和管理。

在本案中，因挖沙出售而造成大量基本农田毁坏，亲兄弟双双被法院处以刑罚。那么，挖沙毁坏土地也构成犯罪吗?

由于耕地资源的不可替代性及面积有限，国家对耕地实行特殊保护，并把“十分珍惜、合理利用土地和切实保护耕地”作为基本国策。根据《土地管理法》第36条第2款规定：“禁止占用耕地建窑、建坟或者擅自在耕地上建房、挖沙、采石、采矿、取土等。”第74条规定：“违反本法规定，占用耕地建窑、建坟或者擅自在耕地上建房、挖沙、采石、采矿、取土等，破坏种植条件的，或者因开发土地造成土地荒漠化、盐渍化的，由县级以上人民政府土地行政主管部门责令限期改正或者治理，可以并处罚款；构成犯罪的，依法追究刑事责任。”

同时，《基本农田保护条例》对此又进行了补充规定，第17条第1款：“禁止任何单位和个人在基本农田保护区内建窑、建房、建坟、挖沙、采石、采矿、取土、堆放固体废弃物或者进行其他破坏基本农田活动。”第33条：“违反本条例规定，占用基本农田建窑、建房、建坟、挖沙、采石、采矿、取土、堆放固体废弃物或者从事其他活动破坏基本农田，毁坏种植条件的，由县级以上人民政府土地行政主管部门责令改正或者治理，恢复原种植条件，处占用基本农田的耕地开垦费1倍以上2倍以下的罚款；构成犯罪的，依法追究刑事责任。”因此，对于基本农田的使用，法律有明确规定，不允许改变其用途，擅自在基本农田进行破坏活动。

另外，为了更好地保护土地资源和严厉打击非法占用耕地、林地等农用地的犯罪行为，《刑法》也对毁坏土地的行为做出了明确的规定。《刑法》第342条：“违反土地管理法规，非法占用耕地、林地等农用地，改变被占用土地用途，数量较大，造成耕地、林地等农用地大量毁坏的，构成非法占用农用地罪。”非法占用、改变、毁坏农用地达到一定数量的，均可构成该罪。对耕地毁坏数量的认定，根据《最高人民法院关于审理破坏土地资源刑事案件具体应用法律若干问题的解释》第3条：“（一）非法占用耕地‘数量较大’，是指非法占用基本农田五亩以上或者非法占用基本农田以外的耕地十亩以上。（二）非法占用耕地‘造成耕地大量毁坏’，是指行为人非法占用耕地建窑、建坟、建房、挖沙、采石、采矿、取土、堆放固体废弃物或者进行其他非农业建设，造成基本农田五亩以上或者基本农田以外的耕地十亩以上种植条件严重毁坏或者严重污染。”

由此可见，在本案中，韩某两兄弟的挖沙行为造成耕地严重毁坏，达到了刑法处罚的范围，其行为已构成非法占用农用地罪，应当依法追究其刑事责任。可见，毁坏土地，也构成犯罪。

目前，我国处在社会经济快速发展的时期，对土地的使用需求日益增大，违法用地如滥占耕地建房、将农用地改作他用的现象时有发生。有关部门应当加大宣传力度，让人们了解我国的土地政策，合理地使用土地，做到可持续发展和环境保护方面相结合，有法可依、有法必依、执法必严、违法必究，全面保护土地资源，促进社会经济的可持续发展。

第七章 化肥农药和塑料地膜的污染控制

一、化肥污染有哪些危害？

一般认为农业发达国家农产品收成的30% ~50%应归功于化肥的施用。但是化肥的滥用也会引起土壤和农作物的污染以及对人体或其他生物的危害。据国家环保总局的相关分析显示，目前我国河流最主要的污染源不在工厂，也不在企业，而在污水囤积的农田。主要污染物质也不是以前的COD，而变成了氮和磷等过量的化学元素。集约化农区化肥施用水平，每公顷低则300公斤剂量，高则450公斤剂量水平，除30% ~40%被作物吸收外，大部分多余的药液进入了水体和土壤及农产品中。

随着种植、养殖业对化肥的广泛使用，人类健康也日益受到严重威胁。化肥中的各种有害元素通过粮食、蔬菜、禽蛋肉类进入人体，经过长期积聚，使人体产生各种疾病。当人食用了含有硝酸盐的农产品，会在体内还原成亚硝酸盐，亚硝酸盐与食物蛋白分解产物次级胺又能合成亚硝胺。亚硝胺是一种毒性很强的致癌物。当蔬菜中的硝酸盐超过250 ~360毫克/千克时可能引起小儿（特别是婴儿）急性中毒，即氧化血红蛋白病，因血液不能输氧而出现皮层发绀和窒息。

二、化肥对土壤、水质、农作物有何污染与危害？

（1）化肥对土壤污染与危害。①农业生产长期、过量地施用化肥，特别是氨态氮肥，使土壤理化性质变劣，发生板结，土壤透水、透气性变差，土壤微生物区系发生改变，肥力下降。过量施用氮肥还会引起硝酸盐在土壤和作物中的累积，若未被作物充分同化，可使其含量迅速增加，摄入人体后诱发高铁血红蛋白血症，严重时可使人窒息死亡。同时，诱发各种消化系统癌变。②过量施用化肥还会增加土壤重金属和有毒元素。重金属是化肥对土壤产生污染的主要污染物质，进入土壤后不仅不能被微生物降解，而且可以通过食物链不断在生物体内富集，甚至可以转化为毒性更大的甲基化合物，最终在人体内积累，危害人体健康。③目前，我国施用的化肥中以氮肥为主，而磷肥、钾肥和有机肥的施用量低，这会降低土壤微生物的数量和活性。土壤微生物是个体小而能量大的活体，它们既是土壤有机质转化的执行者，又是植物营养元素的活性库，具有转化有机质、分解矿物和降解有毒物质的作用。④长期施用化肥还会加速土壤酸化。

（2）化肥对水质的污染与危害。施用的肥料量超过土壤的保持能力时，多余的肥料就会流入周围的水中，水中的营养物质增多，促使藻类及其他浮游生物迅速繁殖，导致水体急剧变化，水中的营养物质增多，此种现象称为富营养化现象。水体出现富营养化现象时，浮游生物大量繁殖，因占优势的浮游生物的颜色不同，水面往往呈现蓝色、红色、棕色等。这种现象在江河湖泊中称为水华，在海中则称为赤潮。富营养化会造成水的透明度降低，阳光难以透过水层，从而影响水中植物的光合作用和氧气的释放，导致鱼类和其他生物死亡。我国的富营养化现象也十分严重，例如武汉的东湖、昆明的滇池等，都已经发展到严重富营养化的程度。杭州的西湖、济南的大明湖和长春的南湖也都受到不同程度的污染。另外，一些浮游生物会产生有毒物质，伤害鱼类和其他生物。过量的肥料还会渗入20米以内的浅层地下水中，使得地下水硝酸盐含量增加。

（3）化肥对农作物的污染与危害。农作物和人一样，吃得太饱不仅不利于成长，更不利于健康。施肥过量对庄稼造成危害的结果主要有两个：一个是容易倒伏，倒伏一旦出现，就必然导致粮食减产；另一个是容易发生病虫害，氮肥施用过多，会使庄稼抗病虫能力减弱，易遭病虫侵染，继而增加消灭病虫害的农药用量，直接威胁了食品的安全性。

三、化肥浪费与资源紧缺有何关系？

如果能够把浪费掉的化肥节省下来，就会缓解我国的能源紧缺状况。仅在2004年，我国化肥生产消耗了大约1亿吨标准煤，超过国家能源消耗比重的5%。此外，我国化肥生产每年消耗的高品位磷矿石超过了1亿吨，而磷矿石已经列入国土资源部2010年后紧缺资源之列；化肥生产还消耗了我国72%的硫资源。据统计，中国每年因不合理施肥造成1000多万吨的氮素流失到农田之外，直接经济损失约300亿元。

四、化肥污染如何防治？

（1）合理施用化学肥料。为了防止化肥污染，最好不要长期过量施用某一种肥料。要掌握好施肥的时间和次数，寻求省肥的施用方法。在经常施用氮素化肥的非石灰性土壤地块，要适当施些石灰肥料。当然，最好是多施有机肥料。对于含有害物质的化学肥料，应首先进行监测化验，超过规定标准时，要禁用或限

制使用。工厂生产磷肥时，应首用含有害物质少的磷矿石做原料。许多国家氮肥利用率达50%～60%，我国仅为27%～45%，因为我国使用易挥发和流失的碳酸氢铵肥料的比重较大，如果能提高施肥技术，仍可大大提高氮肥利用率。其中主要的技术措施有：

一是严格根据土壤、作物品种和苗情来施肥。对土壤要进行化学分析，缺什么就补什么。水田和旱地的土壤条件不同，应分别选用不同的肥料品种，比如硝铵氮肥在水稻田施用的效果很低，大部分被土壤还原层发生的反硝化作用生成气体挥发了，应选用氨态氮肥品种。根据农作物生长需要，应及时、少量、多次地供给肥料。施用氮肥时，同时施用硝化抑制剂，以减少因盲目滥用引起的肥料损失。

二是深施肥。为了减少挥发性化肥的散失，可用深施肥法。氮肥施在地表容易挥发（特别是碳酸氢铵）、流失和光分解。根据农业部统计，在保持作物相同产量的情况下，深施节肥的效果显著。氮肥深施可使碳铵利用率提高31%～32%，尿素利用率提高5%～12.7%，硫铵利用率提高18.9%～22.5%。

三是氮、磷、钾、微量元素和有机肥料配合施用。植物生长需要各种养分，虽然氮肥需要量较大，但别的肥料也不可忽视。只有按合适的比例同时供给各种养分，作物才能均匀吸收各种养分，提高肥料的利用率。有机肥料是养分比较缓效的完全肥料，多施有机肥可以改善因偏施化肥造成的土壤养分不平衡的状态。有机肥还可以改善土壤的物理化学性质，提高土壤的保肥能力，使化肥肥效延长和减少损失。

（2）改善化肥的制造方法。把肥料制成有包膜的颗粒形态，施在土壤中以后可以缓慢释放出肥料成分，避免大量流失。在肥料中加入氮肥固定剂（或氮肥增效剂），可以提高肥效和减少损失。目前用作氮肥增效剂的化学物质有酚化合物和硝基吡啶等。增效剂的加入可提高肥料利用率30%以上。

五、国家明令禁止使用的农药有哪些？哪些农药不得在蔬菜、果树、茶叶、中草药材上使用和限制使用？

国家明令禁止使用的农药有甲胺磷、对硫磷、甲基对硫磷、久效磷和磷胺、六六六、滴滴涕、毒杀芬、二溴氯丙烷、杀虫脒、二溴乙烷、除草醚、艾氏剂、狄氏剂、汞制剂、砷、铅类、敌枯双、氟乙酰胺、甘氟、毒鼠强、氟乙酸钠、毒鼠硅。

甲胺磷、甲基对硫磷、对硫磷、久效磷、磷胺、甲拌磷、甲基异柳磷、特丁硫磷、甲基硫环磷、治螟磷、内吸磷、克百威、涕灭威、灭线磷、硫环磷、蝇毒磷、地虫硫磷、氯唑磷、苯线磷等19种高毒农药不得用于蔬菜、果树、茶叶、中草药材上。三氯杀螨醇、氰戊菊酯不得用于茶树上。任何农药产品都不得超出农药登记批准的使用范围。

六、农药污染有哪些危害?

在农业生产过程中，农药使用不当，会对环境和农产品安全构成极大的威胁。

现今世界上施用的农药有300多种，正确使用农药可使作物增产30%左右。但农药在喷射施用时，只有10%黏附在作物上，另外90%的农药通过各种方式扩散，落入水以及土壤中。因此，如果滥用农药，就会产生许多没有被作物吸收的残留农药，这些残留农药极易沿着食物链传递，并不断富集，从水中微不足道的浓度沿着食物链增加成千上万倍，最终积累到位于食物链顶端的人的体内，从而威胁到人类的健康。

七、农药污染对人体有何危害?

有机氯农药是一种重要的环境污染物，主要有滴滴涕、六六六、氯丹、七氯、毒杀芬、狄士剂、艾士剂等。农药对人体的危害主要表现为三种形式：

(1) 急性中毒。农药经口、呼吸道或接触而大量进入人体内，在短时间内表现出的急性病理反应为急性中毒。急性中毒往往造成大量个体死亡，成为最明显的农药危害。据世界卫生组织和联合国环境署报告，全世界每年有300多万人农药中毒，其中20万人死亡。在发展中国家情况更为严重。我国每年农药中毒事故达50万人次，死亡10万多人。

(2) 慢性危害。长期接触或食用含有农药的食品，可使农药在体内不断蓄积，对人体健康构成潜在威胁。短时间内虽不会引起人体出现明显急性中毒症状，但可产生慢性危害，例如：有机磷和氨基甲酸酯类农药可抑制胆碱酯酶活性，破坏神经系统的正常功能。美国科学家研究表明，DDT能干扰人体内激素的平衡，影响男性生育力。在加拿大的因内特，由于食用杀虫剂污染的鱼类及猎物，致使儿童和婴儿表现出免疫缺陷症，他们的耳膜炎和脑膜炎发病率是美国儿童的30倍。农药慢性危害虽不能直接危及人体生命，但可降低人体免疫力，从而影响人体健康，致使其他疾病的患病率及死亡率上升。

(3) “三致”危害，即致癌、致畸、致突变。国际癌症研究机构根据动物实验确证，广泛使用的农药具有明显的致癌性。据估计，美国与农药有关的癌症患者数约占全国癌症患者总数的30%。现今由于世界上农田化学肥料的施用量极大，所以，全世界广大农村的消化系统发病率明显上升，癌症发病率也呈增加的趋势。我国已颁布了5批农药安全使用标准，规定10类农药禁止在农业上使用。

其中溴氯丙烷可引发男性不育，对动物有致癌、致突变作用。三环锡、特普丹对动物有致畸作用。二溴乙烷可使人、畜致畸、致突变。杀虫脒对人有潜在的致癌威胁，对动物有致癌作用。

八、农药污染对生物有何危害?

（1）增强病菌、害虫对农药的抗药性。长时间使用同一种农药，最终会增强病菌、害虫的抗药性。

（2）杀伤有益生物。绝大多数农药是无选择地杀伤各种生物的，在杀死害虫的同时，也会杀死其他食害虫的益鸟、益兽，使食害虫的益鸟、益兽大大减少，如青蛙、蜜蜂、鸟类和蚯蚓等。这些益虫、益鸟的减少或灭绝，实际上减少了害虫的天敌，会导致害虫数量的增加而影响农业生产，也破坏了生态平衡。

（3）野生生物和畜禽中毒。野生生物及畜禽吃了沾有农药的食物，会引起急性或慢性中毒。最主要的是农药影响生物的生殖能力，如很多鸟类和家禽由于受到农药的影响，产蛋的重量减轻和蛋壳变薄，容易破碎。许多野生生物的灭绝与农药的污染有直接关系。

九、农药污染对土壤、作物、湖泊、库区等灌溉水有何危害?

（1）农药污染对土壤的危害。农药在田间施用后，相当一部分直接进入土壤，成为土壤污染的主要原因。使用浸种、拌种、毒谷等施药方式，更是将农药直接撒至土壤中，造成污染的程度更大。同时，附着在作物上的农药，会因风吹雨淋落入土中。此外，农药生产加工企业排放废气的干湿沉降、被污染植物残体分解、农药生产加工企业废水（渣）向土壤的直接排放、农药运输过程中的事故泄漏均会引起污染。

（2）农药污染对作物的危害。农药直接施于作物体后，其中一部分不可避免地要附着在作物植株的表面，有的还能渗透到植物表皮的蜡质层或组织内部。土壤中的农药有的也会被作物的根吸收，运转到植株体内的其他部位。这些残留在作物体内的农药，虽然随时间的增长和光照、降雨、风吹及气温等外界环境的影响，以及植物体内酶的代谢作用而不断消失、分解，但在农产品内总要残留一部分微量的农药及其中间代谢物，人和动物在短时间内即使随食物摄取了残留农药，也不会立即引起中毒，但长期连续食用，经过不断积累达到一定限度后，就要给人类健康带来不良影响。

（3）农药污染对湖泊、库区等灌溉水的危害。大多数农药一般都为有机毒物质，主要有苯酚、苯、醛、多环芳烃、硝基化合物、苯胺、三氯乙醛及各种人工合成的化学农药等，农田用药时散落在田地里的农药随灌溉水或雨水冲刷流入江河湖泊。正是由于农药的使用不当或处理不当，可以通过下渗或地表径流，严重污染地下或地面水源。这些含有机毒性的灌溉水不仅会直接危害作物生长，而且其中一些有毒物质还能在粮、菜中残留，影响人体健康。

十、法律对农药污染防治有何规定？

为了控制农药化肥等分散性、面源性的污染，我国相继制定了《环境保护法》、《农业法》、《水污染防治法》等法律法规，要求加强农药和化肥环境安全管理，推广高效、低毒和低残留化学农药，禁止在蔬菜、水果、粮食、茶叶和中药材生产中使用高毒、高残留农药；防止不合理使用化肥、农药、农膜和污灌带来的面源污染。为了加强对农药生产、经营和使用的监督管理，保护农业、林业生产和生态环境，维护人畜安全，我国有《农药限制使用管理规定》、《农药生产管理办法》等专门法规和规章，规定了农药污染防治监督管理体制、农药生产许可制度和农药登记制度，并对各种农药的施用量、施用方法、施用次数及安全间隔期，以及农药经营准入限制以及农药生产、经营、使用的污染防治作了具体规定。

（1）使用农药应当遵守农药防毒规程，正确配药、施药，做好废弃物处理和安全防护工作，防止农药污染环境和农药中毒事故。

（2）使用农药应当遵守国家有关农药安全、合理使用的规定，按照规定的用药量、用药次数、用药方法和安全间隔期施药，防止污染农副产品。剧毒、高毒农药不得用于防治害虫，不得用于蔬菜、瓜果、茶叶和中草药材。

（3）使用农药应当注意保护环境、有益生物和珍稀物种。严禁用农药毒鱼、虾、鸟、兽等。

（4）县级以上各级人民政府农业行政主管部门应当组织推广安全、高效农药，开展培训活动，提高农民施药技术水平，并做好病虫害预测预报工作；应当根据本地区农业病、虫、草、鼠害发生情况，制定农药轮换使用规划，有计划地轮换使用农药，减缓病、虫、草、鼠的抗药性，提高防治效果。

（5）林业、粮食、卫生行政部门应当加强对林业、储粮、卫生用农药的安全、合理使用的指导。

十一、农民如何选择和使用农药？安全使用农药应当注意哪些问题？

（1）农民选择和使用农药方法。

第一，目前，市场上的农药品种繁多，农药质量参差不齐，防治对象也有很大差异，因此，一定要根据所要防治的对象选择农药，做到对症用药，避免盲目用药。

第二，农药的配制虽然不难，却经常由于粗心或操作不当出现一些问题，应引起重视。一要准确称量药量和兑水量；二要先兑成母液再进行稀释；三要注意人员及环境安全。

第三，安全防护。农药是有毒品，在使用过程中要时刻注意对自身的安全防护，防止引起人员中毒。要穿戴必要的防护服、口罩等防护用具；施药期间禁止吸烟、进食和饮水；施药时，要站在上风向，实行作物隔行施药；施药后及时更换服装，清洗身体。

第四，废液处理。施药后，剩余的药液及洗刷喷雾器用的废水应妥善处理，不能随意乱倒，要注意对环境的保护。

（2）安全使用农药应注意的问题。使用农药应当遵守农药防毒规程，正确配药、施药，做好废弃物处理和安全防护工作，防止污染环境和中毒事故；应当遵守国家有关农药安全、合理使用的规定，按照规定的用药量、用药次数、用药方法和安全间隔期施药，防止污染农副产品。剧毒、高毒农药不得用于防治卫生害虫，不得用于蔬菜、瓜果、茶叶和中草药材；应当注意保护环境、有益生物和珍稀物种。严禁用农药毒鱼、虾、鸟、兽等。

安全使用农药注意以下几点：

第一，要了解各种农药的特点和使用要求，对症下药。在使用农药之前，要仔细查看农药使用说明，了解其防治对象及用量，针对不同的病害选择不同类型的农药，做到有的放矢。

第二，掌握用药时机和方法，这一点至关重要。即根据病虫发生规律，针对它的薄弱环节及时施药，以达到最佳防治效果，起到事半功倍的作用。比如，对花卉蚧壳虫的防治，应在其幼虫阶段施药，一次歼灭。否则，若等到害虫背上长出了层厚厚的蚧壳后再防治，效果就不太明显了。

第三，交替使用农药。用不同类型和种类的药剂合理的交替使用，可有效地提高农药的防治效果，防止病原物的害虫产生抗药性。此外，还应选用高效、低毒、低残留的农药，做到对花卉和人类和牲畜无伤害。

十二、喷洒农药的注意事项是什么？

喷洒农药时一定要注意安全，谨防中毒，并做好预防措施。

（1）未成年人、哺乳期妇女、体弱多病者、有过敏史者及皮肤破损者都不要参加喷药；喷药时要穿长袖衣裤、戴口罩，作业时不吸烟、不吃食物、不用手抹汗，做到顺风、隔行、早晚喷药。

（2）喷药后要换洗衣服，皮肤污染时要及时清洗；喷药前要调整好喷雾器等工具，按规定严格掌握药液浓度，注意避免污染水源、饲养场等地。

(3) 喷药后要用肥皂水洗脸洗手后才能进食（喷敌百虫后忌用肥皂水洗脸洗手，要用清水洗脸洗手）。

(4) 用完的药瓶不要随地乱扔，以防污染环境，更不要让儿童玩耍，没有用完的农药一定要放在孩子够不着的安全的地方，防止误食。

(5) 喷药用过的工具要洗净，田头插标记，3～5日内防止人畜进入，农作物喷药后至少要经过一星期才能采食。

(6) 有机磷农药中毒症状主要表现为头昏、头痛、大汗、乏力、呕吐、全身发紧、胸闷、流口水、腹痛、腹泻、大小便失禁甚至抽搐、昏迷等。有的农民误以为是天热中暑，休息一下就会好，结果耽误了救治时间，所以，农民朋友应增强防护意识，了解农药中毒的有关常识，发现有中毒症状，应立即送医院检查治疗。

十三、如何按照操作规程使用农药？

科学的施药技术是防治效果的保障，只有严格按照操作规程使用农药，才能达到理想的防治效果。

(1) 要选择适宜的器械，如喷杀菌剂要选择雾滴较小的喷头；喷杀虫剂可选稍大的喷头；喷除草剂最好选用扇型喷头。

(2) 要看天气施药，刮大风、下雨不能喷药；下雨前不能喷药；有露水不能喷药；高温烈日下不能喷药。有的农民认为气温越高，农药的杀虫效果会越好，其实不然。夏季在高温强光时喷药，绝大部分害虫停止表面活动，躲于阴凉背光处，药剂不易喷施到位。而且在高温下农药挥发损失大，药性分解快，因此，此时喷药药效反而降低。在高温下，药剂挥发性强，药物通过呼吸、皮肤气孔进入人体内，很容易导致操作人员中毒。要尽量选择晴天无风条件下作业，一般上午8～10点（露水干后），下午5～7点（日落前后），选择害虫活动旺盛时间喷药。

(3) 要根据不同的防治对象采取相应的施药技术。如防治病害时，由于病菌一般在作物叶片的背面，施药时一定要将叶片背面喷施均匀；果树蚜虫一般发生在嫩梢上；山楂叶螨多在果树的内膛老叶片背面，喷药就要求具有针对性。

(4) 要注意周围作物，避免产生药害。

十四、如何掌握农药使用时间？

农药的使用要适期。任何一种病虫草害，都有它的防治适期，要根据具体情况确定，不能盲目用药，用药过早或过晚都不能达到理想的效果，只有正确选择防治适期才能达到最理想的效果。不同的病虫草害防治适期，一般情况可根据当

地农业部门的预测预报来确定。

为了保证农产品质量安全，在农药使用中必须注意农药的安全间隔期，即最后一次施药至作物收获时所要间隔的天数，也就是收获前禁止使用农药的日期。在安全间隔期内施药，才能保证农药残留量不超标，才能保证农产品的质量安全。不同的农药有不同的安全间隔期，使用时应按农药标签规定执行。

十五、什么是农药、假农药、劣质农药？农民购买假农药、劣质农药而遭受损失后怎么办？

农药，是指用于预防、消灭或者控制危害农业、林业的病、虫、草和其他有害生物以及有目的地调节植物、昆虫生长的化学合成或者来源于生物、其他天然物质的一种物质或者几种物质的混合物及其制剂。

下列农药为假农药：①以非农药冒充农药或者以此种农药冒充他种农药的；②所含有效成分的种类、名称与产品标签或者说明书上注明的农药有效成分的种类、名称不符的。

下列农药为劣质农药：①不符合农药产品质量标准的；②失去使用效能的；③混有导致药害等有害成分的。

农民购买了假农药、劣质农药，首先，要保留证据、保护现场，证据包括购买农药时的各种票据、产品包装、农药使用后的剩余品、经有关部门检验后的检验报告、药害或受损现场等；其次，要及时向政府主管部门反映，主要有各级农业行政主管部门、工商行政管理部门、质量技术监督管理部门等，情节严重、可能构成犯罪的，可向公安部门报案；最后，可到各级消费者协会或仲裁机构投诉，或向人民法院提起诉讼，依法维护自己的合法权益。

十六、农药中毒有哪些表现及如何诊断？

急性中毒根据时间大量有机磷接触史，临床表现，结合全血胆碱酯酶活性降低，职业性中毒参考作业环境与皮肤污染检测，尿代谢产物测定，食品污染所致中毒参考剩余食品或洗胃液检测及人群流行病学，进行综合分析，排除其他疾病后，方可诊断。

（1）观察对象。有轻度毒蕈碱样，烟碱样症状或中枢神经系统症状，而全血胆碱酯酶活性不低于 70% 者；或无明显中毒临床表现，而全血胆碱酯酶活性在前 70% 以下者。

（2）急性轻度中毒。短时间内接触较大量的有机磷农药后，在 24 小时内出现头晕、头痛、恶心、呕吐、多汗、胸闷、视力模糊、无力等症状，瞳孔可能缩小，全血胆碱酯酶活性一般在 50% ~70%。

（3）急性中度中毒。除较重的上述症状外，还有肌束震颤、瞳孔缩小、轻度呼吸困难、流涎、腹痛、腹泻、步态蹒跚、意识清楚或模糊、全血胆碱酯酶活性一般在30%～50%。

（4）急性重度中毒。除上述症状外，并出现下列情况之一者，可诊断为重度中毒：①肺水肿；②昏迷；③呼吸麻痹；④脑水肿，全血胆碱酯酶活性一般在30%以下。

（5）迟发性神经病。在急性重度中毒症状消失后2～3周，有的病例可出现感觉，运动型周围神经病，神经—肌电图检查显示神经源性损害。

十七、预防与急救农药中毒的措施有哪些？

农药使用或存放不当，会造成人体中毒。农药进入人身体一般通过三条途径：一是经皮肤侵入。这是较常见的一种中毒途径，喷药过程中及其他与农药接触的机会，均可造成皮肤污染；某些农药能通过完整的皮肤进入血液，达到一定的量后使人中毒。二是经呼吸道侵入。蒸汽状、粉尘状、滴雾状态的农药，可随空气经鼻、咽、支气管进入肺而随血液循环遍及全身。三是经消化道侵入。误服及误食农药污染的食物，经口由肠道吸收而中毒。

为此，为预防农药中毒事故的发生，一要加强农药管理。严禁将农药与粮食、蔬菜、饲料等混放在一起，盛过农药的器皿不得移作他用。使用时要严格按照说明书，不得随意混配、加大用量。二要认真做好接触农药人员的保健工作。患有精神病、皮肤病的人，月经期、怀孕期、哺乳期的妇女，未成年儿童应避免与农药接触。三要加强个人防护。勤洗手，工作时不吸烟、不吃东西。

如发生人员农药中毒，要进行紧急救治。救治时要尽快切断中毒途径，阻止毒物的再吸收，促进毒物的排出，脱离中毒环境，在通风良好的地方治疗，迅速消除身体的残留农药。消除方法应根据侵入的途径而定；皮肤侵入者，用清水、肥皂水或生理盐水迅速清洗，避免用热水；溅入眼睛，用生理盐水清洗后，再滴入氯霉素眼药水，如果疼痛加重，可滴入1%普鲁卡因液；经口服中毒者应急送医院，对症治疗。

十八、我国农用塑料是怎样的现状？

农用塑料是现代农业重要的生产资料，包括塑料地膜、塑料棚膜、农用灌溉管材和农副产品保鲜贮存和包装用膜，塑料育苗容器、捕捞网具、农药器械、泡沫塑料板材，饲养牲畜用各种塑料器材及部件，海水及淡水养殖用塑料材料及制品（如网箱、网栏、网笼）、浮漂等。农用塑料已远远超出了最初的单一农业中的农用地膜的范围，正在向农、林、牧、副、渔业多方面扩展。

我国以农用塑料薄膜的生产量和使用量最大，居世界第一。塑料农膜栽培为高产农业。塑料膜可以增温保湿、加速土壤养分释放、促进土壤微生物活动、改善土壤环境、加快植物的生长、保护植物免受灾害性气候、昆虫、紫外线等的伤害。随着农膜的推广应用，大幅度提高了农作物的产量和品质，有效解决了“菜篮子”和“米袋子”的问题，对防止南方多雨地区的土壤流失、北方地区少雨干旱、低温冷害和控制盐碱地区的土壤盐碱度发挥了重要作用，促进了农业发展和农民收入的增加，经济效益、社会效益十分显著。然而，高产农业由于不合理的增加肥料、燃料、人畜力、塑料农膜等能量投入，也给环境造成了污染，其中农业上的“白色污染”即由于农用薄膜使用不当所致。发展绿色农业，要做到科学合理使用农用塑料薄膜。

十九、选择农膜有何要求?

（1）使用符合国家标准规定的合格农用塑料薄膜产品。

（2）优先选择使用有利于环境保护的可降解农用塑料地膜：一个生产季节之后，降解膜自行降解成碎片，不对土壤和农业环境造成污染，应为绿色农业地膜栽培作物的首选薄膜品种。

（3）选用防虫网：防虫网由聚乙烯单丝织成的纱网，网眼密度一般为 25 ~ 40 目，防虫网颜色一般为白色、银灰色和黑色等，主要适用于夏秋高温季节蔬菜、瓜类等防虫。它能有效地将鳞翅目、同翅目、鞘翅目等多种昆虫隔离在外，防止对蔬菜、花卉等经济作物的危害和以虫媒为主的病毒病害的发生。防虫网覆盖栽培，可以不用或少用化学农药，减少农药污染，是蔬菜尤其是叶类菜绿色栽培的重要技术。春季宜使用白色的防虫网，能有效地提高棚内气温 1 ~ 2℃、地温 0. 5 ~ 1℃，可防止低温冷害和轻微霜冻发生；夏秋季节可使用黑色的防虫网，既可以防虫又有遮光降温效果。

（4）根据作物需要，选用合适的功能膜，延长使用寿命，提高使用效果：大、中棚和日光温室各种蔬菜生产，可选用耐老化膜，宜选用 PE 和低 VA 含量的 EVA 耐候功能膜；高效节能日光温室冬季喜温作物栽培，宜选用高 VA 含量的 EVA 多功能复合膜及 PVC 耐候功能膜；南方大棚冬季喜温作物栽培，宜选用高 VA 含量的 EVA 多功能复合膜。

正确选用有色农膜，增产、增收、防病的作用明显。杂草严重的地块或高温季节栽培夏萝卜、白菜、菠菜、秋黄瓜、晚番茄，选用黑色膜效果较好；冬春季温室或塑料大棚的茄果类和绿叶类蔬菜栽培，选用紫色膜，可增进品质，提高产量；用黄色膜覆盖芹菜和莴苣，植物生物高大、抽薹推迟，豆类生产壮实；用红色膜，水稻秧苗生长旺盛，甜菜含糖量高，胡萝卜直根长得更大，韭菜叶宽而肉厚、收获期提前、产量增加；蓝色膜，主要适用于水稻育秧，有利于培育矮壮秧苗，还可用于蔬菜、棉花、花生、草莓、菜豆、茄子、甜椒、番茄、瓜类等蔬菜和其他经济作物，可较好地起到防除杂草的作用；夏秋蔬菜、瓜类、棉花和烤烟栽培，用银灰色膜覆盖，有良好的防病、防蚜虫和白粉虱，及改良品质的作用；银色反光膜，主要用于温室蔬菜栽培，可悬挂在温室内栽培畦北侧，改善温室内的光照条件；采用银黑双面膜，覆盖时银灰膜在上，黑色膜在下，具有避蚜防病和除草保水等多种功能，可用于夏秋蔬菜、瓜类等防病抗热栽培；夏秋蔬菜、瓜类的抗热栽培，可采用黑白双色膜，覆盖时，白色在上，黑色在下，具有良好的降地温作用，保水与除草效果也很好。

（5）生产上应根据设施及使用季节和地区的不同，选用不同种类和不同厚度的棚膜。

二十、如何贮存和保管塑料农膜？

（1）农膜存放注意事项。①使用过的农膜，收藏前应充分洗涤干净（尤忌附有沙粒等坚硬脏物顶破薄膜），然后用圆滑竹木卷起贮存（折叠易破损）。②不要在农膜上堆放重物，否则时间长了易使薄膜发生粘连，并降低其透明度。③应选通风干燥处存放农膜，以免在阴暗潮湿的环境中发生粘连板结，或因温度的升高，使塑料薄膜中所含的增塑剂挥发，导致塑料变硬发脆。④农膜必须与碳酸氢铵等一类挥发性强的化肥严格分开存放，以免挥发性铵盐导致塑料薄膜变质损坏。

（2）农膜收藏方法。①干藏法：在收藏前洗净薄膜上的泥土，防止被沙粒顶破，稍晾干后用圆木棒把它卷起来，将卷好的农膜放在干燥和温度适中的房子里。也可将洗净的农膜带水卷叠起来，装入新塑料袋内，然后扎紧袋口，将两端用绳索扎扣，横挂于室内的半空中，有利于防鼠害、虫咬，又可延缓老化。②水浸贮藏法：将使用过的农膜用清水洗净，带水卷叠装进容器中，加入清凉水，以淹没农膜为度。用厚膜封口，在室内保存。③草芯卷藏法：将洗净晾干的农膜卷成筒状，中间加入稻草作芯，以利通风透气。为防止粘连，卷膜时最好加些滑石粉，将卷好的农膜放在仓库阴凉处，严防高温、高湿和鼠害。④土存法：将农膜洗净，叠好或卷成捆，用塑料袋包装好，放入80cm深的土坑内，上面覆土30cm厚。⑤窖存法：洗净农膜，随即带水叠好，装入塑料袋中，用细绳扎紧袋口，放入地窖即可。

各地可结合实际，选择其一。

二十一、农用塑料如何回收与利用？

（1）分类回收。①根据不同作物的特点，采用不同的废膜回收方式：拔根

收获的作物，根部较大，侧枝根多，植株较大或枝杈较多，上下不易脱去地膜以及覆盖于作物顶部的膜，宜在作物收获之前回收农膜；割茎收获的作物，可先收作物后清膜；植株不易同地膜分离的作物，如花生，采取收获作物与回收废膜同时进行。回收废膜时，应尽量保持膜的完整性，将拾捡的废膜残片稍加叠整，卷成筒状，系上绳子，便于捆包、运输和存放。②旧棚膜的回收利用：耐候功能膜连续覆盖一年后性能较差，宜从大棚、日光温室上撤下来用于覆盖中小棚。覆盖一茬小棚后，一般还可以用于地面覆盖菠菜等越冬蔬菜。对不能继续利用的废旧薄膜，应集中交废品收购站或有关企业回收利用，防止出现白色污染。

（2）根据回收膜料的老化程度，生产不同种类的再生塑料产品。较好的料可生产农用灌溉的软管，颜色深的料可生产蔬菜营养钵、水稻育秧盘，还可生产养殖珍珠用的养殖盘、养海带用的浮球等。

二十二、我国农用薄膜的主要类别有哪些？

从产品的使用功能来分，农用薄膜主要分农用棚膜和农用地膜两大类。

（1）农用棚膜。棚膜覆盖栽培技术早在20世纪50年代末就已经开始应用，该技术不仅能促进作物生长，使作物增产，而且实现了果蔬在寒冷季节的栽培。棚膜按照功能分有：长寿命膜、无滴膜、保温膜、转光膜、漫散射膜、反光膜等。我国目前棚膜材料以聚乙烯（PE）为主，另有部分聚氯乙烯（PVC）、乙烯/乙酸乙烯（EVA）、茂金属聚乙烯（mPE），国外还有用聚对苯二甲酸乙二醇酯（PET）、聚碳酸酯（PC）、聚四氟乙烯（PTFE）制备棚膜，虽然性能优异，但是由于价格昂贵，用量较少。

（2）农用地膜。目前广泛使用的农用地膜主要是塑料地膜，它能起到保温护根、防冻、保墒、调节光照、节水、除草，以及控制土壤盐碱度的作用，进而促进作物早熟，提高作物产量和质量。农用地膜按照功能分有：普通无色透明膜（又称有滴膜）、无滴膜（又称流滴膜）、光效膜（包括有色膜和转光膜）、除草膜、保温膜、可降解膜、耐老化膜、渗水膜（包括小孔膜和微孔膜）等。我国目前地膜材料以聚乙烯（PE）为主，另有部分聚氯乙烯（PVC）。虽然乙烯/乙酸乙烯（EVA）膜与PE膜相比，保温性、透明性好，与无滴剂有较好的相容性，拉伸性好而易成膜，且耐老化、耐冲击，但由于价格较贵，用量较少。若其成本降低，预计用量会逐步增加。

二十三、我国塑料薄膜覆盖技术应用现状是怎样的？

我国1978年冬通过技术交流自日本引进地面覆盖技术，1979年由农业部科技局组织了全国部分省、市、自治区科研、教学、行政、生产单位，对蔬菜作物进行了40多公顷的地膜覆盖试验，取得早熟、增产、增收的明显效果。1980年迅速扩大到全国23个省、市、自治区计1700公顷。试验作物除蔬菜外还有花生、棉花、水稻、瓜、果等。1981年发展到1.5万公顷，试验作物达70余种。在塑料地膜覆盖应用中，我国开展了地面覆盖栽培高产机理的研究及覆盖技术适应性观察；覆盖条件下小气候变化规律的研究；土壤理化性质变化与作物生育关系及对产量形成的影响；光热效应、水热效应、水肥条件变化等对作物生育影响的研究工作。地面覆盖技术有提高地温、保持土壤水分；保持土壤疏松防止板结；阻止土壤淋溶，保持提高土壤肥效；灭草作用；驱避虫灾和减轻病害；防灌降温；防盐碱危害；反射强光，降低地温，促进果实着色作用；保持产品洁净防止产品污染等。近几十年来，我国塑料薄膜覆盖应用飞速发展，应用面积越来越大。

二十四、使用地膜的主要作用有哪些?

采用地膜覆盖栽培后可以改善土壤和近地面的温度及水分状况，起到提高土壤温度，保持土壤水分，改善土壤性状，提高土壤养分供应状况和肥料利用率，改善光照条件，减轻杂草和病虫危害等作用。

（1）保温增温，促进土壤养分的分解和释放。

（2）保湿，提高成活率。田的土壤水分，除灌溉外，主要来源于降雨。盖膜后，一方面，因地膜的阻隔使土壤水分蒸发减少，散失缓慢；并在膜内形成水珠后再落入土表，减少了土壤水分的损失，起到保蓄土壤水分的作用。另一方面，地膜还可在雨量过大时，防止雨水大量进入垄体，可起防涝的作用。

（3）促进作物生长发育。应用地膜覆盖，土壤的温度和湿度增高，有利于早生快发，促进了植株的生长发育。覆膜比不覆膜的大田生育期缩短到一周左右。

（4）减少杂草和蚜虫的危害。地膜覆盖可以抑制杂草生长。一般覆膜的比不覆膜的杂草减少1/3以上，如结合施用除草剂，防除杂草的效果更明显。喷施除草剂后，盖膜的比不盖膜的杂草能减少89.4%～94.8%。地膜具有反光作用，还可以部分地驱避蚜虫、抑制蚜虫的滋生繁殖，减轻危害及病害传播。

（5）地膜覆盖的负效应。地膜覆盖既有正效应又有负效应，例如，地膜覆盖虽具有保水的作用，但是却阻碍了外界降水进入垄体，部分地区若不采取相应的垄型或其他措施可能会导致烟株在旺长期发生水分亏缺，影响正常生长；若遇到连续降雨时则易造成严重的水渍，使土壤通透性变坏，水分蒸发受阻，同样影响烟株的生长。因此，结合当地的生产实际趋利避害，制定切实可行的地膜覆盖生产技术，充分利用好地膜的作用，采取相应的配套技术措施是地膜覆盖种植成

功的基础。

二十五、残留农膜对环境有哪些危害?

残留农膜对环境的危害主要表现为以下四个方面:

(1)对土壤环境的危害。土壤渗透是由于自由重力，水向土壤深层移动的现象。由于土壤中残膜碎片改变或切断土壤孔隙连续性，致使重力水移动时产生较大的阻力，重力水向下移动较为缓慢，从而使水分渗透量因农膜残留量增加而减少，土壤含水量下降，削弱了耕地的抗旱能力。甚至导致地下水难下渗，引起土壤次生盐碱化等严重后果。另外，残农膜影响土壤物理性状，抑制作物生长发育。农膜材料的主要成分是高分子化合物，在自然条件下，这些高聚物难以分解，若长期滞留地里，会影响土壤的透气性，阻碍土壤水肥的运移，影响土壤微生物活动和正常土壤结构形成，最终降低土壤肥力水平，影响农作物根系的生长发育，导致作物减产。

(2)对农作物的危害。由于残膜影响和破坏了土壤理化性状，必然造成作物根系生长发育困难。凡具有残膜的土壤，阻止根系串通，影响正常吸收水分和养分；作物株间施肥时，有大块残膜隔离则隔肥，影响肥效，致使产量下降。

(3)对农村环境景观的影响。由于回收残膜的局限性，加上处理回收残膜不彻底，方法欠妥，部分清理出的残膜弃于田边、地头，大风刮过后，残膜被吹至房前屋后、田间、树梢，影响农村环境景观，造成“视觉污染”。

(4)对牲畜的危害。地面露头的残膜与牧草收在一起，牛羊误吃残膜后，阻隔食道影响消化，甚至死亡。

总之，从地膜污染对环境和作物产量产生的危害可以看出，地膜栽培农田中残留地膜量，大都接近或达到了能使作物减产的临界值。因此，防治地膜污染已经是一项十分紧迫而又有重要意义的工作。

二十六、残膜处理存在哪些问题?

地膜覆盖栽培技术在农业生产中的效益是显著的，所以发展快速，但残膜处理及回收由于涉及经济利益，所以比较困难。就目前情况而言尚存在以下问题:

(1)农膜质量较差。国内农膜强度低，耐用性差，使用寿命短。其主要原因是农膜的熔融指数(MI)高，极难降解。一些不宜用作农膜的树脂(如耐老化性差的高密度聚乙烯)也被用作农膜原料，其用量占农膜总量的1/5。这些劣质农膜易破碎，不易清除，这是造成农膜污染的主要原因。

(2)残膜的环境管理薄弱。目前农民对地膜污染的危害有一定的认识，但他们的长远观念差，注重当年效益，忽视长远效益，也不彻底。棉花收获完毕时间已经很晚，并紧跟着就要秋翻秋耕为来年生产打好基础，残膜来不及人工捡拾就被翻入耕层。来年开春春播紧张，土地耙平紧跟着就要抢墒播种。秋末、初春虽然可以安排劳力捡拾残膜，但天气情况给人工回收残膜造成一定困难。

(3) 法规体系不健全。我国目前尚未建立农膜环境方面的法规及农膜土壤残留标准，土壤残膜污染实际上处于放任自流的状态。而国外一些国家法律明确规定，不论使用何种农膜，农作物收割后不许有农膜存在，否则将罚款。

(4) 污染面扩大，污染量增加。我国农膜年产量百万吨，且每年递增。随着农膜产量的增加，使用面积也在大幅度扩展，现已突破亿亩大关。无论是薄膜还是超薄膜，无论覆盖何种作物，所有覆膜土壤都有残膜存在，污染量在不断地增加。

二十七、如何防治农膜污染?

要防治地膜污染应遵循“以宣传教育为先导，以强化管理为核心，以回收利用为主要手段，以替代产品为补充措施”的原则，积极防治残膜污染，主要通过清理和回收利用来减少污染，并依靠有利于回收利用的经济政策提高回收利用率。

(1) 加强宣传教育。防治地膜污染是一个系统工程，需要各部门、各行业和广大农民群众的共同努力、支持和参与。要大力开展宣传教育，提高各级领导和农民群众对地膜污染危害的长远性、严重性，恢复困难性的认识，提高回收地膜的自觉性。

(2) 加快制定有关回收残膜的经济政策。要制定一些优惠政策以鼓励回收、加工、利用废旧地膜的企业的发展，要调动他们的积极性，为了不增加政府负担，同时体现“谁污染、谁治理”的原则，应要求地膜销售部门和地膜消费者自行回收利用。不能自行回收利用的企业或个人要交纳回收处理费，用于对回收利用者的补偿。

(3) 建议制定残膜残留量标准。要制定必要的农田残膜留量标准和残膜留量超标准收费标准，使农田地膜污染早日纳入法制管理轨道。

(4) 大力推广适期揭膜技术。所谓适期揭膜技术是指把作物收获后揭膜改变为收获前揭膜，筛选作物的最佳揭膜期。具体的揭膜时间最好选定为雨后初晴或早晨土壤湿润时揭膜。地膜棉花应在头水前揭膜。

(5) 采取人工和机械回收相结合的措施，加大残留地膜回收力度。除头水前揭膜措施外，还可组织人力和劳力通过手工或耙子回收残留地膜，在翻地、平整土地、播种前及收获后采用地膜回收机回收也能得到较好的效果。如辽宁省农机化研究所研制的 ISQ－20 型地膜消除机、新疆麦盖提县研制出的环形滚动钉齿

式残膜清除机，推广使用效果很好。

（6）增加地膜韧性，以利残膜回收。目前，农村普遍使用的农用地膜都为超薄膜，厚度为0.007cm，易破碎，难回收。而国外及内地一些省市使用的地膜都较厚，其厚度为0.015cm，它不易破碎，因而易回收。建议增加地膜厚度以增强地膜韧性利于残膜回收。

（7）研究开发新材料，寻找农膜替代品。实践证明，研制出易降解、无污染的新材料才能根除地膜污染。目前使用的地膜都为聚乙烯农膜，化学性质稳定，不易分解和降解，因而造成土壤环境的污染。故应鼓励开发无污染可降解的生物地膜，替代聚乙烯农膜。目前，生物农膜强度不够或成本较高而难以推广，应进一步改进和优化生物农膜的性能，逐步降低成本，以利推广和应用。

（8）优化耕作制度。进一步加强倒茬轮作制度，通过粮棉、菜棉轮作倒茬减少地膜单位面积平均覆盖率，进而减轻残膜污染危害。

二十八、正确使用地膜及防治危害的建议有哪些？

（1）普及使用地膜知识，正确使用地膜。要根据不同作物不同时期选好品种；要起高垄，垄高，沟宽；起垄前要多施有机肥；地膜与垄面要紧贴；地膜一定要封严，封膜后3~4天复查一遍；定植孔要填堵严，防治杂草滋生。覆膜要选择无风天。覆膜前先用扫帚把垄面上的坷垃扫掉，然后顺着畦长覆膜，并要注意拉紧，把薄膜两头压在土中。再把膜两边顺垄压入土中。

（2）大力推广适期揭膜技术。适期揭膜技术可缩短覆膜时间，地膜仍保持较好的韧性，容易回收，一般回收率达到95%以上，节省回收地膜用工，而且还能使作物增产，能基本上消除农田土壤的残膜污染，保护农田生态环境。

（3）加强宣传教育，防治地膜污染。县、乡、村三级政府和广大群众的共同努力、支持和参与。要大力开展宣传教育，提高广大村官和农民群众对地膜污染危害的长远性、严重性、恢复困难性的认识，提高回收地膜的自觉性。不乱扔乱放，用手工或耙子回收残留地膜，要集中销毁。

【案例】

“请问您需要塑料袋吗?”2008年6月1日后，超市收银员们需要不断向顾客重复这一问题。收银员们的工作也多了三道程序：首先是要确认顾客是否需要塑料袋；其次是询问顾客需要哪种型号、样式的塑料袋；最后还要扫描塑料袋上的条形码，在购物小票上打出金额。这一新流程使得一些收银台前顾客的“流动”明显缓慢。而没有执行这一流程的商家接到的则是一张张罚单。北京岳各庄市场一商户因仍在偷偷使用超薄塑料袋，被丰台工商部门罚款1万元。这也是实施“限塑令”之后北京工商部门开出的首张罚单。长沙市雨花区开心人大药房因为向消费者无偿提供塑料购物袋，加之未建立塑料购物袋购销台账，被处以4000元罚款，成为实行“限塑令”以来长沙第一个被处罚的对象。

【评析】

超市收银员不厌其烦的询问，一张张的罚单，都源于2008年6月1日起实施的《商品零售场所塑料购物袋有偿使用管理办法》（俗称“限塑令”）。“限塑令”规定，自2008年6月1日起，在所有超市、商场、集贸市场等商品零售场所实行塑料购物袋有偿使用制度，一律不得免费提供塑料购物袋。为什么国家要对这一方便群众的小小塑料袋大动干戈呢？因为购物袋已成为“白色污染”的主要来源。“白色污染”，是人们对难降解的塑料垃圾污染环境的一种形象称谓。它是指用聚苯乙烯、聚丙烯、聚氯乙烯等高分子化合物制成的各类生活塑料制品在使用后被弃置成为固体废物，由于随意乱丢乱扔，难以降解处理，以致造成城市环境严重污染的现象。其危害包括占地过多、污染空气、污染水体、火灾隐患、有害生物巢穴等。由于塑料袋大都是用不可再生降解材料生产的，处理这些白色垃圾只能挖土填埋或高温焚烧。这两种办法都不利于环保，焚烧产生大量有害气体会严重破坏环境，而据科学家测试，塑料袋埋在地里需要200年以上才能腐烂，并且严重污染土壤。

30年前，广东率先把免费的塑料购物袋作为商家附赠的一项服务推广到全国各地后，免费使用塑料袋就成了消费者们在日常购物时理所当然的必需品，无论在超市还是街市，在小食店还是大酒楼，一致使用塑料袋为顾客提供便利服务。可到了现在，由塑料袋而引发的白色污染日益严重。在我国，据中国连锁经营协会发布的《超市节能问题报告》显示，整个超市行业每年需要塑料包装袋数量约为500亿个，消耗费用达50亿元。来自广州市环保部门早前的一份调查显示，市民到超市消费100元，上海人平均拿走4个塑料袋，北京人平均拿走4.5个，而广州人则要拿走5个，广州每天产生的塑料袋垃圾有近2000万个。这些塑料袋在为消费者提供便利的同时，由于过量使用及回收处理不到位等原因，造成了严重的资源浪费和环境污染。据测算，每生产1吨塑料，需消耗3吨石油。目前我国每年随生活垃圾进入填埋场的废塑料占填埋垃圾重量的3%～5%，其中大部分是废塑料购物袋，特别是厚度小于0.025毫米的超薄塑料袋。

世界各国逐渐认识到白色污染的危害性，纷纷对塑料购物袋亮起红灯。无论是在美洲、欧洲还是非洲，许多国家都在出台各种政策法规限制使用塑料购物袋。其中，比较普遍的做法是使用替代性可降解产品、收取处理费、设置回收箱以及对违反者罚款等。德国在几年前就实施了相关法律，使塑料袋的使用数量大幅度减少，目前德国所有超市的塑料袋均是有偿使用，并根据大小来收费，从0.05欧元到0.5欧元不等。不管顾客是否使用塑料袋，向消费者提供塑料购物袋的商店都要缴纳回收费。意大利政府则对塑料袋生产商实行“课税法”，征以重税，以遏制塑料袋的生产。欧洲的英国、法国、爱尔兰、瑞典，北美的美国和加拿大，非洲的肯尼亚和乌干达，亚洲的新加坡和韩国等也出台了一系列法令，力求减少塑料袋的使用。

在我国“白色污染”愈演愈烈的情况下，在世界各国都在开始重新审视塑料袋带来的环保问题的形势下，对塑料袋进行立法规制就更加理所当然了。我国《固体废物污染环境防治法》规定，固体废物，是指在生产、生活和其他活动中产生的丧失原有利用价值或者虽未丧失利用价值但被抛弃或者放弃的固态、半固态和置于容器中的气态的物品、物质以及法律、行政法规规定纳入固体废物管理的物品、物质。国家对固体废物污染环境的防治，实行减少固体废物的产生量和危害性、充分合理利用固体废物和无害化处置固体废物的原则，旨在促进清洁生产和循环经济发展。产品的生产者、销售者、进口者、使用者对其产生的固体废物依法承担污染防治责任。产品和包装物的设计、制造，应当遵守国家有关清洁生产的规定。国务院标准化行政主管部门应当根据国家经济和技术条件、固体废物污染环境防治状况以及产品的技术要求，组织制定有关标准，防止过度包装造成环境污染。

塑料购物袋作为一种包装物，同时也是一种固体废物，国家应当采取相关措施防治其污染环境。为此，《商品零售场所塑料购物袋有偿使用管理办法》于2008年出台，全面规制塑料袋的生产和使用。首先，各地人民政府、部委等应禁止生产、销售、使用超薄塑料购物袋，并实行塑料购物袋有偿使用制度。其次，各类超市、商场、集贸市场所提供的，用于装盛消费者所购商品，具有提携功能的塑料袋，都属于其规定的有偿使用的范围。而用于装盛散装生鲜食品、熟食、面食等商品的塑料预包装袋不包括在内。再次，国家制定相关标准予以规范塑料购物袋的材质及技术要求。根据标准要求，塑料购物袋应为本色，其他颜色应由供需双方商定；塑料购物袋不允许有妨碍使用的气泡、穿孔、塑化不良、鱼眼僵块等瑕疵。塑料购物袋的厚度必须大于等于0.025毫米。塑料购物袋上需要明确标注袋的名称、标准号、规格等，如普通塑料购物袋、含有回收塑料的购物袋、直接接触食品用的塑料购物袋等。另外，塑料购物袋还要明确标注生产厂家的厂名、生产日期以及检验合格证等信息，要求塑料袋的存放保质期不超过一年。最后，明确违反规定者的法律责任。商家自2008年6月1日以后不得向消费者免费提供塑料购物袋，所售塑料购物袋应当依法明码标价。对于违反有关价格行为和明码标价规定的商家，将由价格主管部门责令改正，并可视情节处以原铁路局运出的煤炭有2/3是在北京铁路局管辖区域卸掉，其余大部分也要经北京铁路局运转。但目前由于两个铁路局分管主要运输干线，把煤炭运输中装、运、卸、排等环节分割开来，不能集中统一指挥，影响了铁路运输能力的充分发挥，与山西煤炭外运任务很不适应。与会同志认为，必须按照经济计划和运输规律，对两个铁路局的管理体制进行改革。经反复协调，一致同意铁道部提出的体制改革实施方案：

一、建立北京铁路管理局，下设北京、太原、天津、石家庄四个铁路局，撤销铁路分局。

这样做的好处是：第一，北京铁路管理局可以统一调度指挥太原、北京两个铁路局的运输力量，形成一个整体，把煤炭运输中的装、运、卸、排各个环节紧密衔接起来，也把煤炭生产和运输紧密衔接起来，充分发挥运力效能，使运输线路畅通，更好地完成煤运任务；第二，有利于加强铁路基层工作，分局撤销以后，铁路局直接领导站、段，便于加强基层工作，搞好机车、车辆、线路、通信等设备的维修和技术改造，组织好职工的技术培训工作。

铁道部要立即着手制定北京铁路管理局和四个铁路局的职责范围和具体工作方案。

二、为了搞好生产与运输的衔接，加强北京铁路管理局与山西省的联系，决定由北京铁路管理局派驻联络员，在山西省经委办公。其任务是代表铁路管理局向省里请示汇报工作，办理、转达省里交办的事项，及时沟通双方的情况，协调生产与运输的关系。

三、北京、太原两个铁路局在京蒲线的分界点，定在宁武，这样便于北京铁路局全面安排大同和雁北地区统配矿与地方矿的煤炭外运。

四、铁路管理局、铁路局机构设置精干，太原铁路局保留原建制，干部原则上还要变动，各项工作要进一步加强。分局撤销前对干部要做好安排。临汾、大同分局撤销后，可分别设立调度分所，必要时也可分设小型办事处，协助铁路局统一安排当地的车、机、工、电、检等项工作。

五、北京铁路管理局要切实安排好山西省地方物资的运输，要给太原铁路局保持足够的运用车。对流向固定的大宗散装物资，可采用固定车底组织直达循环拉运。对山西省的统配煤、经济煤、出口煤、协作煤、自拉煤等，要根据计划调节与市场调节相结合的原则，一视同仁，保证运输。

六、当前晋东南的煤炭绝大部分通过京广、陇海两条铁路线外运，装煤的空敞车全部靠郑州铁路局排送，因此太焦线五阳至孔庄的一段线路，仍由郑州铁路局管理。铁道部要对太原线进行技术改造，提高运输能力，为加强郑州铁路局与山西省的联系，郑州铁路局要在山西省派驻联络员。改革铁路管理体制是一项复

杂的工作，步子一定要稳妥。北京、太原铁路局管理体制的改革，作为全国铁路管理体制改革的试点，要在今年下半年做好准备，明年初开始实行。铁道部和有关省市要密切配合，加强领导，注意研究解决出现的问题，不断总结经验，把这项工作扎扎实实地搞好。

×××××

××××年×月×日

二、怎样撰写会议记录

（一）会议记录的含义和适用范围

在会议过程中，由记录人员把会议的组织情况和具体内容记录下来，就形成了会议记录。“记”有详记与略记之别。略记是记会议大要，会议上的重要或主要言论。详记则要求记录的项目必须完备，记录的言论必须详细完整。若需要留下包括上述内容的会议记录则要靠“录”。“录”有笔录、音录和影像录几种，对会议记录而言，音录、影像录通常只是手段，最终还要将录下的内容还原成文字。笔录也常常要借助音录、影像录，以之作为记录内容最大限度地再现会议情境的保证。

记录人员在开会前要提前到达会场，并落实好用来作会议记录的位置。安排记录席位时要注意尽可能靠近主持人、发言人或扩音设备，以便于准确清晰地聆听他们的讲话内容。从某种程度上讲，记录人员比一般与会人员更为重要，安排记录席位要充分考虑其工作的便利性。

（二）会议记录的基本要求

（1）准确写明会议名称（要写全称），开会时间、地点，会议性质。

（2）详细记下会议主持人、出席会议应到和实到人数，缺席、迟到或早退人数及其姓名、职务，记录者姓名。如果是群众性大会，只要记参加的对象和总人数，以及出席会议的较重要的领导成员即可。如果某些重要的会议，出席对象来自不同单位，应设置签名簿，请出席者签署姓名、单位、职务等。

（3）忠实记录会议上的发言和有关动态。会议发言的内容是记录的重点。其他会议动态，如发言中插话、笑声、掌声，临时中断，以及别的重要的会场情况等，也应予以记录。

记录发言可分摘要与全文两种。多数会议只要记录发言要点，即把发言者讲了哪几个问题，每一个问题的基本观点与主要事实、结论、对别人发言的态度等，作摘要式的记录，不必“有闻必录”。某些特别重要的会议或特别重要人物的发言，需要记下全部内容。有录音机的，可先录音，会后再整理出全文；没有录音条件，应由速记人员担任记录；没有速记人员，可以多配几个记得快的人担宏观调控措施不力。鉴于此，我们提出的政策建议是：

（1）发育市场。解决资源无价和低价导致的资源浪费，必须发育市场，使价格真正反映资源的稀缺程度。

（2）设置乡镇企业发展区。中国因推行重工业优先发展战略而跳跃了劳动密集型工业和小城镇发展阶段，造成工业化进程中就业结构转换严重滞后于产值结构转换、城市化进程中人口聚集严重滞后于资本聚集，以及城乡经济关联度极低的格局。时至今日，即便不考虑现有城市缺乏吸纳农业剩余劳动力的能力和体制、产业组织方面存在的弊端，大幅度地降低现有城市的总体生产力水平以补一个劳动密集型发展阶段，在经济上也不尽合理。设置乡镇企业发展区，以提高非农产业发展的空间集聚度，是加速工业化、城市化进程的更好选择。为了确保乡镇企业发展区具备外延发展所需的空间和内涵发展所需的条件，避免一哄而上的恶果，政府应出面进行调控。较为发达的地区应以县为单位设置乡镇企业发展区，不发达地区应以地区为单位设置乡镇企业发展区。

（3）强化政府对乡镇企业的环境管理。环境问题的显现和依靠市场机制解决环境问题都具有滞后性，为了减少它们叠加在一起造成的环境代价延期支付，政府必须强化环境管理职能。解决环境问题需要政府投资，但更需要政府管理：

一是制定环境标准，诱导和强制乡镇企业采取预防和治理污染的措施，制止乡镇企业采用内部成本外部化的手段来降低产品价格，提高企业在市场中的竞争力的做法，为生产者创造平等竞争的环境；同时强化公共品建设，使企业享受外部经济。

二是建立健全农村环境管理机构和统计监测体系，使农村具备开展环境管理工作的条件。

三是完善环境保护投资增长机制，实行企业环保投资增长率与利润增长率挂钩，政府环保投资增长率同财政收入增长率挂钩的制度，确保环保经费的来源。

四是至今政府已关闭了许多乡镇企业，但关闭污染企业的效果总不长久。各级政府应该承认乡镇企业污染环境的传统权利或既成事实，对被关闭的乡镇企业给予适当的经济补偿，把关闭乡镇企业的权利和应尽的义务统一起来。

五是政府对乡镇企业环境管理要瞄准污染总量特别大的少数地区、污染特别严重的少数产业和少数企业，无须眉毛胡子一把抓。

六是乡镇工业已经采用清洁生产和资源节约技术，但同亟待解决的问题相比，技术创新的数量和水平仍嫌不足，推广工作也存在诸多问题。为了充分发挥技术创新在保护环境方面的作用，政府应在科研资源配置和技术推广组织方面给予有力扶持。

七是由于各级政府的财政收入对乡镇工业的依赖程度不一样，中央政府处理乡镇工业环境污染问题的决心始终很大，而地方政府有时不得不放松对污染企业的监控。应通过利益结构调整，使各级政府保持一致的立场。

三、乡镇工业对农村环境影响的变化趋势是怎样的?

（1）乡镇工业单位产值污染排放量的下降不足以抵消快速增长造成的“三废”排放总量的增长，农村“废水、废气、废物”的排放总量进而对环境施加的负面影响会越来越大。

（2）污染排放结构将会出现较大变化。其中，技术创新相对较快的产业和企业的会趋于下降，相对较慢和没有进展的产业和企业的污染份额会趋于上升。

（3）环境管理严格的地区的污染份额会趋于下降，污染强度将会有较快的下降；环境管理不力的地区的污染份额会趋于上升，污染强度下降较慢，甚至没有多大的改进。

（4）现有城市将会因为实施一系列更为严格的环境监控政策和污染源企业的地域转移，出现环境状况的相对好转，尤其是若干个大城市，这一趋势将表现得更为明显。农村则会因为乡镇企业的继续快速增长和现有城市及国外污染源产业或企业转移，环境状况难以实现好转。从地域上看，将出现中西部地区的污染增长率高于东部地区的趋势。

中国农村环境处于稳定和恶化两种趋势交织在一起的态势。如果能够在环境保护和资源利用方面加速技术、组织和制度创新，就有可能增强前一种趋势、抑制后一种趋势，走出一条既实现经济快速增长，又保持环境相对稳定的发展之路。

四、乡镇企业环境污染有什么特征?

乡镇工业污染造成的最大变化，是由过去的城市污染向农村转移和蔓延，转为现在的乡镇企业污染对城市形成包围之势。虽然农村地域广袤，对污染具有较强的降解能力，但乡镇工业污染的增长势头确实使人感到担忧。

（1）乡镇企业中污染源企业所占份额有上升趋势，但污染强度基本稳定。

（2）乡镇企业发展对环境的冲击集中在少数产业上。其中，造纸业是废水的排放大户，其废水排放量占乡镇企业废水排放总量的一半左右，废水中的化学耗氧量占我国乡镇工业废水中化学耗氧量的份额接近70%；除造纸外，饮料、食品加工、纺织、化工也是化学需氧量的排放大户。水泥、砖瓦、陶瓷等非金属制品业是工业废气的排放大户，它们排放的二氧化硫、烟尘和粉尘分别占乡镇工业排放总量的49.9%、64.4%和76.8%。煤炭采选业和矿业则是工业固体废弃物的产生和排放大户。它们的固体废物产生量、排放量分别占乡镇工业固体废物产生量和排放量的75%和83.5%。

（3）在有污染源的产业里，乡镇工业企业造成的污染明显高于城市企业。例如，乡镇工业中造纸业排放废水8亿吨，已相当于全国82个主要城市造纸行业的废水排放总量，单位产值的废水排放量为城市的2.55倍。乡镇工业污染治理水平很低，与县以上工业企业有较大差距。乡镇工业废水处理量占废水排放量的40%，燃料燃烧废气的消烟除尘率为26%；生产工艺废气的净化处理率为28%；固体废物综合利用率为31%。乡镇企业锅炉和工业炉窑中的烟尘排放率达标的仅占35%和6%。乡镇工业废水中的主要污染物（化学需氧量、悬浮物、重金属等）的排放浓度是城市工业平均浓度的2~3倍，有毒污染物（氰化物、挥发性酚）的排放浓度是城市工业平均排放浓度的3~10倍。

（4）治理水平低。乡镇工业固体废物处理处置率与综合利用率都很低，其固体废物排放量所占比重相当大。

（5）乡镇企业的污染总量与乡镇企业的经济密度（平均每平方公里国土面积上的乡镇工业产值）具有正相关关系，而单位产值排污量与乡镇企业的经济密度具有负相关关系。即乡镇工业经济密度高的地区具有较大的污染总量和较低的万元产值排污量；反之亦然。

（6）乡镇企业的环境管理较差。统计资料表明：乡镇工业交纳的排污费约占全国排污费征收总额的1/10，低于它的污染份额。有关部门的大型调查表明，乡镇企业的环境影响评价制度执行率仅为22.7%，与城市大中型企业100%的执行率形成明显的对照，“三同时”制度执行率（14.5%）与大中型企业的执行率（90%）也有较大的差距。

五、乡镇企业污染的原因是什么？

（1）环保组织建设不够完善。到目前为止还没有一个乡镇级的环保机构，而要对遍布各乡、镇、村众多的乡镇工业污染源进行有效监督和管理，仅依靠县、市级环保部门显得力不从心。因此在实际操作中只好把对乡镇工业的环保职能交给当地乡镇工业办公室。而乡镇工业办公室为了完成其工业产值、销售额、利润等主要任务，往往将有碍于其完成“主要”任务的环保管理制度放在一边，使环保管理制度的执行大打折扣。

（2）管理方法、手段单一。在实际的环保管理中，对违反环保管理制度的企业往往采取缴纳排污费、罚款等经济手段，或强行关停等行政手段，较少运用法律、宣传、教育等方法。

（3）乡镇企业环境管理难度大、相对成本高。乡镇企业由于以下三个特点

较难监管：①排污地点分散；②单一生产单位排污量较小；③转产频繁。这使乡镇企业本身环境管理难度大。而八项环境管理制度的执行成本相对都较高，对单个规模较大的乡镇企业管理的相对“投入产出比”较小，因此环境管理部门自身也不愿意把乡镇企业和大企业等量齐观。

(4) 对乡镇企业的地方保护更为突出。乡镇企业的税收全部贡献于本地，不像大企业的税收大头在上级政府，因而与地方政府间有更密切的联系。而各级政府承担着发展本地区经济的责任，依赖乡镇企业贡献 GDP 增量和缴税的地方政府存在经济利益和公共责任之间的矛盾。在监管困难且与政府短期利益相悖的情况下，地方政府也易于与其达成经济共谋关系，因而偷排严重。

(5) 产业技术方面的原因。乡镇工业起点比较低，产业类型多以技术含量低、资源消耗大、“三废”排放多、劳动密集型为主。

(6) 企业规模及布局上的原因。乡镇工业从发展之初就有了很强的区域特征，因为它除了获得利润、增加农民收入外，还承担着解决区域范围内的就业等重任，因此它在经营管理上很难冲破行政区划和传统小农经济意识的束缚，企业布点选择基本上是按“乡办企业办在乡，村办企业办在村，户办企业办在家门口”的规则进行，形成了“村村点火，户户冒烟”的布局特征。近几年，提倡乡镇企业的集中布局，发展小城镇，但由于各方面原因进展不快，还没有从根本上改变乡镇企业布局分散的状况。布局分散带来的直接后果之一就是污染源增多，环境治理成本提高，对污染的集中治理造成阻碍。

六、乡镇工业污染防治的难点有哪些？

在实际的乡镇工业污染防治工作中，主要困难集中在三个方面：

(1) 指导思想转变难度大。在当前的经济发展过程中，解决乡镇工业污染的前提是转变地方政府，特别是领导干部以及乡镇企业经营者的指导思想和行为。但在现阶段以及目前的管理体制下，要真正转变他们的指导思想有较大难度。

(2) 资金不足。要从根本上改变乡镇工业污染严重的局面，需要有较大的资金投入。因为任何一项环保措施的实施都需要一定的资金作保证，但是就目前来看，环保资金的投入还没有真正纳入各地社会经济发展计划。大部分乡镇企业规模小，资金力量薄弱，不可能单独承担环保资金投入，而除乡镇企业以外的较为稳定的环保资金投入渠道又没形成。因此资金短缺成为乡镇企业污染治理中的一大难点。

(3) 行政管理体制的条块分割。污染防治是一项系统工程，需要各地区、各部门相互协作、相互配合，根据技术可行经济合理的原则进行。而现行的条块分割的行政管理体制削弱阻碍了地区之间的技术经济联系，会使一些环保措施在实施过程中打折扣。

七、乡镇工业污染防治的对策方法有哪些？

（1）多方努力，确立乡镇企业可持续发展战略思想。乡镇企业污染的防治，有赖于各级地方政府官员及乡镇企业经营者树立正确的经营思想，从可持续发展思想出发，制定地方及企业的发展战略，为此必须多方努力。

第一，改革现有的地方干部考核办法，将环境作为重要的考核指标，使其和经济指标一样，作为地方官员政绩的硬指标，增加环境约束的刚性。

第二，建立和完善乡镇企业环境保护目标责任制，征收企业生态环境补偿费，加大排污收费力度，实施环境标志制度，使环境成本内部化。

第三，完善乡镇企业环境保护的法律、法规体系，严格执法，强化管理，赋予环保部门对乡镇企业的现场处罚权，对达不到污染治理要求的企业征收环境污染税，加大环保执法力度。

第四，加大宣传、教育力度，增强乡镇企业经营者和职工的环保意识。要针对乡镇企业特点，采用多种形式向他们宣传环境保护的重要性，及对自身和后代的生存质量影响的长久性，使人们对环境污染警钟长鸣。

（2）合理调整乡镇工业结构，加快乡镇企业技术改造步伐。乡镇工业的资源消耗型产业结构是造成污染严重的根本原因。因此要从根本上对乡镇工业污染进行治理，必须在乡镇工业结构调整上狠下功夫。

第一，严格新上项目的环保审批工作，控制新污染源的产生。按照国家产业政策的要求，积极发展无污染、少污染和低能耗的项目，在政策上引导和扶持清洁生产和绿色产品生产。

第二，对现有的污染大户和重点户，如纺织印染、造纸、水泥、制革、电镀等行业的企业，如已配备污染治理设备的，要严格监督其正常运转；没有配备治理设备的，限期整顿治理；对治理难度大、成本高的行业和企业，坚决关停并转。

第三，鼓励和支持现有企业进行技术改造，不断改造落后工艺和陈旧机器设备，推行清洁工艺和清洁生产，降低污染排放。

（3）合理调整工业布局，建设乡镇工业园区。兴办乡镇工业园区不仅是乡镇工业污染集中治理、降低治理成本的要求，也是加强企业技术经济联系、降低成本、增强市场竞争力、建设现代企业制度和加快农村城市化的必然要求。在乡镇工业布局的调整上，要坚持适当集中、循序渐进的发展战略，结合各地的县级中心、中心镇、建制镇的建设，发展乡镇工业园区，为乡镇工业污染的集中治理

创造条件。

(4) 筹集建立环境保护基金，提高环保科技水平，促进防污产业的形成和发展。鉴于目前乡镇企业自身规模小，资金力量薄弱，国家财政负担重，难以支出大笔的资金用于乡镇企业环境污染治理等原因，笔者建议筹集建立环境保护基金，并设立专门的基金管理部门，以解决污染治理的资金问题。该基金资金的来源有三：一是向各企业征收的生态环境补偿费、排污费等，根据专款专用原则，成为环保基金的主要来源；二是各级政府对环境保护的投入；三是其他各种渠道的投入，如外资等。以环保基金为基础，制定优惠政策，加强防污科学研究，并与防污产业的发展相结合，相互促进，共同发展。

(5) 加快乡镇环境管理组织机构建设和环保人才的培养。为了强化环境监督和管理，根据目前乡镇工业的发展状况，建议在各乡镇单独或分片设立环境监理站（所），配备专业环保员，在此基础上建立乡镇工业污染的动态监测控制系统，对污染设施的运转、“三同时”执行情况、污染排放、排污收费等进行现场执法和监督检查，发现问题及时予以解决。

八、造纸工业对环境有什么破坏？

造纸工业是对环境污染较重的行业之一，其主要污染来自制浆造纸过程中产生的各种废水。造纸工业废水若不经有效处理直接排入江河水体之中，废水中的有机物质发酵、氧化、分解，消耗水体中的氧气，使鱼类、贝类等水生生物缺氧致死；一些细小的纤维悬浮在水中，容易阻塞鱼鳃，也会造成鱼类死亡；废水中的树皮屑、木屑、草屑等沉入水底，淤塞河床，在缓慢发酵中，不断产生毒气臭气；废水中还有一些不容易发酵、分解的物质，悬浮于水体中，吸收光线，减少阳光透入水体，妨碍水生植物的光合作用；另外，废水中可能带有一些致癌、致畸、致突变的有毒有害物质，其中已报道的有机氯化物有300余种之多。总之，造纸废水不仅使人类赖以生存的环境和生态平衡遭到破坏，同时也直接威胁造纸工业自身的发展。

目前，我国造纸业正处于高速发展的时期，近10年来平均增幅为18%。其中，中小造纸厂多为乡镇企业。造纸行业污染物排放量仅次于化工行业，废水排放量为31.8亿吨，占全国工业废水排放量的16.1%，居第三位；COD排放量为148.8万吨，占全国工业COD排放量的33%，居第一位。造纸工业废水的严重污染和危害已经引起了人们的广泛关注。

九、纺织印染行业对环境有什么破坏？

据统计，我国纺织印染行业共有5.4万多家生产企业，占全国企业总数的

9.8%，其中90%为中小型企业，而且乡镇企业居多。目前，我国大中型纺织印染企业的生产工艺达到国外20世纪70年代末、80年代初的水平，少数企业达到90年代水平；大量的乡镇企业相当于我国60年代末水平，少数达到80年代水平。大中型企业的生产装备水平大多为国际70～80年代水平，个别设备达到90年代水平。

纺织行业是我国排放工业废水量较大的部门之一，每年排放废水9亿多吨，位居工业废水“排行榜”第6位。其中印染废水排放量又占纺织工业废水排放量的80%。印染行业的污染以废水为重，在蒸煮、退浆、上浆、清洗、水洗、染色和漂白等多道工序都有废水排放。废水中污染物质种类复杂，主要有纤维素、耗氧有机物、染料、表面活性剂、助染剂、铬、砷、酚、氰化物等。废水排入水体后使水染色，消耗溶解氧使水体黑臭，或使水体含有毒化合物。虽然目前大部分印染废水经处理后达标排放，但污染终究无法完全消除。我国印染行业主要集中在东部沿海地区，浙江、江苏、广东、山东、福建5省产量已占全国印染业总产量的80%以上。

十、化工行业、电镀行业对环境有什么破坏?

化工行业产品品种多，生产工艺复杂，绝大多数化工生产在化学反应过程中通过废气、废水或废渣排放大量的、多种多样的化学物质，其中有不少是有毒有害的；许多化工反应产物具有强毒性、难降解、潜在危害大和难处理等特点，甚至是“三致”化合物。据统计，20××年化工行业排放工业废水34亿吨，工业废气15887亿立方米，产生固体废弃物9233万吨。其废水排放量占全国工业废水排放总量的16%，居第1位；废气排放量占全国工业废气排放总量的6%，居第4位；固体废物排放量占全国工业固体废物排放量的5%，居第5位。化工行业主要污染物的排放量在全国也占有相当大的比重。20××年排放COD 94.9万吨、二氧化硫116.8万吨、氰化物5066吨、氨氮26万吨、石油类2.66万吨、烟（粉）尘71.1万吨，在全国工业行业中名列前茅。而2006年全国二氧化硫排放量2594.4万吨，比上年增长1.8%；全国COD排放1431.3万吨，比上年增长1.2%。在COD和二氧化硫排放量增加较大的行业中，化工行业分别居前三名和前五名，都是重点行业。

电镀业是当今全球污染最严重的三大行业之一，据不完全统计，20××年全国电镀行业排出的电镀废水达40亿立方米。电镀生产中大量使用重金属、剧毒氰化物和其他有毒化学药品，这些有害物通过电镀生产工艺过程产生的废水、废气和废渣排放到环境中，直接损害人体健康并造成对环境的严重污染。

十一、发酵工业对环境有什么破坏?

发酵工业主要包括酒精、味精和啤酒三个分行业。我国的食品与发酵工业有几万家生产厂家，组成了60多个独立的生产部门。大量的酒精和味精生产厂家位于偏远地区，并靠近大的水体。它们产生的废水通常直接排入环境。

随工厂以及操作方法的不同，通常每生产1吨味精需用4~4.5吨大米，生产1吨酒精需用3~3.5吨玉米。这其中只有占原料60%的淀粉能被用来发酵生产酒精和味精，其他剩余的蛋白质、脂肪、碳水化合物、纤维素作为废物被丢弃了。这些被丢弃的剩余物质不仅引起严重的环境问题，还造成资源的严重浪费。例如，味精行业每年要产生200万立方米废渣，酒精行业每年要产生4350万立方米酒精糟。生产过程中还要耗费大量的水进行冲洗、冷却、提取等操作。

污染来源包括粉碎、提取、泵送、蒸发、结晶、废糖蜜的储存和输送；通气操作过程中的渗漏、逃液、超负荷以及违章操作；地板冲洗、锅炉洗涤、锅炉房的操作等都能引起环境污染。

十二、制革、砖瓦、陶瓷行业对环境有什么破坏?

我国制革行业以猪皮为主，产量约占62%，居世界首位。90%的制革厂都属中小企业。制革行业每年排放废水7000万吨，约占全国工业废水总排放量的0.3%。制革工业废水的特点是：色度深，耗氧量高，悬浮物多，并含有有毒的铬和硫化物。据调查统计，目前只有30%的制革企业不同程度地简单处理了废水，其他企业的综合废水直接排入河流或水体。在皮革鞣制加工过程中要产生大量的废水和废渣。在软化、浸灰、加脂等前处理工序，产生高浓度的碱性有机废水。在鞣制、染色工段，产生高浓度的含三价铬废水和染色废水。此外，在前处理和后加工工段中，都要产生大量废渣，粗略估计原料的30%~40%将变成废料。制革工业产生的固体废物包括废皮屑和制革污泥。制革污泥至今没有很好的解决办法，仍采用堆放或深埋。

砖瓦、陶瓷业的污染主要来自能源燃烧产生的废气及黏土、陶土等原料中所含氟的释放。氟为毒性很强的活泼气体，对植物叶面污染影响十分敏感，可造成植物直接受害和氟的残留。蚕食用了氟污染的桑叶会致伤害，甚至死亡。砖瓦、陶瓷业除了氟污染外，还有两大环境问题：一是挖土、占地、毁良田；二是有些地方用木柴烧制，乱砍滥伐林木，破坏植被。

十三、金属冶炼、水泥行业对环境有什么破坏?

乡镇金属冶炼企业在生产中要消耗大量的燃料，排放的废气量很大，尤其是重有色金属冶炼业，其废气中二氧化硫和重金属的浓度较高。在乡镇金属冶炼中，还要排放大量的矿渣；在对低品位矿石进行选矿时，还要排放大量的废水和尾矿渣，这些废水和废渣中重金属等多种污染物的含量都很高。在乡镇金属冶炼企业的周围，由于污染防治不力，往往形成大气、水体和土壤的多重复合污染，进一步污染人群与生物。

近年来，水泥行业保持着快速发展态势，2012 年全国水泥累计总产量 21.84 亿吨，然而沉重的环境压力也随之而来，经济发展与资源、环境的矛盾日趋尖锐。据不完全统计，我国水泥工业每年向大气排放的粉尘、烟尘在 1300 万吨以上，虽然比过去的 1800 万吨有了较大的改进，但比国家环保部门要求的年排放量 650 万吨仍相距甚远。乡镇水泥生产大多采用“两磨一烧”的干法生产工艺，一般不存在水污染问题；对环境造成污染的主要是各生产环节泄漏的粉尘和熟料在窑中煅烧时排放的含尘工艺废气，以及黏土烘干时的燃料燃烧废气。乡镇水泥工业的粉尘排放浓度高且排放量大，废气排放量也较大，尤其是粉尘，对周围环境和人群健康影响很大。

十四、炼焦行业对环境有什么破坏?

近年来，受国内钢铁和其他行业发展的拉动，焦炭市场需求急剧增长，产品价格持续攀高。国内焦炭生产规模迅速扩大，投资日趋升温。2013 年 1 ~ 2 月我国焦炭产量总计 7360.7 万吨，一些地方和企业为获取局部和短期利益，不顾国家产业政策规定，不惜损害环境和浪费资源，纷纷扩建、新建焦炭生产装置，盲目扩张生产能力。远远超过国内焦炭需求总量，势必造成资源的浪费和投资的损失。土法炼焦主要是乡镇企业，土焦生产工艺落后，不能回收煤气，每年放散煤气 200 亿立方米以上，折合损失 1800 多万吨标煤，同时与机焦相比多消耗优质炼焦煤约 2200 万吨，资源浪费严重。

土法炼焦的燃烧加热与干馏过程同室进行，生产方式为开放式、半开放式。炼焦过程大量的煤被燃烧掉，因此不仅出焦率明显低于机焦（土焦出焦率仅 52%，机焦可达 78%），而且烟尘、二氧化硫等污染物排放量远大于机焦。由于不进行回收，含有高浓度有毒有害污染物的废水、废气及煤气、焦油等化工副产品均被排入环境，不仅浪费资源，而且造成严重的环境污染。

十五、炼磺业对环境有什么破坏?

土法炼磺企业一般为乡镇企业，其工艺只能使硫铁矿（FeS_2）中 2 个硫原子中的一个释放出来生成单体硫；另一个则生成硫化铁，除一小部分（8% ~9%）直接形成矿渣，其余大部分硫在燃烧过程中生成二氧化硫等有害气体。入炉矿石

中的总硫利用率最高也不会超过50%。一般只有40%～50%的硫转化为硫磺，55%以上的硫变成废气和废渣。另外土法炼磺工艺不能利用矿粉，加之人为地采富弃贫，因而整个矿藏中硫资源的利用率仅为20%，个别的仅有10%。实际上有80%以上的资源以废渣和废气的形式排入环境。

如云、贵、川三省土法炼硫在局部地区已经造成毁灭性社会公害。有的炼硫区方圆几平方公里内空气中二氧化硫浓度超过国家标准5～50倍，局部地区形成酸雨，降雨PH值为3～4。三省炼硫区堆积的硫渣近2000万吨。整个炼硫区山光岭秃，大片耕地变成“死地”，上万农民丧失了维持生存和养育后代的基本农业生产环境，个别地方停产20年也不能恢复正常农业生产。

十六、如何调整乡镇企业的发展方向和产业结构，防止环境污染?

乡镇环境保护规划是坚持预防为主，防治结合，控制乡镇企业合理布局是防止乡镇企业污染的关键。因此，要把乡镇环境规划作为防治乡镇企业环境污染的大事来抓。第一，要通过规划调整乡镇企业的发展方向和产业结构；第二，要制定环境功能区规划，尽量减少环境污染的危害和损失；第三，要做好乡镇企业的选点布局，引导乡镇企业向小城镇适当集中；第四，要制定重点污染区和重点污染行业的污染治理规划。

乡镇企业的布局应与村镇建设发展规划结合进行，把乡镇企业的建设规划纳入村镇建设规划中。乡镇企业的布局应符合村镇建设的功能分区原则，凡有污染影响的企业都应尽量远离村镇居民区；凡排放废气的企业都应建在村镇的下风向；凡排放废水的企业都应远离饮用水源或在水源的下游。

调整乡镇企业的发展方向和产业结构也是防止乡镇企业环境污染的关键。应大力发展无污染或少污染的行业、项目及产品（如应立足于农业，服务于农业，重点发展农产品加工和农产品的贮藏、包装、运输、供销等服务业）。严禁致癌、致畸、致突变及剧毒等严重污染危害的项目和产品；严控有较重污染的项目、产品和原料。总之，乡镇企业的发展方向要重视环境保护的要求，优先发展无污染或少污染的行业，严格限制有污染或严重污染行业的发展。

十七、如何强化乡镇企业的环境管理?

制定适合于乡镇企业的环境政策与法规是乡镇企业环境管理的当务之急。由于乡镇企业不同于国有企业，已经制定的各种环境保护方针、政策、法规和标准是以国有企业为对象的，不完全适合乡镇企业。“老三项”环境管理制度其执行效果远不如城市；“新五项”环境管理制度部分不适用于农村及乡镇企业，有的虽适用，但缺乏与之相适应的实施细则。因此，必须尽快完善《乡镇企业环境条例》，完善乡镇企业环境保护技术政策和有关资源综合利用与保护政策、生物多样性保护政策、排污收费政策与标准等环境经济政策、乡镇工业主要污染行业的环境管理部门规章，以尽快完善乡镇企业环境管理法规体系。

建立健全县、乡两级环境管理机构，提高管理人员素质是强化乡镇企业环境管理的重要保障。必须尽快完善乡镇企业环境管理网络；加强县级环境保护管理机构和环境监测站的建设；提高环境管理人员和环境监测人员的业务素质；加强乡镇企业系统的环境管理机构的建设和人员培训等。

加强对乡镇企业的生产环境管理，就是通过技术改造和维修、更新设备，不断降低能耗和物耗；通过建立健全各项生产管理制度，防止或尽量减少生产过程中物料的跑、冒、滴、漏，从而减少废弃物的排放，有利于减轻对环境的污染。

十八、如何促进乡镇企业技术进步，防治环境污染？

加速乡镇企业技术进步是防治乡镇企业环境污染和生态破坏的有效途径。推行技术进步，一方面改进企业的工艺和设备，降低能耗、水耗和物耗，减少企业对环境的污染和对生态的破坏。另一方面提高企业产品质量水平，增强企业活力和竞争力。推进乡镇企业的技术进步，一要尽量提高所有新建企业的技术起点；二要对已有企业不断进行技术改造；三要建立专家咨询体系，主动为其提供技术服务和各种情报资料；四要通过各种手段，分层次、分批次提高全体乡镇企业劳动者的文化和技术知识水平。推动乡镇企业的技术进步要坚持生产技术的进步与环保技术进步同步发展，大力推广清洁生产工艺；大力推行无废少废工艺和设备；大力推广循环利用、重复利用、综合利用技术；大力推广“三废”资源化、产品化、商品化技术；大力发展乡镇企业环境保护设备产业；大力发展变废为宝、化害为利的农业生态技术和生态工业。

在乡镇工业中逐步推行废物最少化管理和技术是全过程控制乡镇工业污染的根本措施。“废物最少化”包括削减废物源和循环两部分：削减废物源是指改变工业加工过程而减少废物源的废物总量；循环是指将废物循环或回用于原生产过程或其他目的，如废物综合利用或生产能源。乡镇工业废物最少化顺序考虑以下七个方面：①产品变化；②改变投料；③改变工艺技术；④加强管理；⑤循环利用；⑥综合利用；⑦废物的处理和处置。

开发并推广适合乡镇工业的污染治理技术是防治乡镇工业污染的当务之急。要加强适合乡镇工业不同类型、不同发展水平的污染综合防治技术研制、开发和引进，同时要做好现有污染治理技术的总结和筛选评定，为乡镇企业提供如何优选污染防治实用技术的方法，适时推广并积极指导污染治理示范工程的建设工作，使环境管理由单纯的“管、卡”变成“引、帮、促”及服务工作，促进生

产与环保同时发展。

十九、怎样治理乡镇企业“三废”？

根据国家有关环境保护法规和工业“三废”排放标准的要求，凡有污染物排放的乡镇企业，也应像国营工业一样，积极治理“三废”，逐步达到国家或地方的污染物排放标准。

对乡镇企业治理“三废”的要求，应遵循因地制宜的原则，因当地的经济、技术条件和污染状况不同而应有所不同。在经济发达地区、人口稠密地区、环境污染严重地区，乡镇企业排放的“三废”应严格要求，尽快达到国家或地方排放标准。而在贫困地区及人烟稀少地区，要求则可适当降低。

此外，乡镇企业的“三废”治理，重点应放在综合利用上，使废弃物化害为利、变废为宝；必须排放的“三废”，应采用经济、简易、有效的治理措施，同时尽量和农用结合起来。如对废水的处理，许多企业通过综合利用，回收了其中有用的物质以后，利用农村的废弃坑塘、荒滩荒地建设简易氧化塘进行处理，处理后的污水达到灌溉标准，用于灌田。这样，既处理了废水，又利用了废水中的水肥资源，促进农业生产。近几年来，各地乡镇企业部门建设了一批经济、简易、有效的污染防治示范工程，如给予积极组织推广，将会产生很好的效益。

二十、乡镇企业排放污染物应当向哪个部门申报登记？

根据《海洋环境保护法》规定，排放陆源污染物的单位，必须向环境保护行政主管部门申报拥有的陆源污染物排放设施、处理设施和在正常作业条件下排放陆源污染物的种类、数量和浓度，并提供防治海洋环境污染方面的有关技术和资料。排放陆源污染物的种类、数量和浓度有重大改变的，必须及时申报。拆除或者闲置陆源污染物处理设施的，必须事先征得环境保护行政主管部门的同意。

根据《水污染防治法》规定，直接或者间接向水体排放污染物的企业事业单位和个体工商户，应当按照国务院环境保护主管部门的规定，向县级以上地方人民政府环境保护主管部门申报登记拥有的水污染物排放设施、处理设施和在正常作业条件下排放水污染物的种类、数量和浓度，并提供防治水污染方面的有关技术资料。企业事业单位和个体工商户排放水污染物的种类、数量和浓度有重大改变的，应当及时申报登记；其水污染物处理设施应当保持正常使用；拆除或者闲置水污染物处理设施的，应当事先报县级以上地方人民政府环境保护主管部门批准。

根据《固体废物污染环境防治法》规定，国家实行工业固体废物申报登记制度。①产生工业固体废物的单位必须按照国务院环境保护行政主管部门的规定，向所在地县级以上地方人民政府环境保护行政主管部门提供工业固体废物的种类、产生量、流向、贮存、处置等有关资料。申报事项有重大改变的，应当及时申报。②产生危险废物的单位，必须按照国家有关规定制订危险废物管理计划，并向所在地县级以上地方人民政府环境保护行政主管部门申报危险废物的种类、产生量、流向、贮存、处置等有关资料。所谓危险废物管理计划应当包括减少危险废物产生量和危害性的措施以及危险废物贮存、利用、处置措施。危险废物管理计划应当报产生危险废物的单位所在地县级以上地方人民政府环境保护行政主管部门备案。申报事项或者危险废物管理计划内容有重大改变的，应当及时申报。产生危险废物的单位，必须按照国家有关规定制订危险废物管理计划，并向所在地县级以上地方人民政府环境保护行政主管部门申报危险废物的种类、产生量、流向、贮存、处置等有关资料。危险废物管理计划应当包括减少危险废物产生量和危害性的措施以及危险废物贮存、利用、处置措施。危险废物管理计划应当报产生危险废物的单位所在地县级以上地方人民政府环境保护行政主管部门备案。申报事项或者危险废物管理计划内容有重大改变的，应当及时申报。

根据《环境噪声污染防治法》规定：①在城市范围内从事生产活动确需排放偶发性强烈噪声的，必须事先向当地公安机关提出申请，经批准后方可进行。当地公安机关应当向社会公告。②在工业生产中因使用固定的设备造成环境噪声污染的工业企业，必须按照国务院环境保护行政主管部门的规定，向所在地的县级以上地方人民政府环境保护行政主管部门申报拥有的造成环境噪声污染的设备的种类、数量以及在正常作业条件下所发出的噪声值和防治环境噪声污染的设施情况，并提供防治噪声污染的技术资料。③在城市市区范围内，建筑施工过程中使用机械设备，可能产生环境噪声污染的，施工单位必须在工程开工 15 日以前向工程所在地县级以上地方人民政府环境保护行政主管部门申报该工程的项目名称、施工场所和期限、可能产生的环境噪声值以及所采取的环境噪声污染防治措施的情况。④在城市市区噪声敏感建筑物集中区域内，因商业经营活动中使用固定设备造成环境噪声污染的商业企业，必须按照国务院环境保护行政主管部门的规定，向所在地的县级以上地方人民政府环境保护行政主管部门申报拥有的造成环境噪声污染的设备的状况和防治环境噪声污染的设施的情况。

二十一、乡镇企业排污收费项目包括哪些?

根据《排污费征收标准管理办法》规定，县级以上地方人民政府环境保护行政主管部门应按下列排污收费项目向排污者征收排污费：

(1) 污水排污费。①对向水体排放污染物的，按照排放污染物的种类、数量计征污水排污费；超过国家或者地方规定的水污染物排放标准的，按照排放污

染物的种类、数量和本办法规定的收费标准计征的收费额加 1 倍征收超标准排污费。②对向城市污水集中处理设施排放污水、按规定缴纳污水处理费的，不再征收污水排污费。③对城市污水集中处理设施接纳符合国家规定标准的污水，其处理后排放污水的有机污染物（化学需氧量、生化需氧量、总有机碳）、悬浮物和大肠菌群超过国家或地方排放标准的，按上述污染物的种类、数量和本办法规定的收费标准计征的收费额加 1 倍向城市污水集中处理设施运营单位征收污水排污费，对氨氮、总磷暂不收费。对城市污水集中处理设施达到国家或地方排放标准排放的水，不征收污水排污费。

（2）废气排污费。对向大气排放污染物的，按照排放污染物的种类、数量计征废气排污费。对机动车、飞机、船舶等流动污染源暂不征收废气排污费。

（3）固体废物及危险废物排污费。对没有建成工业固体废物贮存、处置设施或场所，或者工业固体废物贮存、处置设施或场所不符合环境保护标准的，按照排放污染物的种类、数量计征固体废物排污费。对以填埋方式处置危险废物不符合国务院环境保护行政主管部门规定的，按照危险废物的种类、数量计征危险废物排污费。

（4）噪声超标排污费。对环境噪声污染超过国家环境噪声排放标准，且干扰他人正常生活、工作和学习的，按照噪声的超标分贝数计征噪声超标排污费。对机动车、飞机、船舶等流动污染源暂不征收噪声超标排污费。

除《排污费征收使用管理条例》规定的污染物排放种类、数量核定方法外，市（地）级以上环境保护行政主管部门可结合当地实际情况，对餐饮、娱乐等服务行业的小型排污者，采用抽样测算的办法核算排污量，核算办法应当向社会公开，并按本办法规定征收排污费。

二十二、乡镇企业作为排污者应当如何缴纳排污费？

根据《排污费征收使用管理条例》规定，排污者应当按照下列规定缴纳排污费：①依照《大气污染防治法》、《海洋环境保护法》的规定，向大气、海洋排放污染物的，按照排放污染物的种类、数量缴纳排污费。②依照《水污染防治法》的规定，向水体排放污染物的，按照排放污染物的种类、数量缴纳排污费；向水体排放污染物超过国家或者地方规定的排放标准的，按照排放污染物的种类、数量加倍缴纳排污费。③依照《固体废物污染环境防治法》的规定，没有建设工业固体废物贮存或者处置的设施、场所，或者工业固体废物贮存或者处置的设施、场所不符合环境保护标准的，按照排放污染物的种类、数量缴纳排污费；以填埋方式处置危险废物不符合国家有关规定的：按照排放污染物的种类、数量缴纳危险废物排污费。④依照《环境噪声污染防治法》的规定，产生环境噪声污染超过国家环境噪声标准的，按照排放噪声的超标声级缴纳排污费。排污者缴纳排污费，不免除其防治污染、赔偿污染损害的责任和法律、行政法规规定的其他责任。负责污染物排放核定工作的环境保护行政主管部门，应当根据排污费征收标准和排污者排放的污染物种类、数量，确定排污者应当缴纳的排污费数额，并予以公告。

排污费数额确定后，由负责污染物排放核定工作的环境保护行政主管部门向排污者送达排污费缴纳通知单。排污者应当自接到排污费缴纳通知单之日起 7 日内，到指定的商业银行缴纳排污费。商业银行应当按照规定的比例将收到的排污费分别解缴中央国库和地方国库。具体办法由国务院财政部门会同国务院环境保护行政主管部门制定。排污者因不可抗力遭受重大经济损失的，可以申请减半缴纳排污费或者免缴排污费。排污者因未及时采取有效措施，造成环境污染的，不得申请减半缴纳排污费或者免缴排污费。排污费减缴、免缴的具体办法由国务院财政部门、国务院价格主管部门会同国务院环境保护行政主管部门制定。排污者因有特殊困难不能按期缴纳排污费的，自接到排污费缴纳通知单之日起 7 日内，可以向发出缴费通知单的环境保护行政主管部门申请缓缴排污费；环境保护行政主管部门应当自接到申请之日起 7 日内，作出书面决定；期满未作出决定的，视为同意。排污费的缓缴期限最长不超过 3 个月。批准减缴、免缴、缓缴排污费的排污者名单由受理申请的环境保护行政主管部门会同同级财政部门、价格主管部门予以公告，公告应当注明批准减缴、免缴、缓缴排污费的主要理由。

二十三、什么是乡镇企业限期治理制度？其决定机关有哪些？限期治理的期限有多长？

限期治理制度是指对环境污染严重、群众反映强烈的重点排污单位和在特殊保护区域内超标排污的已有设施，依法采取限定时间、限定效果完成治理任务的法律规范体系。限期治理是减轻或者消除现有污染源的污染，改善环境质量状况的一项环境法律制度。

限期治理制度是我国环境管理中普遍采用的一项制度。《环境保护法》第 29 条第 1 款规定：“对造成环境严重污染的企业事业单位，限期治理。”目前，限期治理的概念和范围不断扩展，已从点源污染控制发展到对区域、河流污染的控制，从对污染物排放的限期治理发展到限期调整工业布局、产业结构、能源与原材料结构等。对于点污染源的限期治理，可要求达到排放标准；对于行业污染的治理，可要求所有污染源分期分批达到排放标准；对于河流、区域环境污染的治理，可要求达到该地区的环境质量标准。

根据《环境保护法》第 29 条第 2 款规定，中央或者省、自治区、直辖市人民政府直接管辖的企业事业单位的限期治理，由省、自治区、直辖市人民政府决定；市、县或者市、县以下人民政府管辖的企业事业单位的限期治理，由市、县人民政府决定。被限期治理的企业事业单位必须如期完成治理任务。此外，环境噪声污染防治法规定，限期治理由县级以上人民政府按照国务院规定的权限决定。对小型企业事业单位的限期治理，可以由县级以上人民政府在国务院规定的权限内授权其环境保护行政主管部门决定。

国务院1996年8月3日颁布的《关于环境保护若干问题的决定》规定，自该决定发布之日起，现有排污单位超标排放污染物的，由县级以上人民政府或其委托的环境保护行政主管部门依法责令限期治理。限期治理的期限可视不同情况定为1~3年；对逾期未完成治理任务的，由县级以上人民政府依法责令其关闭、停业或转产。国家环保局要对重点限期治理项目进行指导、监督、检查。国务院法制办公室《关于如何确定限期治理具体期限的复函》中指出：《关于环境保护若干问题的决定》中“关于限期治理的期限可视不同情况定为1~3年”的规定，地方人民政府应当按照决定的精神，根据当地的实际情况，确定限期治理的具体期限。可见，被限期治理的单位必须按期完成治理任务，一般情况下，限期治理的期限由约定限期治理的机关视不同情况定为1~3年，但法律有其他规定的，执行其他规定。如《水污染防治法》第74条规定，限期治理期间，由环境保护主管部门责令限制生产、限制排放或者停产整治，限期治理的期限最长不超过1年，逾期未完成治理任务的，报经有批准权的人民政府批准，责令关闭。

二十四、对乡镇企业环境行政处罚有哪些主要形式？

环境行政处罚的主要形式如下：

（1）警告，是最轻的行政处罚。是环境行政执法者对行政违法者进行批评教育、谴责和警戒。

（2）罚款，是最普遍的经济制裁手段。是由环境保护监督管理部门强制行政违法者根据其造成后果的严重程度向国家缴纳一定数额的款项，一般的法律中都有对罚款金额上限和下限的规定。行政处罚中的罚款属于财产罚，与民事责任中的赔偿损失和刑法中的罚金是有区别的。

（3）责令重新安装使用，是指未经环境保护行政主管部门同意，擅自拆除或者闲置防治污染的设施，污染物排放超过规定排放标准的，责令重新安装使用。《环境保护法》第37条规定：“未经环境保护行政主管部门同意，擅自拆除或者闲置防治污染的设施，污染物排放超过规定的排放标准的，由环境保护行政主管部门责令重新安装使用，并处罚款。”各个污染防治单行法中都有相关规定。

（4）责令停止生产或使用，是指建设项目的防止污染设施没有建成或者没有达到国家规定的要求，投入生产或者使用的，由批准该建设项目的环境影响报告书的环境保护行政主管部门责令停止生产或者使用。一旦实行这种处罚，该项目就必须等到污染达标后方能再开始。

（5）责令停业、关闭，这是环境保护方面最严厉的行政处罚，主要适用于限期治理逾期未完成治理任务的企业事业单位。如果经限期治理污染状况有所改善，该单位在国民经济中的地位又十分重要，可以由罚款暂代，并由有关部门督促其继续治理。

二十五、环境刑事责任主要由哪些要素构成？

环境刑事责任的主体便是环境犯罪行为的事实。而环境犯罪行为则是由犯罪客体、犯罪的客观要件、犯罪主体、犯罪的主观要件构成的。

犯罪客体是指犯罪行为侵害的对象，环境犯罪行为的犯罪客体通常都是《环境保护法》所规定的公民和企业事业单位依法享有的环境权益。

犯罪的客观要件是指犯罪行为本身及其造成的后果。犯罪行为包括主动作为造成后果和不作为导致可避免的未能避免的后果。而损害结果是追究刑事责任的必要条件，环境犯罪行为的损害结果中还包括可能引起危害的行为，这是环境刑事责任较为特殊的地方。

犯罪主体是指犯罪行为的行为人，也即刑事责任的承担者。这个行为人可以是个人，也可以是企事业单位。

犯罪的主观要件是指犯罪行为人主观上故意或过失的心理状态。环境刑事责任与环境民事责任不同，不能实行无过错责任原则。犯罪人的心理状态必须作为追求环境刑事责任的必要条件。与环境行政责任一样，这里的故意是指明知自己的行为会造成污染或损失并且希望或放任这种情况发生的行为，其中希望属直接故意，放任属间接故意。过失则指行为主体应该预见到自己的行为会造成损失却因疏忽没有预见到或认为可以避免。犯罪行为的主体犯罪心理不同，所需承担的环境责任也不一样。

二十六、乡镇企业破坏环境资源保护罪主要包括哪些内容？

破坏环境资源保护罪是于 1997 年第八届全国人大修订《刑法》时写入的，主要包括：

（1）重大环境污染事故罪，是指公民个人或单位违反国家规定，向土地、水体、大气排放、倾倒或者处置有放射性的废物、含传染病病原体的废物、有毒物质或者其他危险废物，造成重大环境污染事故，致使公私财产遭受重大损失或者人身伤亡的严重后果的行为；

（2）非法进境倾倒、堆放、处置固体废物罪，是指公民个人或单位违反国家规定，将境外的固体废物进境倾倒、堆放、处置的行为；

（3）擅自进口固体废物罪，是指公民个人或单位未经国务院有关主管部门许可，擅自进口固体废物用作原料，造成重大环境污染事故的行为；

（4）非法捕捞水产品罪，是指公民个人或单位违反保护水产资源法规，在禁渔区、禁渔期或者使用禁用的工具、方法捕捞水产品；

（5）非法猎捕、杀害珍贵、濒危野生动物罪和非法收购、运输、出售珍贵、濒危野生动物及珍贵、濒危野生动物制品罪；

（6）非法狩猎罪，是指公民个人或单位违反《狩猎法》规定，在禁猎区、禁猎期或者使用禁用的工具、方法进行狩猎，破坏野生动物资源的行为；

（7）非法占用耕地罪，公民个人或单位违反《土地管理法》规定，非法占用耕地改作他用，数量较大，造成耕地大量毁坏的行为；

（8）非法采矿罪；

（9）破坏性采矿罪，是指公民个人或单位违反《矿产资源法》的规定，采取破坏性的方法开采矿产资源，造成矿产资源严重破坏的行为；

（10）非法采伐、毁坏珍贵树木罪；

（11）盗伐林木罪；

（12）滥伐林木罪；

（13）非法收购盗伐、滥伐的林木罪。

二十七、乡镇企业负担环境刑事责任主要有哪些承担形式?

环境刑事法律责任及其承担形式具体如下：

（1）重大环境污染事故罪。《刑法》第338条规定了向土地、水体、大气违法排放、倾倒或处置有毒有害废物造成重大污染事故要承担刑事责任。排放废物包括放射性废物、含传染病病原体的废物、有毒物质或其他危险废物。污染事故罪以造成公私财产的重大损失或人身伤亡的严重后果为犯罪构成要件，处刑为3年以下有期徒刑或者拘役，并处或单处罚金；后果特别严重的，处3年以上7年以下有期徒刑，并处罚金。

（2）非法处置或擅自进口固体废物罪。《刑法》增加了违法进口固体废物要承担刑事责任的规定。第339条规定，违法将境外固体废物进口倾倒、堆放、放置，处5年以下有期徒刑或者拘役，并处罚金；造成重大环境污染事故，致使公私财产遭受重大损失或严重危害人体健康的，处5年以上10年以下有期徒刑，并处罚金；后果特别严重的，处10年以上有期徒刑，并处罚金。未经主管部门许可，擅自进口固体废物用作原料而造成重大环境污染事故，并造成重大财产损失、严重危害人体健康的，处5年以下有期徒刑或者拘役，并处罚金；后果特别严重的，处5年以上10年以下有期徒刑，并处罚金。

（3）破坏自然资源罪。《刑法》第340条至第345条分别规定了破坏水产资源、野生动物、土地、矿产和森林资源的刑事责任。为保护水产资源，第340条规定，违法在禁渔区、禁渔期或者使用禁用工具、方法捕捞水产品，情节严重的，处3年以下有期徒刑、拘役、管制或者罚金。针对非法猎捕野生动物且屡禁不止的情况，《刑法》第341条规定，非法猎捕、杀害国家重点保护的珍贵、濒危野生动物的，或者非法收购、运输、出售上述野生动物及制品的，处5年以下有期徒刑或者拘役，并处罚金；情节特别严重的，处10年以上有期徒刑，并处罚金或者没收财产。违法在禁猎区、禁猎期或者使用禁用的工具、方法进行狩猎，破坏野生动物资源，情节严重的，处3年以下有期徒刑、拘役、管制或者罚金。为保护土地特别是耕地资源，《刑法》第342条规定，非法占用耕地改作他用，数量较大，造成耕地大量毁坏的，处5年以下有期徒刑或者拘役，并处或者单处罚金。

（4）破坏矿产资源追究刑事责任的，分为两种情况。一种是未取得采矿许可证擅自采矿的，擅自进入国家规划矿区、对国民经济具有重要价值的矿区和他人矿区范围采矿的，擅自开采国家规定实行保护性开采的特定矿种，经责令停止开采后拒不停止开采，造成矿产资源破坏的，处3年以下有期徒刑、拘役或者管制，并处或者单处罚金；造成矿产资源严重破坏的，处3年以上7年以下有期徒刑，并处罚金。另一种是违法采取破坏性的开采方法开采矿产资源，造成矿产资源严重破坏的，处5年以下有期徒刑或者拘役，并处罚金。

（5）破坏森林资源的犯罪，区别三种情况：对非法采伐、滥伐森林或其他林木，数量较大的，处刑3年以下；盗伐数量特别巨大的，处刑7年以上；盗伐、滥伐国家自然保护区内林木的加重处罚；以牟利为目的，非法收购明知是盗伐、滥伐的林木，情节严重的，处刑3年以下，情节特别严重的，处刑7年以下。

【案例】

地处某市境内的某塑胶有限公司，由于生产装置检修或其他原因需要更换失效催化剂，其所更换下来的报废失效催化剂属危险废物。依照《环境保护法》的有关规定，需要进行处理。陈某得知这一信息后，为牟取个人经济利益，与塑胶有限公司取得了联系。2002年9月20日，陈某以虚构的“常山精细化工厂”的名义，与某塑胶有限公司签订了一份“回收处理废催化剂协议”。在签订协议之前，塑胶有限公司并未对陈某的“常山精细化工厂”加以资格审查。协议签订后，塑胶有限公司在陈某亦未向其提供相关的国家颁发的环保处理许可证书的情况下，就将废催化剂交由陈某处理。同年10月，陈某在既无危险废物经营许可证，又无实际处理废催化剂能力的情况下，擅自将塑胶有限公司交给他的19桶3.8吨废催化剂运至某市柯城区石室乡东村，埋在该村天巷岭梨铺山尖处。陈某又于2003年1月和3月先后共2次将塑胶有限公司的22桶4.4吨废催化剂倾倒在某市柯城区沟溪乡洞头村的废弃矿井中。尔后陈某谎称"已妥善处理"，便到塑胶有限公司领取回收处理费，合计2.6万元。公司支付给陈1.8万元，暂扣8000元。陈某违法处理固废危险物品，给周围环境造成了污染。市环保局接到群众举报后，遂于2003年4月6日立案查处并作出行政处罚，对陈某没收违法所得2.6万元、罚款5000元，对塑胶有限公司罚款5万元。

【评析】

本案涉及的是有关危险废物的收集、贮存、利用、处置等经营活动的特殊要求问题。危险废物的危险特性，决定了并非任何单位和个人都可以从事危险废物的收集、贮存、利用、处置等经营活动。从事此类经营活动的单位，尤其是从事危险废物利用活动的单位，必须要具备相应的专业技术条件，具有相应的管理和操作、经营能力，拥有相应的处置设备和设施；从事此类活动单位的工作人员也必须具备一定的专业技术知识和能力，即从事此类活动的单位及其工作人员都必须有专门的资格条件。只有这样，才能确保防止在进行收集、贮存、处置危险废物的过程中发生污染危害，确保收集、贮存、利用、处置的无害化和安全化。否则，在收集、贮存、利用、处置过程中将有可能造成污染危害，导致严重污染事故的发生，给环境造成严重危害。

许多国家，特别是发达国家，都把实行许可证管理作为控制危险废物、防治污染环境的一种重要手段。如美国《资源保护和回收法》规定，贮存、处理、处置危险废物，必须持有环保局颁发的许可证。日本《废弃物处理和清扫法》规定，凡以收集、运输、处理产业固体废弃物为业者，应当向都道府县知事领取许可证。德国《促进物质闭路循环式废物管理和确保环境相容式废物处置法》规定，联邦政府可以制定条例，要求从事循环利用需要监管的废物或特别监管的废物（危险废物）的，必须领取许可证。意大利、澳大利亚、英国等也都有关于危险废物许可证管理的法律规定。

借鉴西方发达国家的做法，我国对危险废物的经营活动也实行经营许可证制度。首先，从事收集、贮存、处置危险废物经营活动的单位，必须向县级以上人民政府环境保护行政主管部门申请领取经营许可证；从事利用危险废物经营活动的单位，必须向国务院环境保护行政主管部门或者省、自治区、直辖市人民政府环境保护行政主管部门申请领取经营许可证。其次，禁止无经营许可证或者不按照经营许可证规定从事危险废物收集、贮存、利用、处置的经营活动。禁止将危险废物提供或者委托给无经营许可证的单位从事收集、贮存、利用、处置的经营活动。最后，无经营许可证或者不按照经营许可证规定从事收集、贮存、利用、处置危险废物经营活动的，由县级以上人民政府环境保护行政主管部门责令停止违法行为，没收违法所得，可以并处违法所得3倍以下的罚款。不按照经营许可证规定从事前述活动的，还可以由发证机关吊销经营许可证。将危险废物提供或者委托给无经营许可证的单位从事收集、贮存、利用、处置等经营活动的，由县级以上人民政府环境保护行政主管部门责令停止违法行为，限期改正，处2万元以上20万元以下的罚款。为了保证危险废物经营许可证制度顺利运行，国务院在2004年通过了《危险废物经营许可证管理办法》，对危险废物经营许可证的实施机关、条件、程序、期限等内容作出具体规定。在我国境内从事危险废物收集、贮存、处置等经营活动的单位，必须依照该办法的规定，领取危险废物经营许可证。

具体到本案，陈某在没有取得危险废物经营许可证的情况下，从事危险废物处置的经营活动，违反了我国《固体废物污染环境防治法》的规定，应当承担法律责任，进行罚款和没收违法所得。在本案中，所没收的数额应该是全额，即包括塑胶有限公司暂时扣留的8000元固体废物处理费，合计为2.6万元整。同时塑胶有限公司对陈某虚构的“常山精细化工厂”是否具备危险废物经营许可证、有无实际处理能力未依法严格审查，就将本单位的废催化剂交由一个无资质的个人处理，造成了环境污染。这违反了“禁止将危险废物提供或者委托给无经营许可证的单位从事收集、贮存、利用、处置的经营活动”的规定，也应当承担相应的法律责任，环保部门可责令其停止违法行为，并给以罚款。

在本案中，陈某和塑胶有限公司的行为已经造成了环境污染，受害者还可以通过民事手段要求赔偿因污染造成的损失。

第九章　环境影响评价与环境管理体系

一、什么是环境影响、环境影响评价？环境影响评价的作用及意义是什么？

（1）环境影响。是指人类活动（经济活动、政治活动和社会活动）对环境的作用和导致的环境变化，以及由此引起的对人类社会和经济的效应。

（2）环境影响评价。是指对拟议中的建设项目、区域开发计划和国家政策实施后可能对环境产生的影响（后果）进行的系统性识别、预测和评估，并提出减少这些影响的对策措施。

（3）环境影响评价的作用。环境影响评价可明确开发建设者的环境责任及规定应采取的行动，可为建设项目的工程设计提出环保要求和建议，可为环境管理者提供对建设项目实施有效管理的科学依据。

（4）环境影响评价的意义。主要表现在如下几个方面：

一是环境影响评价是经济建设实现合理布局的重要手段。经济的合理布局是保证经济持续发展的前提条件，也是充分利用物质资源和环境资源防止局部地区因工业集中、人口过密、交通拥挤而造成环境严重污染的有力措施。

二是开展环境影响评价是对传统工业布局做法的重大改革。进行环境影响评价的过程，也就是认识生态环境与人类经济活动相互依赖、相互制约的过程。在这个过程中，不但要考虑资源、能源、交通、技术、经济、消费等因素，还要分析环境现状，阐明环境承受能力和防治环境污染的对策。

三是环境影响评价为制定防治污染对策和进行科学管理提供必要的依据。在开发建设活动中，惟一正确的途径就是努力实现经济与环境保护协调发展，使经济活动既能得到发展，又能把开发建设活动对环境带来的污染与破坏限制在符合环境质量标准要求的范围内。环境影响评价是实现这一目标必须采用的方法，因为环境影响评价能指导设计，使建设项目的环保措施建立在科学、可靠的基础上，从而保证环保设计得到优化，同时还能为项目建成后实现科学管理提供必要的数据。

四是通过环境影响评价还能为区域经济发展方向和规模提供科学依据。进行环境综合分析与评价后可以减少由于盲目地确定该地区经济发展方向和规模所带来的环境问题。

总之，环境影响评价是正确认识经济、社会和环境之间相互关系的科学方法，是正确处理经济发展与环境保护关系的积极措施，也是强化区域环境规划管理的有效手段。所以全面推行环境影响评价，对经济发展和环境保护均有重大意义。

二、环境影响评价的类型有哪些？

（1）按评价时间分类。一般分为环境质量评价（主要是环境质量现状评价）、环境影响后评估。

第一，环境质量评价根据国家和地方制定的环境质量标准，用调查、监测和分析的方法，对区域环境质量进行定量判断，并说明其与人体健康、生态系统的相关关系。环境质量评价根据不同时间域，可分为环境质量回顾评价、环境质量现状评价和环境质量预测评价。在空间域上，分为局地环境质量评价、区域环境质量评价和全球环境质量评价等。建设项目环境质量评价主要为环境质量现状评价。

第二，环境影响后评估。可以认为是环境影响评价的延续。在开发建设活动实施后，对环境的实际影响程度进行系统调查和评估，检查对减少环境影响的落实程度和实施效果，验证环境影响评价结论的正确可靠性，判断提出的环保措施的有效性，对一些评价时尚未认识到的影响进行分析研究，以改进环境影响评价技术方法和管理水平，并采取补救措施，消除不利影响。

（2）按环境影响评价的对象分类。环境影响评价根据评价的对象来区分，可以分为四种类型：

第一，单个开发建设项目的环境影响评价。单个建设项目的环境影响评价是为某个建设项目的优化选址和设计服务的，主要对某一建设项目的性质、规模等工程特性和对所在地区自然环境和社会环境的影响进行评估，提出环境保护对策与要求，进行简要的环境经济损益分析等。

第二，多个建设项目环境影响联合评价。是在同一地区或同一评价区域内进行两个以上建设项目的整体评价，即将多个项目作为整体视若一个建设项目进行环境影响预测。所得预测结果能比较确切地反映出各单个建设项目对环境的综合影响，便于实行环境总量控制的对策。

第三，区域开发项目的环境影响评价。区域环境影响评价是对区域内（如经济开发区、高科技开发区、旅游开发区等）拟议的所有开发建设行为进行的环境影响评价。评价的重点是论证区域内未来建设项目的布局、结构和时序，提出技术上可行、经济布局合理、对全区环境影响较少的整体优化方案，促使区域内人口、环境与开发建设之间协调发展。可为开展环境容量分析、进行环境污染总量控制提出区域环境管理及环境保护机构设置意见。

第四，战略及宏观活动的环境影响评价。是对人类环境质量有重大影响的宏观人为活动，如对国家的计划（规划）、立法、政策方案（或建议案）等进行环境影响分析。它着眼于全国的、长期的环境保护战略，考虑的是一项政策、一个规划可能造成的影响。这类评价所采用的方法多是定性和半定量的预测方法和各种综合判断、分析的方法，是为最高层次的开发建设决策服务的。

（3）按环境要素分类。可分为水环境影响评价、大气环境影响评价、土壤环境影响评价、噪声环境影响评价、生态环境影响评价、社会环境影响评价等。但多数环境影响评价涉及各种环境要素，需要将单要素的评价结果进行综合，即称为环境影响综合评价。

三、环境质量现状评价程序与内容是怎样的?

（1）环境质量现状评价程序。是根据近期的环境监测资料，依据一定的标准和方法，对一个区域内人类活动所造成的环境质量变化进行评价，以此来了解该地区当前环境污染程度和范围，为区域环境污染综合防治提供综合依据。尽管评价程序因其目的、要求及评价的要素不同可能会有差异，但一般工作程序基本为：调查、监测、评价、建议。

（2）环境质量现状评价内容。区域环境质量现状评价的内容包括以下方面：①污染源调查与评价。通过对污染源的调查与评价，确定主要污染源与主要污染物，以及污染物的排放方式、途径、特点和规律，综合评价污染源对环境的危害作用，以确定污染源治理的重点。②环境污染物监测项目的确定。根据区域环境污染特点及主要污染物的环境化学行为，确定不同环境要素的监测项目，为评价提供参考。

（3）监测网点的布设及测定分析。根据区域环境的自然条件特点及工业、农业、商业、交通和生活居住区等不同功能区分别布点。布点疏密及采样次数应力求合理，有代表性。按质量保证要求分析测定，获得可靠的污染物在环境中污染水平的数据。

（4）建立环境质量指数系统进行综合评价。根据环境质量评价的目的，选择评价标准，对监测数据进行统计处理，利用评价模式计算环境质量综合指数。

（5）人体健康与环境质量关系的确定。计算各种与环境污染关系密切的疾病发病率（包括死亡率）与环境质量指数之间的相关性，确定人体健康与环境质量状况的相关性。

（6）建立环境污染数学模型。建立环境污染数学模型要以监测数据为基础，结合室内模拟实验，选取符合地区特征的环境参数，建立符合地区环境特征的计算模式。

（7）环境污染趋势预测研究。运用模式计算，结合未来区域经济发展的规模及污染治理水平，预测地区未来环境污染的变化趋势。

（8）提出区域环境污染综合防治建议。通过环境质量评价，确定影响地区的主要污染源和主要污染物，根据环境污染的特征及污染预测结果，提出区域环境保护的近期治理、远期规划布局及综合防治方案。

四、环境影响评价的程序是怎样的？

环境影响评价的工作程序主要用于指导环境影响评价的工作内容和进程，主要分为三个阶段。

（1）准备工作阶段。包括研究有关文件，进行初步的工程分析、现场调查与环境影响识别，确定评价重点与重点环境保护目标，编写评价工作大纲。

（2）正式工作阶段。主要工作为详细的工程分析、环境现状调查与评价、环境影响预测和环境影响评价。此阶段是环境影响评价工作的主要阶段。

（3）评价报告书编制阶段。主要工作是将第二阶段的各部分评价结果汇总、分析，进行综合分析，给出结论，完成报告书的编制。

五、环境影响评价的内容有哪些？

环境影响评价的内容十分广泛，评价的对象、目的不同，具体内容亦有差异，但关键性的内容主要包括：

（1）建设项目的工程分析。根据建设项目的规划、可行性研究和设计等技术文件、资料，通过分析和研究，对建设项目的工程种类、性质、规模、工艺流程（采用工艺先进程度）、“三废”排放情况、对拟采用的环境保护措施的评价等项目进行工程分析。其中的重要环节是统计建设项目的污染物排放量。最终找出建设项目与环境影响评价的关系，给出定量分析结果。

（2）环境现状调查。主要是对自然环境和社会环境现状的调查、评价与研究，掌握环境质量现状，为环境影响预测、评价分析以及投产运行进行环境管理提供基础数据。目前主要通过搜集资料法、现场调查法和遥感法对环境现状进行调查。调查的主要内容如下：①地理位置；②地貌、地质和土壤情况，水系分布和水文情况，气候与气象；③矿藏、森林、草原、水产和野生动植物、农产品、动物产品等情况；④大气、水、土壤等和环境质量现状；⑤环境功能情况（特别

注意环境敏感区）及重要的政治文化设施；⑥社会经济情况；⑦人群健康状况及地方病情况；⑧其他环境污染和破坏的现状资料。

（3）环境影响识别。就是回答开发活动的哪些活动或建设项目的哪些子项会对哪些环境要素的质量参数（环境因子）产生影响，影响的特征如何。

在环境影响识别中，应从直观环境要素中确定和识别出所有直接和潜在的环境影响，从时间要素上区分出长期影响和短期影响，从生态学的角度上区分出可恢复和不可恢复影响。识别过程中应特别注意对环境条件脆弱、对环境影响最敏感地区的那些环境因子的变化及其后果。

对识别出的所有影响必须通过筛选，识别出重大的或主要的环境影响，作为重点进行细致而准确的预测和评价。

（4）环境影响预测。任务主要是事先估计由拟议开发行动或建设项目所产生的环境因子变化的量和空间范围，以及环境因子变化在不同时间阶段发生的可能性。

预测重点是已识别出的重大环境影响。近十几年，已发展了各种各样的预测手段和模型，其中气质和水质预测模型的定量性能已比较成熟，而预测土壤和生物环境影响的定量性较差。文化和景观环境影响主要是采用专家经验判断的方法。大部分社会经济方面的预测主要是依据专家的经验和历史趋势外推。风险分析方法能较好地预测和评价风险性大的环境影响发生的可能性及其后果。

（5）环境影响评价。通常包括以下主要环节：①将影响预测的结果与环境质量现状进行比较，确定发生显著影响的时间和期限、影响的范围、时间跨度，还要区分影响是可逆的还是不可逆的。②把单项环境要素影响评价的结果综合起来进行总的评价。影响的综合涉及要用共同的单位来表示不同性质的影响，另外还要确定各个影响的权重。③判断拟议开发行动或建设项目产生的环境影响是否能被接受。④提出对拟议开发行动采取的环境保护对策建议。

（6）环境经济损益分析。对建设项目的环境影响进行经济损益分析，便于进行利弊比较，可为环境决策服务。资源核算的研究表明，环境资源是有限的，对环境资源应该计价，建设项目所造成环境资源的损失，尝试用环境经济影响评价法来计算，以货币形式体现，并将与建设项目的经济效益进行比较，可为环保主管部门决策服务。目前在缺乏环境经济影响评价基本参数的情况下，也可进行简易分析。

（7）环境影响评价报告书编写。环境影响评价报告书是评价工作的最终成果。在编写时应做到：取材翔实，结论明确，防治对策具体，内容精练，文字通俗。报告书完成后上报主管部门，并组织评审论证，最后由环保行政主管部门审批。

六、环境影响评价的方法有哪些?

(1) 图形叠置法。这类方法是将一套分别表示环境特征的地图叠置起来,做出一套复合图,以表示地区的特征,用它在拟议评价影响所及的范围内,指明影响的性质和程度。

首先将所研究的区域划分成若干地理单元,在每个单元中根据调查获得有关环境因素方面的资料,利用这些资料将每个因素做成一幅环境图,这样就绘制出一系列的环境图。然后做出一个地区的综合图。这种图能反映环境质量评价结果以及区域环境的空间结构和分布规律,一般以网格图、类型图、分区图表示。例如,图上有时可绘有十几种环境要素和土地利用的特征,据此进行综合分析,就可对土地利用的适用程度和工程的可能性作出评价,并通过颜色、阴影的深浅等来形象地表示其影响大小。

该法优点是简单易行,能一目了然地识别有关环境质量状况、动态发展规律,指明影响的性质和程度;其缺点是表达不够全面、细致,不能对建设项目的影响作出定量表示。

(2) 列表清单法。是将评价所选择的环境参数及工程开发方案表示在同一种表格里进行分析评价,从而可以清楚地鉴别出开发行为可能会对哪一种环境因素产生影响,以及所产生的影响大小。例如,Little 清单法,在交通运输等方面建设方案的影响评价时,把建设方案的建设过程分为 3 个阶段,即规划设计、施工及运行阶段,并把各阶段可能造成的影响如噪声、空气质量、水质、土壤侵蚀、生态、社会政治、经济和美学等,与上述各阶段列于一个统一的表格中,以此可以识别出各种不同的阶段方案可能对环境产生的有利或不利的影响,结合所制定的 0 ~ 10 的评价等级,还可以说明这种影响的大小。

列表清单法的优点是能全面表示各个行动计划对有关环境项目的相对影响情况;缺点是对环境参数不能进行定量计算,项目繁多,在选择方案时显得紊乱。

(3) 矩阵法。是把计划行动和受影响的环境特性组成一个矩阵来表示各个活动对环境因素的总体效果。矩阵横轴上列出计划行动,纵轴上列出环境特性和条件,然后在矩阵各栏目中列出从 1 ~ 10 的数值,1 表示影响小,随数值的增大,表示影响越来越大,10 表示影响强烈,从而以定量和半定量的数据表示计划行动对环境影响的大小。

这种方法是一个综合评价法,能表示出物理—生态环境、社会—经济环境等多种行动和项目的关系,但不能预测综合汇集的指数,选择性较差。

(4) 网络法。环境影响是个复杂系统,一项活动可能产生一种或几种环境影响,这种影响又会引起一种或几种后续条件的变化。网络法往往表示成树枝

状，又称为关系树或影响树，通过画出建设项目与环境因素之间相互关系的关系树来说明由工程建设引起的一系列环境反映，包括直接的和间接的影响。关系树要求估计出事件的各个分支的单个事件的发生概率，求出每个分支上各事件的概率积，然后再求出活动的总影响。一般需经过专家调查确定各个分支发生的概率。

网络法以简单的形式给出了由于某种活动直接产生和诱发影响的全貌，因而常被采用，但它只能给出总体的影响程度，是一种定性的概括。

（5）模型法（模拟法）。是根据物理、化学或生物作用机制，建立一定的数学模型，来刻画对环境影响的程度。目前有生态系统模拟模型、动态系统模拟模型、综合环境模型、污染分析模型等。但不论哪一种模型，都是把开发、生产、资源、能源和环境污染、社会经济影响等复杂系统整个构成各种能模拟实际情况的关系式、图示或程序，从而预测环境变化和污染趋势，评价建设项目或计划行动带来的环境影响。

七、什么是农业环境影响评价？农业环境影响评价有何现实意义？

《环境影响评价法》第 2 条规定："本法所称环境影响评价，是指对规划和建设项目实施后可能造成的环境影响进行分析、预测和评估，提出预防或者减轻不良环境影响的对策和措施，进行跟踪监测的方法与制度。"农业环境影响评价就是对农业规划和开发建设项目的环境影响进行分析、预测和评估，提出预防或者减轻不良环境影响的对策和措施，进行跟踪监测的方法与制度。

农业环境影响评价有重大的现实意义：

（1）是根本解决我国日益严重的环境问题的现实需要。我国农村幅员辽阔，农业人口众多，农民是我国最大的社会群体。随着我国农村经济的发展，农业生产力水平和农民生活水平都得到大幅度提高。但是，农民环境意识的提高远落后于生活水平的提高。当前，我国政府把精力和财力重点放在城市环境污染和生态破坏的治理上，注重城市建设项目的环境影响评价，城市污染已基本得到遏制，而对农村污染和农村规划及建设项目的环境影响评价重视不够，农村的环境污染防治工作发展较慢。改变农村居民不利于环境的生产生活方式，对从根本上解决环境问题、缓解资源与环境危机、创造良好的农村生存环境具有重要意义。

（2）是实现可持续发展的前提。农业生产、农村建设要坚持农业可持续发展的新理念，合理利用和保护自然资源，维护和改善生态环境，始终贯彻"源头治理"、"全过程控制"的环保理念，充分重视环境影响评价在环境保护中的作用。借鉴工业污染治理的经验，在发展农村生产中全面推行环境影响评价制度，对农村的建设项目、农村规划及可能对环境造成不利影响的生产生活方式进行环境影响评价，从源头控制农村环境污染，引导农民改善生产生活方式，节约资源，对我国实现可持续发展具有决定性意义。

（3）是构建和谐社会和环境友好型、资源节约型社会的需要。人与自然和谐是和谐社会的重要内容，对农村生产生活方式进行环境影响评价，引导我国9亿多农民摒弃资源浪费型生产及生活方式，采用环保的生产生活方式，提倡节约资源，实现人与自然的可持续发展，为构建和谐社会和环境友好型、资源节约型社会奠定基础。

（4）是建设社会主义新农村的必然要求。新农村的特征是“生产发展、生活宽裕、乡风文明、村容整洁、管理民主”。可见，改善农村环境是新农村建设的一项重要内容。通过对农村生产生活方式进行环境影响评价，推动其向有利于环境的方向发展。农村环境的改善，可以加快农村生产发展，促进生活富裕，加速新农村建设的步伐。只有对农村生产生活方式环境影响评价进行研究，从源头控制农村环境污染，才能解决农村环境问题，为建设社会主义新农村提供制度保障。

（5）是保障理性决策、科学规划的需要。环境影响评价制度是我国从源头预防环境问题的一项重要制度，也是理性决策、科学规划的一个重要工具。该制度的实施，可以为农业发展、农村建设提供依据，并预防因决策失误、规划不当给农村生态环境带来的不利影响。农村建设要立足本地实际，因地制宜，着眼于长远目标，进行合理的村镇布局和建设项目规划，合理利用土地和其他自然资源。

八、农业环境影响评价在解决我国目前农业环境问题上有什么重要作用？

（1）保证开发建设项目选址和布局的合理性。合理的经济布局是保证环境与经济持续发展的前提条件，而不合理的布局则是造成环境污染的重要原因。环境影响评价从开发建设项目所在地区的整体出发，考察开发建设项目的不同选址和布局对区域整体的不同影响，并进行比较和取舍，选择最有利的方案，保证建设选址和布局的合理性。

（2）指导环境保护设计，强化环境管理。环境影响评价针对具体的开发建设活动或生产活动，综合考虑开发活动特征和环境特征，通过对污染治理设施的技术、经济和环境论证，可以得到相对最合理的环境保护对策和措施，把因人类活动而产生的环境污染或生态破坏限制在最小范围。

（3）为区域的社会经济发展提供导向。环境影响评价可以通过对区域的自然条件、资源条件、社会条件和经济发展等进行综合分析，掌握该地区的资源、

环境和社会等状况，从而对该地区的发展方向、发展规模、产业结构和产业布局等作出科学的决策和规划，指导区域活动，实现可持续发展。

（4）促进相关环境科学技术的发展。环境影响评价涉及自然科学和社会科学的广泛领域，包括基础理论研究和应用技术开发。环境影响评价工作中遇到的问题，必然会对相关环境科学技术提出挑战，进而推动相关环境科学技术的发展。

九、农业环境影响评价的对象是什么？

随着现代化农业发展的需要，传统农业（包括种植业和养殖业）已带动了农产品、畜产品和水产品等加工业的发展，也使农业和农产品加工机械制造业和维修业得到了长足的发展。改革开放的深入，使原料开采、农产品加工业、服务业和劳动密集型的农村企业大量涌现。同时，农业开发的内容也丰富多彩，包括荒地开垦、农田或牧场改造、退耕还林（草、水等）、土壤改良、农作物或畜禽的新品种引进、新型农业化学品的研制与使用、农田水利工程设计和建设、畜禽养殖基地建设、牧场开发、水产养殖等，也包括农产品加工、新农业政策的实施或新农业技术的推广等。另外，还有农村建设，如集市建设、医院建设、学校建设、供水工程、道路工程、供电线路建设等。

从环境评价的角度，可以将上述农业环境影响评价的对象汇总成为四类，即农业生产类、生态建设类、产品加工类和基础建设类。各类环境评价都有不同的特点。从环境影响评价的内涵来讲，也可以将农业环境影响评价分为农业政策环境影响评价、农业规划环境影响评价、农业建设项目环境影响评价、农业生产及农村生活方式环境影响评价四类。

十、农业工程项目的环境特点是什么？

从环境的角度看，农业工程项目有许多与其他工程项目不同的特点。

（1）农业工程项目对环境依赖性强，易受环境冲击。无论种植业还是养殖业，都对土壤、水质、空气质量等环境条件有较高要求，容易受到各种环境变动的影响。

（2）农业工程项目不仅可能会影响环境，而且可能有较大的直接影响。作物耕作直接影响到土壤并容易造成土壤侵蚀，农药喷洒会直接影响到环境中从低等到高等的各种生物，肥料流失污染地下水和地表水体，大面积种植一种作物或林木造成生物多样性的丧失。

（3）农业工程项目的环境影响，既有生态影响，也有污染影响。污染以面源污染为特点，除集中饲养场以外，农、牧、渔、林业的污染均以面源污染的形式出现。

(4) 农业工程项目具有地域性特点。不同地区环境条件的差异造成了农业生产品种、生产方式的差异，那么采取的生产技术措施不同，它们对环境的影响也不同，控制的措施也不尽相同。

(5) 农业生产管理一般比较粗放，资源利用率一般不高，环境管理比较薄弱。不断提高生产管理水平，是农业现代化的必由之路。

(6) 综合开发项目最能体现“循环经济”的理念。种植业产生的秸秆是牲畜的饲料，畜禽养殖业产生的粪尿又是农业的肥料，加工业产生的下脚料又是牲畜的饲料和作物的肥料，形成良好的生态链，实现农业的可持续发展。

在进行农业项目环评时，要特别注意农业的特点。如在生态脆弱区进行农业开发，要注意对生态环境的影响。养殖类项目也需要关注种植业的发展。

十一、农业环境影响评价的技术内容有哪些？

农业环境影响评价的目的是确保拟建设的项目或拟实施的政策在资源利用方面的可持续性，在项目建设或政策实施之前将任何可能引起的环境问题分辨清楚，把不利影响减少至最低程度，避免由于没有预见到的环境问题在项目建设或政策实施之后的中期或后期带来严重后果。

农业环境影响评价首先需要对环境影响指标进行筛选，确定评价标准体系及环境影响评价范围等。其评价的基本步骤为源评价（工程分析）、环境影响识别与现状评价、影响预测、不确定性分析和风险评价、环境经济评价、减缓措施及优化方案选择。

(1) 源评价（工程分析）。“源”指的是农业生产、开发的方式即农业工程及其相关工程项目的活动方式，其目的在于通过分析工程类型和组成，识别农业工程的环境影响因素。

(2) 环境影响识别与现状评价。环境影响识别是一种定性的和宏观的环境影响分析，主要包括影响因素识别、影响对象识别和影响性质与程度的识别。影响因素识别是对作用主体（农业工程及其相关工程项目）的识别，影响对象识别是对影响受体的识别，即识别受影响的环境因子。环境影响的性质可以分为有利影响与不利影响、直接影响与间接影响、可逆影响与不可逆影响、累积性影响与暂时性影响、短期影响与长期影响、局部影响与区域性影响。影响程度可分为影响大、影响中等、影响小和无影响等几种情况。应根据受影响的性质、程度筛选出重点评价环境的要素及因子。

现状调查与评价主要包括社会经济调查与评价，即主要了解与开发活动有关的人口负荷概况，判断开发活动与评价区社会经济的关系；污染源调查与评价，

即主要了解与农业工程项目有关的工业、生活或其他农业污染的分布及源头；自然条件与环境质量调查与评价即主要了解自然条件概况、水、生态、空气、声等环境因子的质量等级；主要生态环境问题调查与评价等。

（3）影响预测。①影响过程分析。指受体或评价因子在不同影响因子或影响方式下产生的环境过程分析，其中包括：模拟各种物理/化学作用的影响传递过程，生物种群的污染物暴露浓度分析及生物毒理学分析，以及生态效应的模拟等。②影响结果分析及其表述。影响结果的表述包括：该农业活动在什么时间、在哪些地区、对哪些环境因子、生物物种或生态系统产生什么影响，影响的严重程度如何，可能出现的各种影响的最终结果是什么，等等。

（4）不确定性分析和风险评价。对可能发生环境风险的农业工程项目都应当进行风险评价。风险评价包括风险识别、风险分析和风险对策（管理）三个步骤。

（5）环境经济评价。资源开发应追求其效益和费用之差最大化。费用—效益分析是农业工程项目环境经济评价的主要方法之一。

（6）减缓措施及优化方案选择。农业环境影响评价应提出减缓环境影响的主要环保措施。根据保护目标可以把减缓措施分为污染防治措施和生态保护措施。

十二、如何分析种植业项目的工程？

种植业是一个与环境紧密相连的产业，为获得农业的高产和稳产，在农作物生长期间就要改造环境为其创造更好的生活和生存条件，抵抗不良环境和有害生物的侵袭，因此需要进行平整土地、农田水利工程建设（灌溉）、施肥和防治病、虫、草、鼠害等农业措施以及大棚、温室工厂化等栽培形式，随之不可避免地会对环境产生影响。

我国地域广大，环境条件有明显差异，栽培作物种类多种多样，因此对生产和环境条件的要求各不相同。在对水肥、农药等各种农业措施管理投入上就有很大差异，对环境的影响也不尽相同。因此，在进行工程分析时，需要根据具体的种植措施进行具体的分析。

种植业的工程种类很多，如种植业的主要环节有农田水利工程、农田建设、播种、田间管理和收获。农田水利工程、农田建设属于施工期，播种、田间管理和收获属于生产期。下面仅以中低产田改造工程为例进行工程分析。

针对不同类型的中低产田，实施不同的改造技术工艺。

（1）冷渍田改造：开沟排冷渍，机电排灌，晒田、熏土，增施磷、钾肥，合理轮作。

（2）缺水田改良：配套完善引蓄水工程和灌溉沟渠，减少输水损耗。发展节水农业，选用良种良法，增施有机肥，扩种绿肥。个别没有水源保障的，可改为水浇旱地。

（3）瘦薄型田改良：采用客土、淤泥淤沙、兴建水窖水池等措施。扩种绿肥，机械深耕改良，增施有机肥，秸秆还田，测土配方施肥，推广良种良法。

（4）缺素型田改良：增施有机肥，扩种绿肥，测土配方施肥，针对缺素合理施用微肥，推广良种良法。

（5）毒害型田改良：针对污染源性质，制定废水、废渣、废气排放标准，净化处理或截断污染源。对已截断污染源后的含毒耕地，可采用客土等工程措施减轻污染程度；修建完善排灌沟渠，引水洗压盐碱、矿毒，改旱地为水田。施用石灰改良酸性耕地，施用石膏改良碱地，选用抗毒性较强的作物品种，增施有机肥和扩种绿肥，测土配方施肥和针对性施用微肥。

十三、如何分析施工期建设对环境的影响?

施工期建设包括水利灌排工程建设、农田建设和土壤改良等方面，下面分别就田间灌溉工程、农田建设工程（垦殖）、低产田改造工程和坡改梯工程的有利与不利影响进行分析。

（1）田间灌溉工程。有利影响：灌区开通后荒地变为农田，旱地变为水浇地或水田，改变现有耕作方式，使农业生产力提高，促进高效农业发展；灌溉面积增加可以减轻干旱对农业生产的威胁，增加农民收入，改善农业生态环境和当地群众的生存环境；周边发展林草地，提高植被覆盖率，缓解项目区生态环境压力，使区域生态系统得到改善；喷、滴灌管网工程能够充分提高现有水资源的利用程度，使土地利用率得到提高。可能存在的不利影响：生态系统发生转变，土著物种栖息地改变，生物群落发生演替，并使生物量增加、物种趋向单一；不合理的灌溉使地下水位升高，形成土壤次生潜育化或盐碱化，导致还原物质积累，土壤微生物活性差，有机物难以分解，土壤中速效养分流失；灌区小气候发生变化，病虫害发生频率提高和严重程度增加；灌溉退水和雨季退水含有肥料、农药和土壤盐分，带入水网致使水体水质变坏，造成下游污染；开挖土石方，破坏局部地表植被；雨季开挖和回填土方会引起土壤和养分流失；开挖和回填土方会引起扬尘污染；污水灌溉带入的重金属、病原体等污染物影响土壤质量和农产品质量。

一般说来，节水灌溉工程项目以有利影响为主，但是如果在工程建设期施工不合理、管理不善，工程运行期不能做到科学种植，仍存在一些环境问题，因此需要采取相应的环境保护措施以减缓污染或生态破坏。

（2）农田建设工程（垦殖）。有利影响：创造作物生长的良好环境，促进农业高产稳产；增加农民收入，改善农民生活。可能存在的不利影响：开垦荒山荒

坡荒地，破坏山林（草地）植被，致使地表裸露，易造成水土流失；围垦滨海滨湖荒地，降低湖泊调节功能，破坏湿地生态环境；改变原有的生态系统，破坏动植物的栖息地；变生物种群的多样性为单一性；改变土地利用格局；改变区域水平衡；对自然景观有一定的影响。

（3）低产田改造工程：一般在低洼盐碱地区、低产地区、山区或半山区对农田进行改造。有利影响：改善作物生长环境，促进农业高产稳产，增加农民收入。可能存在的不利影响：旱田改为水田或水田改为旱田，致使生态系统发生改变；增加农业化学品用量，引起污染。

（4）坡改梯工程：坡改梯也可以作为一种低产田改造的形式，主要发生在山区和半山区农田的改造。有利影响：提高农田高产稳产条件，农田保土保肥，可灌可排，增加粮食产量，提高山区人民的生活水平。可能存在的不利影响：开挖土石方，遇到雨水冲刷造成水土流失、养分流失；若梯田的排水系统设计不合理，也会导致水土流失或土壤结构破坏；开挖土石方会导致局部地表植被破坏；开采石料，影响景观，丢弃多余石料也影响景观；开挖和回填土方会引起扬尘污染。

十四、种植业生产包括哪些环节？对环境的有利影响和不利影响有哪些？

种植业生产包括整地、播种或育苗、施肥、中耕除草、病虫害防治、收获和秸秆处理等环节。

（1）有利影响：为城乡人民提供粮食、水果、蔬菜等产品，提高人民的生活水平，促进农民收入增加和社会稳定。

（2）可能存在的不利影响：引入外来物种造成生物安全隐患，引入新品种有可能造成新病虫害发生，有生物入侵的风险；不适当的整地，造成土壤的风蚀或水蚀；不合理的灌溉引起土壤盐渍化；农药喷洒过程中，部分形成细小的液滴悬浮在空气中，直接危害人畜健康，有风时影响范围会扩大；农药通过多种途径进入水体，危及水生生物；农药在作物体内残留影响农作物品质，同时也会对人畜有不利影响；持久性农药进入土壤，污染土壤，生物富集作用又会使作物受到毒害，并通过食物链危害人体健康；杀灭天敌，破坏生物多样性；肥料使用过量，使用时机不当，比例不当，致使养分下渗污染地下水（氮素），随农田退水和雨水流失，构成农业面源污染（氮、磷）；地膜碎片残留在土壤中会改变土壤的物理性状，抑制作物生长发育，导致作物减产；焚烧垦荒和对秸秆的焚烧，都会造成严重的空气污染，也会造成资源的浪费。

十五、种植业项目主要评价因子有哪些？

（1）土壤及土地利用。土壤种类数量，土壤质量（有机质、全氮、全磷、全钾、碱解氮、速效磷、速效钾)、土层厚度;土壤侵蚀(水蚀、风蚀)种类、影响范围、侵蚀模式,水土流失治理面积,盐渍化面积、程度、治理面积等;土地利用构成、面积和百分比等。

(2)动植物资源及生物安全。植被类型、生物量、森林覆盖率、敏感物种种类数量、保护动植物种类数量等;生物入侵种类、数量、范围,引进外来物种的安全性。

(3)水资源及水质。地表水可利用量,地下水资源补给量、储存量、可开采量、使用量等;地表水(COD、pH 值、NH3 - N、总磷等),地下水(总硬度、pH 值等)。

(4)大气环境。总悬浮颗粒物。

(5)固体废物。土石方量、秸秆量。

(6)噪声。等效声级。

(7)社会、经济、文化。人口,土地面积,耕地面积,人均土地面积,人均居住面积,第一、第二、第三产业产值,农业总产值,粮食总产量,作物单产,复种指数,人均粮食产量,人均纯收入。

十六、如何减少农田灌溉工程对水资源的影响?

(1)灌区水资源要合理开发、优化调度,提高水资源利用率,保持灌区水资源平衡。

(2)制定科学的用水制度,根据不同作物种类、生长发育规律、作物蓄水量与土壤含水量以及降水时空分布,切实做好用水和配水计划。田间配水精度应达到95%以上,防止因过量灌溉而过度开发地下水以及造成深层渗漏而污染地下水。

(3)工程设施的良好运行是保障节水灌溉效率的物质基础。建立严格的设施管理和维护体系,定期检查设施运行状况,保证各类节水设施的完好运转。

十七、如何解决农田灌溉工程与土壤盐渍化问题?农田灌溉工程对农田土壤质量有什么影响?

(1)农田灌溉工程与土壤盐渍化问题。

第一,现状评价。土壤盐渍化现状(面积、分布、盐渍化土壤类型与盐渍化程度);土壤盐渍化成因分析。

第二,预测分析。灌溉水质对土壤盐渍化的影响;高效节水灌溉对土壤盐渍化的影响;灌溉制度、灌溉方式对土壤盐渍化的影响。

第三,控制对策。主要有:①合理密植,增加复种套种指数,增加土地覆盖

度以减少土壤裸露面积和时间，抑制土壤水分增加，抑制土壤返盐作用和增加土壤脱盐作用。②合理耕作，适时晒田，抑制土壤返盐。严格控制灌溉水质，防止因盐水灌溉而引起的土壤次生盐渍化。一般灌溉河水含盐量低，井水含盐量高，后者必须采取脱盐措施。

（2）农田灌溉工程对农田土壤质量的影响。

第一，回用水对土壤的影响。重金属在土壤中的积累迁移，土壤对有机污染物的净化，土壤对氮、磷污染物的净化，对土壤肥力的影响，病原体在土壤中的变化。

第二，农药对土壤的影响。农药输入土壤后，在各种因素作用下会产生降解或转化，因此对典型农药在土壤中的积累残留应进行预测分析。

第三，保护农田土壤质量的措施。严格控制回用水及灌溉水质的标准，减少农药、重金属等有毒污染物在农田土壤中的积累。

十八、农业化学投入品对农田环境有什么影响？

农业化学投入品包括农药、化肥和农用薄膜，核心问题是分析项目实施前后农业化学投入品种类和数量的变化，评价重点应当是农药和重金属。

（1）现状评价。耕作土壤肥力状况（各类耕作土壤的有机质含量，全氮、速效磷、速效钾含量）；化肥使用量（氮肥、磷肥、钾肥、复合肥）；化肥使用损失（不同灌溉方式下的氮肥利用率、磷肥利用率）；农药施用量、施用方式与施用效果；农药残留状况；农膜使用现状（种类、使用量）；土壤农膜残留现状和影响分析。

（2）项目实施以后的环境影响分析。化肥施用对农田生态系统的影响；农药使用对农业生态系统的影响；土壤残留农膜的影响（农膜残留量和影响分析）。

（3）减少农业化学投入品污染的措施。主要是减少肥料、农药和农膜的污染。①肥料污染减缓措施：增施有机肥，将有机肥作为底肥，可以减少肥料的流失；农作物和林木果树与豆科作物（绿肥作物）间作、套种和轮作，可以减少化肥的施用量，从而减少环境压力；根据土壤情况和作物需要，协调氮磷钾配比，测土配方，合理施肥。②农药污染减缓措施：选用抗病虫的作物和苗木，引种时对种子和苗木进行检疫，通过栽培措施提高植株的抗病虫害的能力；病虫害发生以后尽量使用物理方法应对，以达到少施农药或不使用农药的目的；向农户推荐使用矿物药剂、生物制剂以及低毒药剂，在上述药品无效的情况下使用中等毒性的药剂，禁止使用高毒、高残留以及致癌的农药，以降低农药对于人畜和生态系统的影响；按农药使用规程施用农药，对农民进行培训；政府目前推行的无公害农产品、绿色食品、有机食品计划，可以降低化学农药使用量，提倡生物防治、农业防治和综合防治。③农膜污染减缓措施：应选择厚度适中的薄膜。薄膜太薄或超薄型地膜使用后易碎易裂，使用寿命短，不容易回收，造成严重污染。另外，在整地的过程中及时回收地膜。

十九、种植业工程项目对生态系统有什么影响？有何减缓措施？

项目实施以前和项目实施以后，对土壤侵蚀、土壤肥力、陆生生物和水生生物生物量以及物种多样性的变化。在陆生生态方面评价包括以下内容：对植物分布的影响，主要是对现有植物种群、群落、珍稀植物以及各种植被分布的影响；对植物覆盖率的影响，主要是对植物、森林覆盖率的影响；对植物生长环境的影响，包括直接影响和间接影响。如水利工程、道路建设、开荒、取土采石、输电线路以及人类生产活动等直接影响，地表水和地下水位变化、局部气候变化、土壤沼泽化和盐渍化、土壤沙化等间接影响；比较各种开发活动方案的生态后果，并根据未开发前区域生态系统的自然演替趋势，以及用生态经济的观点，进行建设项目的损益分析。

种植业对生态系统影响的减缓措施有：

（1）对引入的新品种种子、苗木进行检疫，防止新的病虫杂草随苗木带入。如需引入新的物种时，首先应进行生态风险评价。

（2）多样化种植，避免单一化种植，实行间作套种、轮作，对连年种植的地区降低种植密度，促进其他物种的生长。

（3）保护好天敌，利用自然界物种的平衡来控制病虫害。避免滥用农药，避免大剂量反复使用一种农药，防止害虫出现抗药性。

（4）采用免耕法，减少耕作对土壤的扰动，实施春耕减少秋耕，以减少水土流失。

二十、什么是环境管理体系？环境管理体系原则和要素是什么？

环境管理体系是一个组织内全面管理体系的组成部分，它包括为制定、实施、实现、评审和保持环境方针所需的组织机构、规划活动、机构职责、惯例、程序、过程和资源。还包括组织的环境方针、目标和指标等管理方面的内容。这是一个组织有计划，而且协调动作的管理活动，其中有规范的动作程序，文件化的控制机制。它通过有明确职责、义务的组织结构来贯彻落实，目的在于防止对环境的不利影响。环境管理体系是一项内部管理工具，旨在帮助组织实现自身设定的环境表现水平，并不断地改进环境行为，不断达到更新更佳的高度。

环境管理体系原则和要素有以下内容：

（1）承诺和方针。一个组织应制定环境方针并确保对环境管理体系的承诺。

（2）规划。一个组织应为实现其环境方针进行规划。

（3）实施。为了有效地实施，一个组织应提供为实现其环境方针、目标和指标所需的能力和保障机制。

（4）测量和评价。一个组织应测量、监测和评价其环境绩效。

（5）评审和改进。一个组织应以改进总体环境绩效为目标，评审并不断改进其环境管理体系。

根据以上原则，最好将环境管理体系视为一个组织框架，它需要不断监测和定期评审，以适应变化着的内外部因素，有效引导组织的环境活动。组织的每一个成员都应承担环境改进的职责。

二十一、我国实施 ISO14000 系列标准的基本原则是什么？

在我国实施 ISO14000 系列标准，应遵循以下四条原则：

（1）符合国际标准基本要求的原则。为与国际接轨，便于国际间相互认可，中国实施 ISO14000 系列标准，应当符合国际标准的基本要求，按国际标准规范操作程序。

（2）结合中国环境保护工作实际的原则。中国的环境保护工作与其他国家的环境保护工作有不少共同点，但也有自己的特点，应把中国现行的环境管理制度与国际标准结合起来，只有这样才能有效地促进中国的环境保护工作。

（3）实行统一管理原则。环境保护工作涉及社会、经济的方方面面，政策性较强，对 ISO14000 系列标准的实施必须实行统一管理，方便企业。保证我国环境管理体系认证工作有序、健康发展。

（4）坚持积极、稳妥、适时、到位的原则。

二十二、环境管理体系有什么审核方法？

环境管理体系审核是指组织内部对环境管理体系的审核，是组织的自我检查与评判。内审的过程应有程序控制，定期开展。内审应判断对环境管理体系是否符合预定安排，是否符合 ISO14001 标准要求。环境管理体系是否得到了正确实施和保持，并将审核结果向管理者汇报。

环境管理体系审核对象是环境管理体系，一次完整的内审应全面完整地覆盖组织的所有现场及活动，覆盖 ISO14001 环境管理体系标准所有要素，并包括组织的重要环境因素受控情况，目标的实现程度等内容。

环境管理体系审核应保证其客观性、系统性和文件化的要求，应按审核程序执行。内审的程序应对以下内容进行规定：

（1）审核的范围，可包括审核的地理区域、部门或体系要素；

（2）审核的频次，应根据组织自身的管理状况和外部机构要求确定；

（3）审核的方法，一般可包括检查文件及记录，观察现场，与相关人员面谈等；

（4）审核组的要求和职责，如审核组长及组员的能力与职责等；

（5）审核报告及结果的要求和报送办法等。在开展每次审核前应制定审核计划（方案），包括人员与时间的安排。

二十三、环境管理体系审核的内容和依据是什么？

环境管理体系审核的核心内容是衡量一个组织的环境管理体系是否符合环境管理体系审核准则。它包括以下四个方面：①衡量环境管理体系是否完善；②环境管理体系的活动是否正确；③实施情况是否良好；④体系是否充分适合于组织的环境方针和目标。

环境管理体系是否完善，主要应检查组织体系是否包括环境方针、环境方案、组织结构、任务、职责和职权、环境审核和管理评审步骤等 ISO14001 中规定的必要内容。

环境管理体系的活动是否正确，主要检查组织在废气、废水的排放，土壤污染，原材料、化学品和有害物质的管理和储藏，环境技术规定，生产过程行为和管理，废物的收集和处置等方面做得如何，是否符合 ISO14001 和 ISO14004 规定的运行模式。

实施情况是否良好，应检查体系是否全方位得到了确实的实施及其是否在组织内正常运作，应抽样检查程序的有效性及其实施，培训记录，测量报告记录，环境方针是否公布于众等。

组织的环境管理体系仍可能存在与组织环境方针、目标不相符合的地方，因此检查应包括对照目标检查排放的测量结果，检查对执照及法律、规章的专门条款的符合情况。

环境管理体系审核的依据可以归纳为以下三条：

（1）ISO14001：ISO14001 是环境管理体系的规范性标准，作为审核的依据之一是必须的。因此要建立环境管理体系，必须以 ISO14001 作为审核依据。

（2）环境管理手册、程序文件及其他相关环境管理体系文件：环境管理手册和程序文件是组织根据 ISO14001 的要求编制的。它对组织的环境管理体系的实施提供强制性指令和具体操作运行指导。一旦发布就是组织的内部环境管理法规。

（3）适用于组织的环境法律、法规和其他要求：ISO14001 强调对环境法律、

法规遵守的承诺，因此适用于组织的法律、法规和其他要求也必须作为审核依据之一，因为它在环境管理上占有十分重要的地位。这里的其他要求可以是相关的各种标准，排污许可证上的要求或相关方提出的要求等。

二十四、为什么要实施 ISO14000 环境管理体系？

ISO14000 系列标准是国际标准化组织（ISO）汇集全球环境管理及标准化方面的专家、在总结全世界环境管理科学经验基础上制定并正式发布的一套环境管理的国际标准，涉及环境管理体系、环境审核、生命周期评价等国际环境领域内的诸多焦点问题。在环境污染日益严重、自然灾害频频发生的今天显得尤其重要。

作为 ISO14000 系列标准中最重要也是最基础的一项标准，ISO14001《环境管理体系—规范及使用指南》站在政府、社会、采购方的角度对组织的环境管理体系（环境管理制度）提出了共同的要求，以有效地预防与控制污染并提高资源与能源的利用效率。ISO14001 是组织建立与实施环境管理体系和开展认证的依据。

ISO14001 标准由环境方针、策划、实施与运行、检查和纠正、管理评审 5 个部分的 17 个要素构成。各要素之间有机结合，紧密联系，形成 PDCA 循环的管理体系，并确保组织的环境行为持续改进。

它有利于提高全社会的环境意识，树立科学的自然观和发展观。

它有利于提高人们的遵法、守法意识，促进环境法规的贯彻实施。

它促进组织提高建立自律机制，制定并实施以预防为主、从源头抓起、全过程控制的管理措施。为解决环境问题提供了一套同依法治理相辅相成的科学管理工具，为人类社会解决环境问题开辟了新的思路。

ISO14000 系列标准对环境污染同减少资源、能源的消耗同时并重，从而能有力促进组织对资源和能源的合理利用，对保护地球上的不可再生和稀缺资源也会起到重要作用。

ISO14000 系列标准意在保护环境，但它并不排斥发展，它是建立在科学的发展基础之上，贯彻这一标准，有利于实现经济与环境协调统一，有利于实现可持续发展。

实施统一的国际环境管理标准，有利于实现各国间环境认证的双边和多边互认，有利于消除技术和贸易壁垒。

环境管理是一项综合管理，涉及组织的方方面面，环境管理水平的提高必定促进和带动整个管理水平的提高，从而有利于推动我国经济由消耗高、浪费大、效率低、效益差的粗放式经营向集约化经营转变。

二十五、我国在 ISO 14000 标准领域的管理制度和政策如何？

我国也在引入推行 ISO 14000 标准，开展环境管理体系认证试点工作的同时，逐步建立了中国环境管理体系认证国家认可制度。经国务院办公厅批准，中国环境管理体系认证指导委员会（简称指导委员会）于 1997 年 5 月在京成立，指导委员会负责指导并统一管理 ISO 14000 环境管理系列标准在我国的实施工作。

指导委员会下设中国环境管理体系认证机构认可委员会（简称环认委）和中国认证人员国家注册委员会环境管理专业委员会（简称环注委）分别负责实施对环境管理体系认证机构的认可和对环境管理体系认证人员的注册工作。

中国政府为了规范 ISO 14000 标准的认证秩序，避免重蹈 ISO 9000 标准实施的混乱局面，制定了一系列有利于 ISO 14000 标准健康发展的规范政策。

（1）ISO 14000 认证的推行不再有两套体系的存在，中国国内实行“一个体系，一套标准，一种证书”的管理原则，建立中国环境管理体系指导委员会（以下简称指导委），由国务院 28 个部、委组成，主任单位是国家环保总局，第一副主任单位是国家技术监督局，日常工作由国家环保总局科技标准司承担。指导委下设两个分委员会：中国环境管理体系认证机构认可委员会、中国认证人员注册委员会环境管理体系专业委员会，分别负责认证机构认可与审核员注册。

（2）对认证机构的认可严格把关。一个独立的认证机构必须有 10 名（含）以上的国家注册审核员，机构内部必须建立一套质量保证体系来保证认证质量和约束审核员的行为。同时，咨询机构必须有 5 名（含）以上的国家注册审核员，机构内部必须建立一套质量保证体系，向国家环保总局备案取得备案证书后，方可开展工作。

（3）境外认证机构在中国国内开展认证，也必须取得环认委的认可；境外咨询机构也须向国家环保总局备案。目前，尚未有境外机构在中国得到认可和备案。

二十六、什么样的企业可以做 ISO14000 认证？企业申请 ISO14001 标准认证需具备什么条件？

ISO14000 适用于任何有下列愿望的组织：

（1）实施、保持并改进环境管理体系；

（2）使自己确信能符合所声明的环境方针；

（3）向外界展示这种符合性；

（4）寻求外部组织对其环境管理体系的认证、注册；

（5）对符合本标准的情况进行自我鉴定和自我声明。

有上述愿望的组织都可以通过实施ISO14000建立一个结构化的管理体系并予以实施，将其纳入全部管理活动中以保持符合法律与方针的要求。

应当说明的是ISO14001是一个框架性标准，而没有对组织的环境提出绝对性要求。组织可根据自身情况，考虑在整个组织中或仅在其中某些部门采用该标准。

企业建立的环境管理体系要申请认证，必须满足两个基本条件：

（1）遵守中国的环境法律、法规、标准和总量控制的要求；

（2）体系试运行满3个月。

上述的环境法律、法规、标准和总量控制的要求包括国家和地方的要求。

二十七、ISO14001是以什么样的管理模式为基础的？

ISO14001所规定的环境管理体系是以企业传统管理模式“德明模式”为基础的，也称为“PD－CA模式”，即规划（Plan）、实施（Do）、检查（Check）、评审和改进（Act）四个关联的环节。

德明（Deeming）模式在质量管理体系（ISO9000）中充分地运用并取得了成功。德明模式将企业活动分为四个阶段：

（1）规划，即策划阶段。建立企业的总体目标以及制定实现目标的具体措施。

（2）实施，即行动阶段。为实现企业目标而执行计划和采取措施。

（3）检查，即评估阶段。检查按规划而执行的有效性和效率，并将结果与原规划进行比较。

（4）评审和改进，即纠正措施阶段。改进识别出来的缺点和不足，修改规划使之适应变化的情况，必要时对程序予以加强或重新确定。

这是一个动态循环的管理过程框架，以持续改进的思想指导组织系统地实现目标，环境管理体系成功地运用了这一著名传统模式并给予它新的内涵和应用范围，并使环境管理体系与企业传统管理相融合。

二十八、我国实施ISO14000系列标准应注意哪些问题？

（1）实施ISO14000标准，要以中国国家和地方环境保护法律法规、标准、规章制度以及各级行政管理部门有关环境保护的决定为依据。企业制定的环境保护方针、政策、目标要以国家远景目标为依托，确保区域环境目标的实施，实现总量控制。

（2）实施ISO14000标准，要与全过程污染控制，清洁生产及企业管理相结合。环境管理是企业管理的一部分，因此环境管理必须贯穿在企业管理之中，企业应把全过程控制污染、清洁生产作为企业的环境方针、目标纳入环境管理体系，促进企业节能、降耗、减污。在企业管理过程中体现防治污染。

（3）实施ISO14000标准，要与现行的各项环境管理制度相结合，要把有关制度的基本要求纳入环境管理体系。审核认证前，把是否遵守中国的环保法律法规、标准、总量控制指标作为企业申请认证的基本条件；审核认证中，把是否贯彻了环境管理制度作为审核内容之一。从而使ISO14000标准的实施更具有中国特色，符合中国国情。

（4）实施ISO14000标准，认证机构、咨询机构应按有关规定和各自职能分别开展相应工作。

（5）要加强环境管理体系认证人员和咨询人员的培训，提高环境管理体系咨询，审核认证工作的质量，为改善中国环境管理状况，获得国际认可创造条件。

（6）加强对认证工作的监督。

【案例】

2004年6月，圆明园管理处决定开始对圆明园东部开发区水域进行湖底防渗工程建设。然而，这项涉及遗址价值、园林艺术以及环境保护等公众重大利益的工程却不为公众甚至各方面专家所知，一切都在悄然进行。2005年经媒体曝光后，北京市环保局正式介入调查，发现该工程2004年底前就已展开，并且圆明园内水域面积最大的福海湖底覆膜工程全部完工，绮春园里的覆膜工作也已经结束，正在做回填处理，实际整个工程基本完成。但是，该工程却一直未履行任何环境影响评价手续。对此，圆明园管理处解释认为，防渗不属建设工程，因为圆明园环境整治湖底防渗工程就是为了保护环境而确立的项目，防渗不会影响环境。2005年4月1日，国家环保总局责令圆明园东部湖底防渗工程停工，立即依法补办环境影响评价审批手续。4月13日，环保总局首次就圆明园遗址公园湖底防渗工程举行了公众听证会，听取专家、公众的意见。听证会后，国家环保总局责成圆明园管理处在40天限期提交环评报告书。5月17日，圆明园委托清华大学环境影响评价室承担该项目环境影响报告书的工作。6月下旬，清华大学编制完成了《圆明园东部湖底防渗工程环境影响报告书》。鉴于该工程的社会影响，国家环保总局在其官方网站上全文刊登。该报告书的结论是圆明园东部湖底防渗工程的原工程方案存在严重缺陷，在工程设计和建设过程中已造成了水生生态系统的严重破坏，建议以防渗工程实施现状为基础，综合考虑工程的环境效益、经济效益和社会效益，进行综合改进。2005年7月7日，国家环保总局决定同意圆明园环评报告书的结论，要求对圆明园东部湖底防渗工程进行全面整改。

【评析】

圆明园东部湖底防渗项目环境影响评价案在社会上引起了强烈的反响，重要原因之一在于国家环保总局就这一事件召开了听证会。此次听证会是我国环境保护领域有史以来规模和影响最大的一次听证会，也是国家环保总局首次就一个建设项目单独召开的听证会。从听证会所受到的关注程度可见，公众是多么希望有机会参与与自己生活息息相关的环境建设项目的决策。那么我国法律是如何应对公众的这种要求的呢？

我国《环境影响评价法》第 2 条规定，环境影响评价是指对规划和建设项目实施后可能造成的环境影响进行分析、预测和评估，提出预防或者减轻不良环境影响的对策和措施进行跟踪监测的方法与制度。环境影响评价的基本目的是确保将对环境的考虑纳入发展活动的计划、决策和实施中去，将治理手段前置于可能导致环境质量受到影响的行为作出之前，“防患于未然”，从而实现环境与发展的和谐。另外，环境影响评价制度是“公众参与”原则的具体体现，是保证决策民主和保护公共利益的重要手段。环境影响评价是一个依赖于公众意见表达与沟通的程序。《环境影响评价法》第 5 条规定，“国家鼓励有关单位、专家和公众以适当方式参与环境影响评价”，并在第 11 条、第 21 条中对建设项目和规划环评中征求公众意见作了明确规定。在整个环评程序中，公众参与主要体现在两个阶段：一是建设单位开始编制环境影响评价报告书的阶段；二是环保行政主管部门审批环评保护书的阶段。

2006 年国家环保总局发布的《环境影响评价公众参与暂行办法》更是以部门规章的形式将公众参与环评制度化，使老百姓参与环保、发表意见能够有法可依，真正保证老百姓权益。其明确了参与环境影响评价的人包括受建设项目影响的公民、法人或者其他组织的代表；明确了公众参与环评的主要方式为调查公众意见、咨询专家意见、座谈会、论证会、听证会五种，并且对公众参与听证会的程序进行了细化，包括听证会的会前准备、参加人员的甄选、听证程序的设定、听证报告的公开、新闻单位的采访、听证结构的反馈等，使老百姓参与环评有了可操作性的规范依据。

在本案中，正是公众的广泛关注才使圆明园管理处没有进行环评就进行防渗工程违法施工这一事件大白于天下，也正是公众的广泛参与促使国家环保总局采取行动。国家环保总局也顺应公众参与的热情，依法就该工程的环境影响召开了公众听证会，听取公众、专家的意见，从而取得了较好的社会效果和法律效果。但遗憾的是，在该工程环境影响报告书出来后，审批环节没有征求公众意见。这种遗憾与我国的现行法律对公众如何获取信息、参与的时机和方式以及参与的效力都缺乏明确的规定有关。但无论如何，环境影响评价中公众参与的规定给予了关心环境、维护环境权益的人们一个有力的法律途径。

第十章　农村清洁生产与农村循环经济

一、什么是清洁生产？清洁生产的内容是什么？

《环境保护法》第25条规定：“新建工业企业和现有工业企业的技术改造，应当采用资源利用率高、污染物排放量少的设备和工艺，采用经济合理的废弃物综合利用技术和污染物处理技术。”这一条款规定了清洁生产的相关内容。

清洁生产是指不断采取改进设计、使用清洁的能源和原料、采用先进的工艺技术与设备、改善管理、综合利用等措施，从源头削减污染，提高资源利用效率，减少或者避免生产、服务和产品使用过程中污染物的产生和排放，以减轻或者消除对人类健康和环境的危害。清洁生产通过对生产过程和产品整个生命周期循环过程的全过程控制来达到防治污染的目的。清洁生产的具体内容有：

（1）清洁的能源。包括常规能源的清洁使用，可再生能源的利用，新能源的开发。

（2）清洁的生产过程。包括采用少废或者无废的生产工艺和高效的生产设备，加强物料的再循环使用，尽量少用或者不用有毒有害的原料，推广节能降耗技术，减少生产过程中的危险因素和有毒有害的中间产品及副产品，使用可靠的操作和控制手段，完善生产过程。

（3）清洁的产品。包括节约原材料和能源，利用二次资源作原料，少用昂贵和稀缺原料，在使用时和使用后不含危害人体健康和环境的因素，易于回收、重复使用的产品，具有合理的使用功能和寿命以及报废后易于处理和降解的产品。

二、清洁生产的特点是什么？

清洁生产是对传统发展模式的根本变革，是对末端治理的污染防治模式的根本否定，是实现可持续发展的必由之路。清洁生产是指不断采取改进设计、使用清洁的能源和原料、采用先进的工艺技术与设备、改善管理、综合利用等措施，从源头削减污染，提高资源利用效率，减少或者避免生产、服务和产品使用过程

中污染物的产生和排放，以减轻或者消除对人类健康和环境的危害。与传统的末端治理污染相比，清洁生产有三个显著特点：

（1）清洁生产体现了预防为主的思想。传统的末端治理与生产过程相脱节，即“先污染，后治理”，重在“治”。清洁生产则要求从产品设计开始，到选择原料、工艺路线和设备，废物利用，运行管理等各个环节，通过不断加强管理和技术进步，提高资源利用率，减少乃至消除污染物的产生，重在“防”。

（2）清洁生产体现的是集约型的增长方式。传统的末端治理以牺牲环境为代价，建立在大量消耗资源能源、粗放型的增长方式的基础上，清洁生产则是走内涵发展道路，最大限度地提高资源利用率，促进资源的循环利用，实现节能、降耗、减污、增效。

（3）清洁生产体现了环境效益与经济效益的统一。传统的末端治理不仅治理难度大，而且投入多，运行成本高，且只有环境效益，没有经济效益。清洁生产则从源头抓起，实行生产全过程控制，使污染物最大限度地消除在生产过程之中，能源、原材料消耗和生产成本降低，企业竞争力提高，从而实现经济效益与环境效益的“双赢”。

三、清洁生产的实施渠道有哪些？

（1）纳入建设项目环境保护管理程序。新建、改建和扩建项目应当进行环境影响评价，对原料使用、资源消耗、资源综合利用以及污染物产生与处置等分析论证，优先采用资源利用率高以及污染物产生量少的清洁生产技术、工艺和设备。

（2）纳入企业技术改造的过程。企业在进行技术改造的过程中，应当采取以下清洁生产措施：①采用无毒、无害或者低毒、低害的原料，替代毒性大、危害严重的原料；②采用资源利用率高、污染物产生量少的工艺和设备，替代资源利用率低、污染物产生量多的工艺和设备；③对生产工作中产生的废物、废水和余热等进行综合利用或者循环使用；④采用能够达到国家或者地方规定的污染物排放标准和污染物排放总量控制指标的污染防治技术。

（3）在产品和包装物的设计中实施清洁生产。产品和包装物的设计，应当考虑其在生命周期中对人类健康和环境的影响，优先选择无毒、无害、易于降解或者便于回收利用的方案。企业应当对产品进行合理包装，减少包装材料的过度使用和包装性废物的产生。

（4）对产品主体构件进行成分标注。生产大型机电设备、机动运输工具以及国务院经济贸易行政主管部门指定的其他产品的企业，应当按照国务院标准化行政主管部门或者其授权机构制定的技术规范，在产品的主体构件上注明材料成分的标准牌号。

四、实施清洁生产的基本要求是什么?

对于不同的行业，实施清洁生产的基本要求也是不同的。

(1) 农业。农药生产者应当科学地使用化肥、农药、农用薄膜和饲料添加剂，改进种植和养殖技术，实现农产品的优质、无害和农业生产废物的资源化，防止农业环境污染，禁止将有毒、有害废物用做肥料或者用于造田。

(2) 餐饮、娱乐、宾馆等服务性企业。餐饮、娱乐、宾馆等服务性企业，应当采用节能、节水和其他有利于环境保护的技术和设备，减少使用或者不使用污染环境的消费品。

(3) 建筑、建筑材料和装修行业。建筑工程应当采用节能、节水等有利于环境与资源保护的建筑设计方案、建筑和装修材料、建筑构配件及设备。建筑和装修材料必须符合国家标准。禁止生产、销售和使用有毒、有害物质超过国家标准的建筑和装修材料。

(4) 矿产资源勘察、开采行业。矿产资源的勘察、开采，应当采用有利于合理利用资源、保护环境及防止污染的勘察、开采方法和工艺技术，提高资源利用水平。

(5) 废物综合利用的要求。企业应当在经济技术可行的条件下对生产和服务过程中产生的废物、余热等自行回收利用或者转让给有条件利用的其他企业和个人利用。

(6) 对追求更高环境目标的企业，在污染物排放达到国家和地方规定的排放标准的基础上，可以自愿与有管辖权的经济贸易行政主管部门和环境保护行政主管部门签订进一步节约资源、削减污染物排放量的协议。该经济贸易行政主管部门和环境保护行政主管部门应当在当地主要媒体上公布该企业的名称以及节约资源、防治污染的成果。

(7) 对被列入污染严重企业名单的企业，应当按照国务院环境保护行政主管部门的规定，公布主要污染物的排放情况，接受公众监督。

五、实施清洁生产的具体措施有哪些?

(1) 强制回收。生产、销售被列入强制回收目录的产品和包装物的企业，必须在产品报废和包装物使用后对该产品和包装物进行回收。强制回收的产品和包装物的目录和具体回收办法，由国务院经济贸易行政主管部门制定。国家对列入强制回收目录的产品和包装物，实行有利于回收利用的经济措施。

(2) 企业实施清洁生产审核。企业应当对生产和服务过程中的资源消耗以

及废物的产生情况进行监测，并根据需要对生产和服务实施清洁生产审核。污染物排放超标的企业，应当实施清洁生产审核。使用有毒、有害原料进行生产或者在生产中排放有毒、有害物质的企业，应当定期实施清洁生产审核，并将审核结果报告所在地的县级以上地方人民政府环境保护行政主管部门和经济贸易行政主管部门。

（3）企业自愿申请通过环境管理体系认证。企业可以根据自愿原则，按照国家有关环境管理体系认证的规定，向国家认证认可监督管理部门授权的认证机构提出认证申请，通过环境管理体系认证，提高清洁生产水平。

六、清洁生产与传统的污染治理方式有什么不同？

国内外的实践表明，清洁生产作为污染预防的环境战略，是对传统的末端治理手段的根本变革，是污染防治的最佳模式。传统的末端治理与生产过程相脱节，即“先污染，后治理”，侧重点是“治”；清洁生产从产品设计开始，到生产过程的各个环节，通过不断地加强管理和技术进步，提高资源利用率，减少乃至消除污染物的产生，侧重点是“防”。传统的末端治理不仅投入多、治理难度大、运行成本高，而且往往只有环境效益，没有经济效益，企业没有积极性；清洁生产从源头抓起，实行生产全过程控制，污染物最大限度地消除在生产过程之中，不仅环境状况从根本上得到改善，而且能源、原材料和生产成本降低，经济效益提高，竞争力增强，能够实现经济与环境的“双赢”。清洁生产与传统的末端治理的最大不同是找到了环境效益与经济效益相统一的结合点，能够调动企业防治工业污染的积极性。

中国和其他工业国家一样，环境保护工作都经历过点源治理→综合防治、末端治理→全过程控制这样一个漫长的转变过程，这种转变付出了高昂而沉重的代价，而且治理效果并不理想。中国现行环境保护法律、法规体系和环境管理体系的重点是在生产、生活与环境的交互界面上，把保护环境的人力、物力、财力大多放在了生产过程的末端污染处置上。中国污染控制政策的主体，是以排放标准为依据的排污收费制度，尽管实践证明这一政策体系是有一定效果的，但在我国工业环境管理的实践中却面临越来越严峻的挑战。

清洁生产是要引起全社会对于产品生产及使用全过程对环境影响的关注。使污染物产生量、流失量和处置量达到最小，资源得以充分利用，是一种积极、主动的态度，是关于产品和产品生产过程的一种新的、持续的、创造性的思维，它是指对产品和生产过程持续运用整体性的预防战略。

从环境保护的角度，末端治理与清洁生产两者并非互不相容，也就是说推行清洁生产还需要末端治理。这是由于，工业生产无法完全避免污染的产生，最先进的生产工艺也不能避免产生污染物；用过的产品还必须进行最终处理、处置。因此，完全否定末端治理是不现实的，清洁生产和末端治理是并存的。只有不断努力，实施生产全过程和治理污染过程的双控制才能保证最终环境目标的实现。

七、实施清洁生产的奖励措施是什么？

国家建立清洁生产表彰奖励措施，对在清洁生产工作中作出显著成绩的单位和个人，由人民政府给予表彰和奖励。《清洁生产促进法》第29条规定，自愿削减污染物排放协议中载明的技术改造项目，列入国务院和县级以上地方人民政府同级财政安排的有关技术进步专项资金的扶持范围。在依照国家规定设立的中小企业发展基金中，应当根据需要安排适当数额用于支持中小企业实施清洁生产。对利用废物生产产品的和从废物中回收原料的，税务机关按照国家有关规定，减征或者免征增值税。企业用于清洁生产审核和培训的费用，可以列入企业经营成本。

八、什么是清洁生产审核？

清洁生产审核，是指按照一定程序，对生产和服务过程进行调查和诊断，找出能耗高、物耗高、污染重的原因，提出减少有毒有害物料的使用、产生，降低能耗、物耗以及废物产生的方案，进而选定技术经济及环境可行的清洁生产方案的过程。

清洁生产审核是企业实施清洁生产的有效途径，《清洁生产促进法》第28条规定："企业应当对生产和服务过程中的资源消耗以及废物的产生情况进行监测，并根据需要对生产和服务实施清洁生产审核。污染物排放超过国家和地方规定的排放标准或者超过经有关地方人民政府核定的污染物排放总量控制指标的企业，应当实施清洁生产审核。使用有毒、有害原料进行生产或者在生产中排放有毒、有害物质的企业，应当定期实施清洁生产审核，并将审核结果报告所在地县级以上地方人民政府环境保护行政主管部门和经济贸易行政主管部门。"按照这一规定，清洁生产审核可分为两种类型：自愿性审核和强制性审核，即企业根据需要进行的自我审核与企业在一定条件下应实施的必要审核。企业应积极主动地开展自我清洁生产审核，以便系统地实施清洁生产。

九、哪些企业需要进行强制性清洁生产审核？

《清洁生产促进法》第28条规定，企业应当对生产和服务过程中的资源消耗以及废物的产生情况进行监测，并根据需要对生产和服务实施清洁生产审核。污染物排放超过国家和地方规定的排放标准或者超过经有关地方人民政府核定的污染物排放总量控制指标的企业，应当实施清洁生产审核。

使用有毒、有害原料进行生产或者在生产中排放有毒、有害物质的企业，应当定期实施清洁生产审核，并将审核结果报告所在地的县级以上地方人民政府环境保护行政主管部门和经济贸易行政主管部门。

国家环保总局令第16号《清洁生产审核暂行办法》第一章第8条规定，有下列情况之一的，应当实施强制性清洁生产审核：（一）污染物排放超过国家和地方排放标准，或者污染物排放总量超过地方人民政府核定的排放总量控制指标的污染严重企业；（二）使用有毒、有害原料进行生产或者在生产中排放有毒、有害物质的企业。

有毒、有害原料或者物质主要指《危险货物品名表》（GB12268）、《危险化学品名录》、《国家危险废物名录》和《剧毒化学品目录》中的剧毒、强腐蚀性、强刺激性、放射性（不包括核电设施和军工核设施）、致癌、致畸等物质。

国家环境保护总局文件环发〔2005〕151号《关于印发重点企业清洁生产审核程序的规定的通知》中“第二条本规定所称重点企业是指《清洁生产促进法》第28条第2、第3款规定应当实施清洁生产审核的企业，包括：（一）污染物超标排放或者污染物排放总量超过规定限额的污染严重企业。（二）生产中使用或排放有毒、有害物质的企业（有毒、有害物质是指被列入《危险货物品名表》（GB12268）、《危险化学品名录》、《国家危险废物名录》和《剧毒化学品目录》中的剧毒、强腐蚀性、强刺激性、放射性，不包括核电设施和军工核设施）、致癌、致畸等物质”。

十、实施清洁生产审核能给企业带来哪些利益？

（1）清洁生产丰富和完善了企业生产管理。通过对一套严格的企业清洁生产审计程序，对生产流程中的单元操作实测投入与产出数据，分析物料流失的主要环节和原因，采取边审计边削减物耗和污染物产生量的做法。

（2）清洁生产可促进企业的技术改造并使技术改造更具有针对性。清洁生产内涵的核心是实行源头削减和对产品生产实施全过程控制，它的最终完善必须通过技术改造来达到。

（3）清洁生产有利于提高企业的整体素质，提高企业的管理水平。清洁生产不仅可为生产控制和管理提供重要基础资料和数据，而且要求全员参与，强调管理人员、工程技术人员和操作者的业务素质和技能的提高。

（4）清洁生产的开展有利于提高企业的竞争力，为企业生产发展营造环境空间。改善企业工作环境，减轻末端治理负担，减少污染物的产生和排放量，减少排污费，避免环保处罚。

（5）主动实施清洁生产审核，获取政府相关奖励及扶持，提高竞争力，同时树立企业形象。

十一、企业如何开展清洁生产审核工作？

首先，企业应该根据实际情况进行自我诊断，是否由企业自行组织开展，还是要委托清洁生产咨询服务机构协助完成。其次，企业应在当地市经贸部门进行备案，然后按照清洁生产审核程序开展清洁生产审核工作。根据国家推荐清洁生产程序和地方的规定，清洁生产审核程序大致分为以下步骤：

（1）策划和组织。该阶段主要是宣传发动、组建清洁生产审核小组。审核小组一般由公司负责人组织生产、技术、质检、设备、财务、人力资源及企业管理等部门及审核重点部门的有关人员参与，并由企业负责人担任组长。该阶段通过清洁生产知识培训，使公司管理人员了解什么是清洁生产，清洁生产有什么好处。

（2）预评估。该阶段的主要工作是选择审核重点，设置清洁生产审核目标。该阶段是发现问题和解决问题的起点，通过对原材料、工艺技术、设备、过程控制、管理、员工、产品和废物八方面进行分析，找出快速实施清洁生产的无低费方案和列出审核重点。

（3）评估。对预评估列出的审核重点建立物料平衡（物料平衡图）、水平衡（水平衡图）、电平衡及能量衡算，分析物料和能量流失环节，找出废弃物产生原因。

（4）方案产生与筛选。通过对各种平衡进行分析和针对废弃物产生的原因，找出企业存在的问题，提出相应的清洁生产方案并进行筛选，然后编制中期清洁生产审核报告。

（5）可行性分析。针对筛选出的中、高费方案分别进行技术、环境、经济可行性评估，对技术工艺、设备、运行、资源利用率、环境、职业健康、投资回收期、内部收益率等多项指标比较后，确定最佳的方案并推荐实施。

（6）方案实施。并分析、跟踪验证方案的实施效果，并对方案实施前后的数据进行收集，通过对数据的分析，验证是否达到预期目的。该过程在清洁生产审核过程中持续时间较长，具体情况还应视实施方案而定。如推荐方案涉及技改，应按有关规定执行。

（7）持续清洁生产。清洁生产是一个不断改进和持续的过程，单个循环对改进组织管理、经济效益和环境效益非常有限。建立和完善清洁生产组织，建立和完善清洁生产管理制度，制定持续清洁生产计划是持续清洁生产的必要手段，只有持续、不断地改进才能给企业真正带来“节能、降耗、减污、增效”。

十二、如何推广和应用清洁生产技术?

《清洁生产促进法》第二章规定了政府在实施清洁生产中的责任，其中，重要职责之一是推广清洁生产技术，推动企业采用清洁技术。首先，政府应当制定有利于清洁生产技术开发、推广的政策，从宏观上对企业加以引导。如制定有利于开发具有自主知识产权的国际先进水平技术的政策；支持、保护和规范技术市场，促使技术市场健康发展；严厉打击侵犯知识产权的违法行为，保障技术产权的所有者应得的经济实惠，使投入的技术开发资金能得到回报；制定鼓励企业加大技术开发资金的政策，使企业的技术开发力量逐步发展、壮大，逐步扭转国家出钱搞科研，研究成果脱离企业的局面；制定有利于科研成果产业化的政策等。其次，组织和支持建立清洁生产信息系统和技术咨询体系，向企业提供方便的服务。对已建立的清洁生产网站继续充实、更新。此外，政府对科研单位、大专院校以及企业开发的清洁生产技术进行收集、整理、评定，并分期分批发布清洁生产技术导向目录。

行业协会在推广清洁生产技术方面也可发挥很大作用，协会人员熟悉本行业的工艺技术，了解行业技术整体水平与国外先进水平的差距。协会可组织本行业的清洁生产技术经验交流，企业间相互促进，取长补短，达到推广清洁生产技术的目的。

企业采用清洁生产技术可以分为两个类型：一是新建项目，采用最先进的成套技术及配套设备。如燕山石化和宝钢的建设，就是引进国外较先进的成套技术和设备建立起来的。技术引进对缩小与先进国家的差距相当重要，但引进后的自我开发、消化吸收和创新，则是赶上并超过技术先进国家的根本所在。在引进先进技术的同时，要切实加强对引进技术的消化吸收和进一步创新，同时要避免重复引进。二是在改建扩建项目中，局部地采用清洁生产技术，更换部分设备，采用自动化的控制系统，优化操作参数，提高产品效率，减少废物的产生。这种情况是非常普遍的。到目前为止，我国进行清洁生产示范审核的所有企业都是局部的技术改造，在清洁生产审核中提出的清洁生产中、高费方案也都是如此。

十三、如何对违反《清洁生产促进法》的行为进行处罚?

《清洁生产促进法》的法律责任包括四种类型：未标注产品材料的成分或不如实标注的；不履行产品或包装回收义务的；不实施清洁生产审核或者虽经审核但不如实报告审核结果的；不公布或者未按规定要求公布污染物情况的。凡违反上述法律规定行为之一的，由县级以上人民政府行政主管部门或其他依法行使监督管理权的部门，按照本法法律责任的规定及不同情节进行处罚。具体做法如下：

《清洁生产促进法》第 21 条规定："生产大型机电设备，机动运输工具以及国务院经济贸易行政主管部门制定的其他产品的企业，应当按照国务院标准化行政主管部门或其授权机构制定的技术规范，在产品的主体结构上注明材料成分的标准牌号。"违反该条规定，未标明产品的材料成分，或者不如实标注的，第 37 条规定，由县以上地方人民政府质量技术监督行政主管部门责令限期改正，拒不改正的，处 5 万元以下罚款。

《清洁生产促进法》第 28 条第 3 款规定："使用有毒、有害材料进行生产或者在生产中排放有毒、有害物质的企业，应定期实施清洁生产审核，并将清洁生产审核结果报告所在的县级以上人民政府环境保护主管部门和经济贸易行政主管部门。"违反该款规定，不实施清洁生产审核或者虽经清洁生产审核但不如实报告审核结果的，依照该法第 40 条规定，由县级以上人民政府环境保护行政主管部门责令限期改正；拒不改正的，处以 10 万元以下罚款。

《清洁生产促进法》第 27 条规定："生产、销售被列入强制回收目录的产品和包装物的企业，应当在产品报废和包装物使用后对该产品和包装物进行回收。"违反该条规定，不履行产品或包装物回收义务的，依照该法第 39 条规定，由县级以上地方人民政府经济贸易行政主管部门责令限期改正；拒不改正的，处 10 万元以下罚款。

《清洁生产促进法》第 31 条规定："列入污染严重企业名单的企业，应当按照国务院环境保护行政主管部门的规定公布重要污染物排放的情况，接受公众监督。"违反该条规定的，依照该法第 41 条的规定，由县级以上地方人民政府环境保护主管部门公布，可以并处 10 万元以下罚款。

十四、什么是循环经济？

循环经济即物质闭环流动型经济，是指在人、自然资源和科学技术的大系统内，在资源投入、企业生产、产品消费及其废弃的全过程中，把传统的依赖资源消耗的线形增长的经济，转变为依靠生态型资源循环来发展的经济。

以资源的高效利用和循环利用为目标，以"减量化、再利用、资源化"为原则，以物质闭路循环和能量梯次使用为特征，按照自然生态系统物质循环和能量流动方式运行的经济模式。它要求运用生态学规律来指导人类社会的经济活动，其目的是通过资源高效和循环利用，实现污染的低排放甚至零排放，保护环境，实现社会、经济与环境的可持续发展。循环经济是把清洁生产和废弃物的综合利用融为一体的经济，本质上是一种生态经济，它要求运用生态学规律来指导人类社会的经济活动。

所谓循环经济，即在经济发展中，实现废物减量化、资源化和无害化，使经济系统和自然生态系统的物质和谐循环，维护自然生态平衡，是以资源的高效利用和循环利用为核心，以“减量化、再利用、资源化”为原则，以低消耗、低排放、高效率为基本特征，符合可持续发展理念的经济增长模式，是对“大量生产、大量消费、大量废弃”的传统增长模式的根本变革。

循环经济，它按照自然生态系统物质循环和能量流动规律重构经济系统，使经济系统和谐地纳入到自然生态系统的物质循环的过程中，建立起一种新形态的经济。循环经济是在可持续发展的思想指导下，按照清洁生产的方式，对能源及其废弃物实行综合利用的生产活动过程。它要求把经济活动组成一个“资源—产品—再生资源”的反馈式流程；其特征是低开采，高利用，低排放。

十五、如何理解广义和狭义的循环经济？

（1）广义的循环经济涵义。范跃进、吴宗杰、李建民认为，循环经济涵盖经济发展、社会进步、生态环境三个方面，追求这三个系统之间达到理想的组合状态。马世骏认为，可持续发展问题的实质是以人为主体的生命与其栖息劳作环境、物质生产环境及社会文化环境间的协调发展。吴绍忠认为，循环经济就是在人类的生产活动中控制废弃物的产生，建立起反复利用自然的循环机制，把人类的生产活动纳入自然循环中，维护自然生态平衡。冯之浚认为，发展循环经济是一次深刻的范式革命，这种全新的范式与生产过程末端治理模式有本质区别：从强调人力生产率提高转向重视自然资本，强调提高资源生产率，实现“财富翻一番，资源使用少一半”，即所谓“四倍跃进”。吴季松认为，循环经济是在人、自然资源和科学技术的大系统内，在资源投入、企业生产、产品消费及其废弃的全过程中不断提高资源利用效率，把传统的依靠资源消耗增加发展转变为依靠生态型资源循环发展的经济。张录强、张连国把循环经济作为一个由经济系统、社会系统、自然系统复合构成的社会—经济—自然的复杂的系统进行研究，指出这个系统不是纯粹自发地演化出来的，而是在把握自然生态系统、经济循环系统和社会系统的自组织规律后，人为建构起来的人工生态系统。广义的循环经济学就是要研究这个人工生态系统的自组织规律和物质、能量、信息循环规律的综合的知识体系。

（2）狭义的循环经济涵义。诸大建指出，循环经济是针对工业化运动以来高消耗、高排放的线性经济而言的是一种善待地球的经济发展模式。它要求把经济活动组织成为“自然资源—产品和用品—再生资源”的闭环式流程，所有的原料和能源能在不断进行的经济循环中得到合理利用，从而把经济活动对自然环境的影响控制在尽可能小的程度。毛如柏认为，循环经济是与传统经济活动的

“资源消费—产品—废物排放”的开放（或单程）物质流动模式相对应的“资源消费—产品—再生资源”闭环型物质流动模式。解振华认为，循环经济是在生态环境成为经济增长制约要素、良好的生态环境成为公共财富阶段的一种新的技术经济范式，是建立在人类生存条件和福利平等基础上的以全体社会成员生活福利最大化为目标的一种新的经济形态，其本质是对人类生产关系进行调整。马凯认为，循环经济是一种以资源的高效利用和循环利用为核心，以“减量化、再利用、资源化”为原则，以低消耗、低排放、高效率为基本特征，符合可持续发展理念的经济增长模式，是对“大量生产、大量消费、大量废弃”的传统增长模式的根本变革。段宁认为，循环经济是对物质闭环流动型经济的简称。任勇认为，循环经济是对社会生产和再生产活动中的资源流动方式实施“减量化、再利用、再循环和无害化”管理调控的、具有较高生态效率的新的经济发展模式。

十六、循环经济的基本特征是什么？

传统经济是“资源—产品—废弃物”的单向直线过程，创造的财富越多，消耗的资源和产生的废弃物就越多，对环境资源的负面影响也就越大。循环经济则以尽可能小的资源消耗和环境成本，获得尽可能大的经济和社会效益，从而使经济系统与自然生态系统的物质循环过程相互和谐，促进资源永续利用。因此，循环经济是对“大量生产、大量消费、大量废弃”的传统经济模式的根本变革。其基本特征是：

（1）在资源开采环节，要大力提高资源综合开发和回收利用率。

（2）在资源消耗环节，要大力提高资源利用效率。

（3）在废弃物产生环节，要大力开展资源综合利用。

（4）在再生资源产生环节，要大力回收和循环利用各种废旧资源。

（5）在社会消费环节，要大力提倡绿色消费。

十七、发展循环经济有哪些必要性和紧迫性？

（1）发展循环经济是我国推进可持续发展战略的需要。循环经济要求对污染进行全程控制，在工业生产中实行节约生产，倡导生态工业，提高全社会的资源利用效率等，这些特点符合可持续发展的要求。目前我国国内资源已难以支撑传统工业文明的持续增长，生态环境状况也不容乐观，发展循环经济显得尤为重要。

（2）发展循环经济是防治污染、扭转防治思路的重要途径。如果想要转变经济增长方式，发展循环经济势在必行。

（3）发展循环经济是我国调整产业结构，扩大就业的一条有效途径。循环

经济不仅在传统经济基础上增加废弃物回收、资源化和再利用环节，更是要带动整个环保产业的发展。环保产业仅是循环经济的一个重要部分。据统计，到2011年，我国环保产业从业单位共有3万多家，从业人员近300万人。我国正积极培育和发展环保产业，大力推进环保产业全面升级，环保产业增长潜力巨大。

（4）发展循环经济是我国应对加入WTO的挑战，增强国际竞争力的重要途径和客观要求。目前我国企业走向世界的一个主要阻力是贸易壁垒。尤其“绿色壁垒”近年来成为我国扩大出口面临最多最难突破的问题。发展循环经济就可以在突破“绿色壁垒”和实施“走出去”战略中发挥重要作用。

十八、循环经济观念会带来哪些改变?

循环经济作为一种科学的发展观，一种全新的经济发展模式，具有自身的独立特征，专家认为其特征主要体现在以下几个方面：

（1）新的系统观。循环是指在一定系统内的运动过程，循环经济的系统是由人、自然资源和科学技术等要素构成的大系统。循环经济观要求人在考虑生产和消费时不再置身于这一大系统之外，而是将自己作为这个大系统的一部分来研究符合客观规律的经济原则，将“退田还湖”、“退耕还林”、“退牧还草”等生态系统建设作为维持大系统可持续发展的基础性工作来抓。

（2）新的经济观。在传统工业经济的各个要素中，资本在循环，劳动力在循环，而唯独自然资源没有形成循环。循环经济观要求运用生态学规律，而不是仅仅沿用19世纪以来机械工程学的规律来指导经济活动。不仅要考虑工程承载能力，还要考虑生态承载能力。在生态系统中，经济活动超过资源承载能力的循环是恶性循环，会造成生态系统退化；只有在资源承载能力之内的良性循环，才能使生态系统平衡地发展。

循环经济是我国推进产业升级、转变经济发展方式的重要力量，同时也是我国实现节能减排目标的重要手段之一。

（3）新的价值观。循环经济观在考虑自然时，不再像传统工业经济那样将其作为“取料场”和“垃圾场”，也不仅仅视其为可利用的资源，而是将其作为人类赖以生存的基础，是需要维持良性循环的生态系统；在考虑科学技术时，不仅考虑其对自然的开发能力，而且要充分考虑到它对生态系统的修复能力，使之成为有益于环境的技术；在考虑人自身的发展时，不仅考虑人对自然的征服能力，而且更重视人与自然和谐相处的能力，促进人的全面发展。

（4）新的生产观。传统工业经济的生产观念是最大限度地开发利用自然资源，最大限度地创造社会财富，最大限度地获取利润。而循环经济的生产观念是要充分考虑自然生态系统的承载能力，尽可能地节约自然资源，不断提高自然资源的利用效率，循环使用资源，创造良性的社会财富。在生产过程中，循环经济观要求遵循“3R”原则：资源利用的减量化（Reduce）原则，即在生产的投入端尽可能少地输入自然资源；产品的再使用（Reuse）原则，即尽可能延长产品的使用周期，并在多种场合使用；废弃物的再循环（Recycle）原则，即最大限度地减少废弃物。

循环经济模式排放，力争做到排放的无害化，实现资源再循环。同时，在生产中还要求尽可能地利用可循环再生的资源替代不可再生资源，如利用太阳能、风能和农家肥等，使生产合理地依托在自然生态循环之上；尽可能地利用高科技，尽可能地以知识投入来替代物质投入，以达到经济、社会与生态的和谐统一，使人类在良好的环境中生产生活，真正全面提高人民的生活质量。

（5）新的消费观。循环经济观要求走出传统工业经济“拼命生产、拼命消费”的误区，提倡物质的适度消费、层次消费，在消费的同时就考虑到废弃物的资源化，建立循环生产和消费的观念。同时，循环经济观要求通过税收和行政等手段，限制以不可再生资源为原料的一次性产品的生产与消费，如宾馆的一次性用品、餐馆的一次性餐具和豪华包装等。

十九、中国的循环经济发展现状是怎样的？

党的十六届三中全会提出了“以人为本，全面、协调、可持续发展”的科学发展观，是我国全面实现小康社会发展目标的重要战略思想。胡锦涛同志指出：“要加快转变经济增长方式，将循环经济的发展理念贯穿到区域经济发展、城乡建设和产品生产中，使资源得到最有效的利用。”党的十六届四中、五中全会决议中明确提出要大力发展循环经济，把发展循环经济作为调整经济结构和布局，实现经济增长方式转变的重大举措。国务院下发了《国务院关于做好建设节约型社会近期重点工作的通知》国发〔2005〕21 号和《国务院关于加快发展循环经济的若干意见》国发〔2005〕22 号等一系列文件，“十一五”规划也把大力发展循环经济，建设资源节约型和环境友好型社会列为基本方略。全国上下形成了贯彻落实科学发展观，发展循环经济，构建资源节约和环境友好型社会的热潮。在这一背景下，深入研究发展循环经济的有关理论与实践，探讨循环经济发展战略，对正确理解中央精神，指导实践是十分必要的。

2012 年 12 月 12 日，温家宝同志主持召开国务院常务会议，研究部署发展循环经济。会议指出，发展循环经济是我国经济社会发展的重大战略任务，是推进生态文明建设、实现可持续发展的重要途径和基本方式。今后一个时期，要围绕提高资源产出率，健全激励约束机制，积极构建循环型产业体系，推动再生资源利用产业化，推行绿色消费，加快形成覆盖全社会的资源循环利用体系。

会议讨论通过《“十二五”循环经济发展规划》，明确了发展循环经济的主要目标、重点任务和保障措施。（一）构建循环型工业体系。在工业领域全面推行循环型生产方式，促进清洁生产、源头减量，实现能源梯级利用、水资源循环利用、废物交换利用、土地节约集约利用。（二）构建循环型农业体系。在农业领域推动资源利用节约化、生产过程清洁化、产业链接循环化、废物处理资源化，形成农林牧渔多业共生的循环型农业生产方式，改善农村生态环境，提高农业综合效益。（三）构建循环型服务业体系，推进社会层面循环经济发展。完善再生资源和垃圾分类回收体系，推行绿色建筑和绿色交通行动。充分发挥服务业在引导树立绿色低碳循环消费理念、转变消费模式方面的作用。（四）开展循环经济示范行动，实施示范工程，创建示范城市，培育示范企业和园区。会议要求完善财税、金融、产业、投资、价格和收费政策，健全法规标准，建立统计评价制度，加强监督管理，积极开展国际交流与合作，全面推进循环经济发展。

二十、循环经济的发展途径有哪些？

发展循环经济的主要途径，从资源流动的组织层面来看，主要是从企业小循环、区域中循环和社会大循环三个层面来展开；从资源利用的技术层面来看，主要是从资源的高效利用、循环利用和废弃物的无害化处理三条技术路径去实现。

（1）发展的三个组织层面。从资源流动的组织层面，循环经济可以从企业、生产基地等经济实体内部的小循环，产业集中区域内企业之间、产业之间的中循环，包括生产、生活领域的整个社会的大循环三个层面来展开。

第一，以企业内部的物质循环为基础，构筑企业、生产基地等经济实体内部的小循环。企业、生产基地等经济实体是经济发展的微观主体，是经济活动的最小细胞。依靠科技进步，充分发挥企业的能动性和创造性，以提高资源能源的利用效率、减少废物排放为主要目的，构建循环经济微观建设体系。

第二，以产业集中区内的物质循环为载体，构筑企业之间、产业之间、生产区域之间的中循环。

第三，以整个社会的物质循环为着眼点，构筑包括生产、生活领域的整个社会的大循环。统筹城乡发展、统筹生产生活，通过建立城镇、城乡之间、人类社会与自然环境之间的循环经济圈，在整个社会内部建立生产与消费的物质能量大循环，包括了生产、消费和回收利用，构筑符合循环经济的社会体系，建设资源节约型、环境友好的社会，实现经济效益、社会效益和生态效益的最大化。

（2）发展的三条技术路径。从资源利用的技术层面来看，循环经济的发展主要是从资源的高效利用、循环利用和无害化生产三条技术路径来实现。

第一，资源的高效利用。依靠科技进步和制度创新，提高资源的利用水平和单位要素的产出率。在农业生产领域，一是通过探索高效的生产方式，集约利用土地、节约利用水资源和能源等。二是改善土地、水体等资源的品质，提高农业资源的持续力和承载力。

第二，资源的循环利用。通过构筑资源循环利用产业链，建立起生产和生活中可再生利用资源的循环利用通道，达到资源的有效利用，减少向自然资源的索取，在与自然和谐循环中促进经济社会的发展。

第三，废弃物的无害化排放。通过对废弃物的无害化处理，减少生产和生活活动对生态环境的影响。

二十一、中国循环经济有什么样的特色？

循环经济为工业化以来的传统经济转向可持续发展的经济提供了战略性的理论范式，它可以为优化人类经济系统各个组成部分之间关系提供整体性的思路，从而从根本上消解长期以来环境与发展之间的尖锐冲突，实现社会、经济和环境的统一，促进人与自然的和谐发展。我们应根据中国国情和各地实际形成中国特色的循环经济发展模式。

我国循环经济的发展要注重从不同层面协调发展：

（1）小循环——在企业层面，选择典型企业和大型企业，根据生态效率理念，通过产品生态设计、清洁生产等措施进行单个企业的生态工业试点，减少产品和服务中物料和能源的使用量，实现污染物排放的最小化。

（2）中循环——在区域层面，按照工业生态学原理，通过企业间的物质集成、能量集成和信息集成，在企业间形成共生关系，建立工业生态园区。

（3）大循环——在社会层面，重点进行循环型城市和省、区的建立，最终建成循环经济型社会。

（4）资源再生产业——建立废物和废旧资源的处理、处置和再生产业，从根本上解决废物和废旧资源在全社会的循环利用问题。

目前，我国在资源再生利用方面的主要障碍是缺少有效的组织，未形成产业规模，缺少技术研发。我国在废物的再回收、再利用、再循环方面存在较大的潜力，大力发展资源再生产业，尽快出台相关政策，形成产业规模，会较大地缓解我国资源紧缺、浪费巨大、污染严重的矛盾。

综上所述，一方面，我国发展循环经济还方兴未艾，在理论上和实践上还有待进一步深入探索；另一方面，我们可以借鉴发达国家的经验教训，形成后发优势。推动我国循环经济的发展，要以科学发展观为指导，以优化资源利用方式为核心，以技术创新和制度创新为动力，加强法制建设，完善政策措施，形成“政府主导、企业主体、公众参与、法律规范、政策引导、市场运作、科技支撑”的运行机制，逐步形成中国特色的循环经济发展模式，推进资源节约型社会和环境友好型社会的建设。

二十二、循环经济的"3R"原则是什么?

循环经济要求以"3R"原则为经济活动的行为准则：

（1）减量化原则（Reduce）。要求用较少的原料和能源投入来达到既定的生产目的或消费目的，进而到从经济活动的源头就注意节约资源和减少污染。减量化有几种不同的表现。在生产中，减量化原则常常表现为要求产品小型化和轻型化。此外，减量化原则要求产品的包装应该追求简单朴实而不是豪华浪费，从而达到减少废弃物排放的目的。

（2）再使用原则（Reuse）。要求制造产品和包装容器能够以初始的形式被反复使用。再使用原则要求抵制当今世界一次性用品的泛滥，生产者应该将制品及其包装当作一种日常生活器具来设计，使其像餐具和背包一样可以被再三使用。再使用原则还要求制造商应该尽量延长产品的使用期，而不是非常快地更新换代。

（3）再循环原则（Recycle）。要求生产出来的物品在完成其使用功能后能重新变成可以利用的资源，而不是不可恢复的垃圾。按照循环经济的思想，再循环有两种情况，一种是原级再循环，即废品被循环用来产生同种类型的新产品，例如报纸再生报纸、易拉罐再生易拉罐等；另一种是次级再循环，即将废物资源转化成其他产品的原料。原级再循环在减少原材料消耗上面达到的效率要比次级再循环高得多，是循环经济追求的理想境界。

二十三、循环经济概念是谁先提出来的?

循环经济的思想萌芽可以追溯到环境保护兴起的20世纪60年代。1962年美国生态学家蕾切尔·卡逊发表了《寂静的春天》，指出生物界以及人类所面临的危险。"循环经济"一词，首先由美国经济学家K. 波尔丁提出，主要指在人、自然资源和科学技术的大系统内，在资源投入、企业生产、产品消费及其废弃的全过程中，把传统的依赖资源消耗的线形增长经济，转变为依靠生态型资源循环来发展的经济。其"宇宙飞船经济理论"可以作为循环经济的早期代表。大致内容是：地球就像在太空中飞行的宇宙飞船，要靠不断消耗自身有限的资源而生存，如果不合理开发资源、破坏环境，就会像宇宙飞船那样走向毁灭。因此，宇宙飞船经济要求一种新的发展观：第一，必须改变过去那种"增长型"经济为"储备型"经济；第二，要改变传统的"消耗型经济"，而代之以休养生息的经济；第三，实行福利量的经济，摒弃只着重于生产量的经济；第四，建立既不会使资源枯竭，又不会造成环境污染和生态破坏、能循环使用各种物资的"循环式”经济，以代替过去的“单程式”经济。

20世纪90年代之后，发展知识经济和循环经济成为国际社会的两大趋势。我国从20世纪90年代起引入了关于循环经济的思想。此后对于循环经济的理论研究和实践不断深入。

1998年引入德国循环经济概念，确立“3R”原则的中心地位；1999年从可持续生产的角度对循环经济发展模式进行整合；2002年从新兴工业化的角度认识循环经济的发展意义；2003年将循环经济纳入科学发展观，确立物质减量化的发展战略；2004年提出从不同的空间规模、城市、区域、国家层面大力发展循环经济。

二十四、循环经济的相关立法及原则有哪些？

中国的循环经济立法主要体现在两个基本法律，即：2002年6月全国人大常委会通过，2003年1月1日起实施的《清洁生产促进法》；2008年8月全国人大常委会通过，2009年1月1日起实施的《循环经济促进法》。

循环经济体系是以产品清洁生产、资源循环利用和废物高效回收为特征的生态经济体系。由于它将对环境的破坏降到最低程度，并且最大限度地利用资源，因而大大降低了经济发展的社会成本，有利于经济的可持续发展。对于我国而言，大力发展循环经济，是走新型工业化道路的题中应有之义。各级政府作为建立循环经济社会机制的主体，应抓紧制定相关的法规政策，逐步建立健全适应循环经济发展要求的管理体制和机制。尽管我国各地区的经济发展水平有一定的差异，但在制定相关法规政策时应遵循以下几条原则：

（1）注重技术标准而不是具体技术。政府在制定适应循环经济要求的法规政策时，应当注重规定最终产品的指标含量，以及在生产过程中所排放的废弃物的指标含量，而不是直接规定企业必须使用某种具体的节能环保技术。只有这样，才能使不同的企业发挥自身优势，各展所长，创造出一个广阔的技术创新平台。否则，就容易限制企业多路径的创造力。

（2）控制标准尽量贴近最终用户，同时鼓励上游行业创新。贴近终端用户的标准规定，能使企业在产品设计、生产和分销渠道上有很大的创新空间，从而有助于实现对各种中间废弃物的循环再利用。而且，避免废弃物污染的工作从上游入手，往往会减轻下游的很多压力。因此，应当多制定一些鼓励上游企业实施技术创新、减少环境污染的政策法规。反过来说，如果从下游入手解决环境污染问题，由于上游各个生产环节对产品和部件或多或少地规定了其材质属性以及产品构造，就会对下游企业的污染治理工作构成许多复合型的约束条件，使下游企业的治理或改造成本增大，难度提高。

（3）考虑产业投资循环节奏，多阶段加以推进。产业投资循环有其自身的规律性节奏，即投资—经营—回报—积累—再投资。政府在制定相关法规政策时，应当考虑到相关行业的产业投资循环节奏，而不应一味地要求企业迅速应用高标准的环保技术，甚至不顾及其应用成本。如果考虑到产业投资循环节奏，就可以针对循环中的不同环节制定相应的导向性政策，如在投资环节，设立设计和建设方面的环保标准；在经营环节，设立生产、运输和回收利用方面的环保标准；在回报与积累环节，设立提留环保基金比例的政策；在再投资环节，设立更高的设计与建设方面的环保标准，从而使企业能够在长期的投资、生产、经营循环中持续地进行技术创新。同时，由于所制定的相关法规会随着时间的推移而不断提高对企业技术标准的要求，这就使技术创新竞争在未来的企业市场竞争中成为一个主要的竞争点，能够促使企业加大技术创新的力度。相反，如果制定的法规很急迫地要求企业迅速应用高环保标准的生产技术或高标准的污染治理技术，而不考虑产业投资循环节奏，就可能会使企业将精力集中在如何规避这些法规上，而不是如何创新与变革现有的技术，这最终会导致企业没有任何技术创新。

（4）整合协调有技术关联的法规政策。制定鼓励技术创新的法规政策，应避免把行业作为主要的划分标准，而应当把技术性质作为主要的划分标准。这是因为，就我国的国情来看，实现循环经济的最重要环节是变革许多现行的生产技术和经营技术，而行业之间的技术影响往往不是垂直而是交叉扩散的。比如，塑料工业的发展会直接影响冰箱、电视、空调、洗衣机、家庭日用品等许多行业的发展，通信行业的技术发展会直接影响证券、航空、军工等行业的发展。因此，以技术性质作为主要划分标准来制定鼓励技术创新的法规政策，是实现循环经济的内在要求和必然选择。

二十五、何谓循环型企业？循环型企业的特征包括哪些？

循环型企业，是指通过在企业内部交换物流和能流，建立生态产业链，使企业内部资源利用最大化、环境污染最小化的集约型经营和内涵型增长，从而获得效益的企业。

循环型企业的特征：与传统企业资源消耗高、环境污染严重、通过外延增长获得企业效益的模式不同，循环型企业对生产过程，要求节约原材料和能源，淘汰有毒原材料，削减所有废物的数量和毒性；对产品，要求减少从原材料提炼到产品最终处置的全生命周期的不利影响；对服务，要求将环境因素纳入设计和所提供的服务中。

二十六、如何实现农村养殖与种植相结合的循环经济？

（1）就地结合、就地利用。根据周边农田、果园、池塘、林地资源的规模，确定养殖场的选址和规模，做到周边种植业完全有能力消纳养殖场产生的粪便、污水。养殖场的畜禽干粪堆积发酵后直接施用到周边农田、园地。在农田、果园地势高处建造贮肥池，铺设灌溉管网，养殖污水经厌氧池发酵后，通过管网或自流或喷滴灌用于种植业。

（2）异地结合、综合利用。对畜禽排泄物超过周边承载量的大中型规模养殖场和养殖园区，尽量在异地配套有相应承载利用能力的种植业基地，养殖场干粪通过发酵处理加工成有机肥，异地转运后施用到农田园地，养殖污水经过沼气工程治理，沼液通过槽罐车或管网设施异地转运到农田果园使用。

（3）分散处理、集中利用。对中小规模密集地区的养殖场，采取分散处理、收集处理的办法，推行畜禽粪尿污水干湿分离，通过集中发酵处理后运用于种植业基地。

（4）区域配套、循环共生。对资金、技术实力比较雄厚的大型养殖场，配套一定面积的综合性农、林、渔业生产区域，通过生物工程处理方式，将畜禽粪便分别转化成生物蛋白、有机肥料、沼气能源等，配套用于周边的种养殖业或用作燃气，实现局部区域内资源循环。

（5）生态养殖园区集中养殖。按照新农村建设的要求积极引导人口密集区异地兴建生态养殖园区（场），实现人畜分离，改善农村环境。将分布在村中散养或列入禁养区的畜禽搬出院落，迁入养殖园区进行集中管理。

（6）生物发酵舍零排放。在饮用水水源保护区域、居民聚集区域及场镇周边等环境要求高、环保敏感的区域和高山水源匮乏区、高海拔地区，大力推广生物发酵舍零排放技术，生产营养价值高、富含微生物的有机肥，使有机物还田用于种植业。

二十七、如何完善我国农村循环经济？

（1）提高对农村循环经济的认识。地方政府领导应充分认识到农村经济增长是以自然资源等各种要素的大量投入为代价，农村过去那种粗放式的增长方式已经失去了竞争力。必须树立正确的政绩观和科学的发展观，通过发展循环经济推动农村经济社会的发展，在发挥环保部门推动者和先行者作用的前提下，在地方政府部门的领导下，各个部门都要参与其中。要做好老百姓的宣传工作。地方政府部门特别是环保部门要利用好各种媒体和手段，大力开展循环经济的宣传教育，使广大农民树立环保意识，在生产生活中自觉约束自己的不良行为。对于乡镇企业来说，通过对企业领导的宣传和教育，使他们树立循环经济的新观念、新思维，增强企业的自律意识和对社会的责任意识。有了地方政府强有力的领导，各部门协调一致的努力和广大农民的一致认同，将有利于调动各方面的积极性，更好地推动循环经济在农村的发展。

（2）积极完善各种激励措施。发展循环经济特别要充分利用价格、税收和财政等经济激励手段，使得循环利用资源和环境保护有利可图，使企业和个人对环境保护的外部效益内部化。按照“污染者付费、利用者补偿、开发者保护、破坏者恢复”的原则，大力推进生态环境的有偿使用机制。在增加环境污染排放税、资源使用税的同时，可以对企业用于环境保护的投资实行税收抵扣。中央财政应该在预算中安排专门的支出计划，以确保资金的正常支付。地方政府要重视和支持农村循环经济的发展，发挥好税收等经济杠杆的作用，通过各种渠道筹集资金。乡镇企业要重视自身的积累，每年留出一定比例的资金用于发展循环经济。要积极探索增加发展循环经济资金投入的长效机制，发挥市场对资源配置的作用，通过政府、企业、农民的共同努力，促进农村循环经济资金投入的稳步增长。

（3）完善相应的制度保障。要认真贯彻好《清洁生产促进法》、《环境影响评价法》、《环境保护法》等法律法规，在此基础上要探索、制定发展循环经济的相关法律、法规，尽快完善法律体系。立法方面应充分借鉴发达国家的经验，比如一些发达国家对化肥和农药施用、控制有机废弃物排放、促进有机废弃物循环利用、控制农药污染等，都制定了明确的法律法规，这些我们完全可以借鉴，从而做到有法可依、有章可循，以利于推动农村循环经济的发展。

【案例】

2003年，石家庄市的289家养殖场内的20多万只鸡、9000多头猪、400多头牛，从5月初到7月上旬，陆续有了“乔迁之喜”。它们辞别“二环”路以内的“旧家”，搬迁到“三环”路以外的“新家”。对这次省城禽畜大“搬家”行动，市民无不拍手称好，欢欣鼓舞：“与牲畜为邻‘臭味相投’的日子，终于结束了，我们可以尽情畅快呼吸了！”7月7日，在“书香园”小区的阴凉里，几个老人围着桌子打着纸牌，不远处几个孩子在快乐地玩耍，临近中午时分，不知从谁家飘出一股股的饭香……一派平和安乐景象。就在前不久，因为离其不远有一个占地70余亩的畜禽养殖场，环境污染是这里的居民反映最强烈的问题之一。“一到夏天就不敢开窗户，一开，养殖场那边的臭味就飘进屋来。可人不能总憋在屋里吧，出去溜达溜达，就得呼吸带着臭味的空气。”现在提起来，该小区的居民张先生依然带着几分怒气，“……‘书香园’不闻书香，只闻得到臭气”。“书香园”小区的居民反映并不是个别现象。市区内289家养殖场，本就有相当一部分临近办公区或市民的生活区，随着城市建设的加快，这种情况更是越来越多。一到夏季，养殖场周围臭气冲天、蚊蝇成群，严重影响了周围人的工作学习以及居住环境，引起市民的强烈不满。

据了解，一个万只养鸡场年产粪便360吨，一个百头养牛场年产粪便680吨，一个千头养猪场年产粪便在2000吨以上。粪便在厌氧条件下，可分解释放出氨气、硫化氢、甲基硫醇、三甲基胺等带有酸味、臭蛋味、鱼腥味的有害刺激性气味。而石家庄市区内畜禽总存栏为23万多只（头），产生大量畜禽粪便和大量有害气体，已成为石家庄市区不容小觑的空气污染源。畜禽养殖污染市区空气环境问题，已到了非解决不可的地步。养殖场的异地搬迁，有效净化了市区的空气环境，难怪石家庄市民无不拍手称快。

但这不仅仅是石家庄市民才遇到的问题。随着畜禽业的发展，畜禽养殖场和养殖规模不断增加和扩大，养殖场产生的粪便等如果没有进行有效的处理，会发出难闻的气味，严重污染生态环境，对人类健康的影响日益显现。21世纪是一个崇尚绿色、注重环保的世纪，人们的一切生活和生产活动都应在倡导环保的前提下进行。解决畜禽生产对环境的污染问题，也是保护生态环境的一项重要内容。

【评析】

我国《大气污染防治法》将畜禽养殖产生恶臭纳入调整范围，其第40条规定："向大气排放恶臭气体的排污单位，必须采取措施防止周围居民区受到污染。"根据这一规定，畜禽养殖的饲养人有义务防止饲养动物产生的恶臭气体对周围居民的生活环境造成污染。如果饲养人不采取有效措施，造成污染的，应当承担相应的法律责任。这既包括县级以上地方人民政府环境保护行政主管部门或者其他依法行使监督管理权的部门对未采取有效污染防治措施，向大气排放恶臭气体的行为责令停止违法行为，限期改正，处5万元以下罚款；也包括直接受害人向污染者提出赔偿损失的要求，在不能与污染者达成一致时，或者请求环境行政管理机关进行调解或者向人民法院提起诉讼。国家环保总局在2001年颁布的《畜禽养殖污染防治管理办法》对恶臭污染规定了具体的措施。其第13条规定："畜禽养殖场必须设置畜禽废渣的储存设施和场所，采取对储存场所地面进行水泥硬化等措施，防止畜禽废渣渗漏、散落、溢流、雨水淋湿、恶臭气体等对周围环境造成污染和危害。"而各地根据自身的情况，就有关畜禽养殖中的恶臭问题，分别做了更详尽的规定，如《上海市畜禽养殖管理办法》、《成都市畜禽养殖管理办法》、《长沙县畜禽养殖污染防治管理办法》等。

同时，本案例也说明养殖场的选址是多么的重要。实际上，这也是有法律可寻的。根据《环境影响评价法》的规定，对环境有影响的养殖场应当进行环境影响评价，而首当其冲的就是其选址应当远离闹市区和生活区。而对于已经建成的养殖场，在采取其他措施仍然不能解决其恶臭扰民时，应当进行搬迁。

第十一章　农村生态资源的保护与利用

一、我国对渔业生产实行什么样的方针和管理体制?

根据《渔业法》第1条和第3条的规定，为了加强渔业资源的保护、增殖、开发和合理利用，发展人工养殖，保障渔业生产者的合法权益，促进渔业生产的发展，国家对渔业生产实行以养殖为主，养殖、捕捞、加工并举，因地制宜，各有侧重的方针。国家对渔业的监督管理，实行统一领导、分级管理。国务院渔业行政主管部门主管全国的渔业工作。县级以上地方政府渔业行政主管部门主管本行政区域内的渔业工作。县级以上政府渔业行政主管部门可以在重要渔业水域、渔港设渔政监督管理机构。县级以上政府渔业行政主管部门及其所属的渔政监督管理机构可以设渔政检查人员。渔业行政主管部门和其所属的渔政监督管理机构及其工作人员，不得参与和从事渔业生产经营活动。

海洋渔业，除国务院划定由国务院渔业行政主管部门及其所属的渔政监督管理机构监督管理的海域和特定渔业资源渔场外，由毗邻海域的省级政府渔业行政主管部门监督管理。江河、湖泊等水域的渔业，按照行政区划由有关县级以上政府渔业行政主管部门监督管理；跨行政区域的，由有关县级以上地方政府协商制定管理办法，或者由上一级政府渔业行政主管部门及其所属的渔政监督管理机构监督管理。

二、从事水产养殖业必须遵守哪些规定?

根据《渔业法》的相关规定，国家鼓励全民所有制单位、集体所有制单位和个人充分利用适于养殖的水域、滩涂，发展养殖业。国家对水域利用进行统一规划，确定可以用于养殖业的水域和滩涂。单位和个人使用国家规划确定用于养殖业的全民所有的水域、滩涂的，使用者应当向县级以上地方政府渔业行政主管部门提出申请，由本级政府核发养殖证，许可其使用该水域、滩涂从事养殖生产。集体所有的或者全民所有由农业集体经济组织使用的水域、滩涂，可以由个人或者集体承包，从事养殖生产。县级以上地方政府在核发养殖证时，应当优先安排当地的渔业生产者，应当采取措施，加强对商品鱼生产基地和城市郊区重要养殖水域的保护，县级以上政府渔业行政主管部门应当加强对养殖生产的技术指导和病害防治工作。

国家鼓励和支持水产优良品种的选育、培育和推广。水产新品种必须经全国水产原种和良种审定委员会审定，由国务院渔业行政主管部门批准后方可推广。水产苗种的进口、出口由国务院渔业行政主管部门或者省级政府渔业行政主管部门审批。水产苗种的生产由县级以上地方政府渔业行政主管部门审批。但是，渔业生产者自育、自用水产苗种的除外。水产苗种的进口、出口必须实施检疫，防止病害传入境内和传出境外。引进转基因水产苗种必须进行安全性评价。从事养殖生产不得使用含有毒有害物质的饵料、饲料。从事养殖生产应当保护水域生态环境，科学确定养殖密度，合理投饵、施肥、使用药物，不得造成水域的环境污染。

三、我国对捕捞业实行哪些管理制度？

根据《渔业法》第21条的规定，国家在财政、信贷和税收等方面采取措施，鼓励、扶持远洋捕捞业的发展，并根据渔业资源的可捕捞量，安排内水和近海捕捞力量。

（1）国家根据捕捞量低于渔业资源增长量的原则，确定渔业资源的总可捕捞量，实行捕捞限额制度。我国内海、领海、专属经济区和其他管辖海域的捕捞限额总量由国务院渔业行政主管部门确定，报国务院批准后逐级分解下达；国家确定的重要江河、湖泊的捕捞限额总量由有关省级政府确定或者协商确定，逐级分解下达。捕捞限额总量的分配应当体现公平、公正的原则，分配办法和分配结果必须向社会公开，并接受监督。

（2）国家对捕捞业实行捕捞许可证制度。海洋大型拖网、围网作业以及到我国与有关国家缔结的协定确定的共同管理的渔区或者公海从事捕捞作业的捕捞许可证，由国务院渔业行政主管部门批准发放。其他作业的捕捞许可证，由县级以上地方政府渔业行政主管部门批准发放；但是，批准发放海洋作业的捕捞许可证不得超过国家下达的船网工具控制指标。到他国管辖海域从事捕捞作业的，应当经国务院渔业行政主管部门批准，并遵守我国缔结的或者参加的有关条约、协定和有关国家的法律。

具备下列条件的，方可发给捕捞许可证：①有渔业船舶检验证书。②有渔业船舶登记证书。③符合国务院渔业行政主管部门规定的其他条件。县级以上地方政府渔业行政主管部门批准发放的捕捞许可证，应当与上级政府渔业行政主管部门下达的捕捞限额指标相适应。

（3）从事捕捞作业的单位和个人，必须按照捕捞许可证关于作业类型、场

所、时限、渔具数量和捕捞限额的规定进行作业，并遵守国家有关保护渔业资源的规定，大中型渔船应当填写渔捞日志。制造、更新改造、购置、进口的从事捕捞作业的船舶必须经渔业船舶检验部门检验合格后，方可下水作业。

（4）渔港建设应当遵守国家的统一规划，实行“谁投资、谁受益”的原则。县级以上地方政府应当对位于本行政区域内的渔港加强监督管理，维护渔港的正常秩序。

四、我国对于渔业资源的增殖和保护采取什么样的法律措施?

根据《渔业法》的有关规定，县级以上政府渔业行政主管部门应当对其管理的渔业水域统一规划，采取措施，增殖渔业资源。可以向受益的单位和个人征收渔业资源增殖保护费，专门用于增殖和保护渔业资源。

国家保护水产种质资源及其生存环境，并在具有较高经济价值和遗传育种价值的水产种质资源的主要生长繁育区域建立水产种质资源保护区。未经国务院渔业行政主管部门批准，任何单位或者个人不得在水产种质资源保护区内从事捕捞活动。

禁止使用炸鱼、毒鱼、电鱼等破坏渔业资源的方法进行捕捞。禁止制造、销售、使用禁用的渔具。禁止在禁渔区、禁渔期进行捕捞。禁止使用小于最小网目尺寸的网具进行捕捞。捕捞的渔获物中幼鱼不得超过规定的比例。在禁渔区或者禁渔期内禁止销售非法捕捞的渔获物。禁止捕捞有重要经济价值的水生动物苗种。因养殖或者其他特殊需要，捕捞有重要经济价值的苗种或者禁捕的怀卵亲体的，必须经国务院渔业行政主管部门或者省级政府渔业行政主管部门批准，在指定的区域和时间内，按照限额捕捞。在水生动物苗种重点产区引水用水时，应当采取措施，保护苗种。

在鱼、虾、蟹洄游通道建闸、筑坝，对渔业资源有严重影响的，建设单位应当建造过鱼设施或者采取其他补救措施。用于渔业并兼有调蓄、灌溉等功能的水体，有关主管部门应当确定渔业生产所需的最低水位线。禁止围湖造田。沿海滩涂未经县级以上政府批准，不得围垦；重要的苗种基地和养殖场所不得围垦。

各级政府应当采取措施，保护和改善渔业水域的生态环境，防治污染。国家对白鳍豚等珍贵、濒危水生野生动物实行重点保护，防止其灭绝。禁止捕杀、伤害国家重点保护的水生野生动物。因科学研究、驯养繁殖、展览或者其他特殊情况，需要捕捞国家重点保护的水生野生动物的，依照《野生动物保护法》的规定执行。

五、我国对于草原资源实行什么样的方针和管理体制？我国有关法律对于草原权属是怎样规定的?

根据《草原法》的规定，为了保护、建设和合理利用草原，改善生态环境，维护生物多样性，发展现代畜牧业，促进经济和社会的可持续发展，国家对草原实行科学规划、全面保护、重点建设、合理利用的方针，促进草原的可持续利用和生态、经济社会的协调发展。国务院草原行政主管部门主管全国草原监督管理工作。县级以上地方政府草原行政主管部门主管本行政区域内草原监督管理工作。乡（镇）政府应当加强对本行政区域内草原保护、建设和利用情况的监督检查，根据需要可以设专职或者兼职人员负责具体监督检查工作。

根据《宪法》、《草原法》的相关规定，草原属于国家所有，由法律规定属于集体所有的除外。国家所有的草原，由国务院代表国家行使所有权。任何单位或者个人不得侵占、买卖或者以其他形式非法转让草原。国家所有的草原，可以依法确定给全民所有制单位、集体经济组织等使用。使用草原的单位，应当履行保护、建设和合理利用草原的义务。依法确定给全民所有制单位、集体经济组织等使用的国家所有的草原，由县级以上政府登记，核发使用权证，确认草原使用权。未确定使用权的国家所有的草原，由县级以上政府登记造册，并负责保护管理。集体所有的草原，由县级政府登记，核发所有权证，确认草原所有权。依法改变草原权属的，应当办理草原权属变更登记手续。依法登记的草原所有权和使用权受法律保护，任何单位或者个人不得侵犯。

六、怎样承包经营草原资源?

根据《草原法》第13条的规定，集体所有的草原或者依法确定给集体经济组织使用的国家所有的草原，可以由本集体经济组织内的家庭或者联户承包经营。在草原承包经营期内，不得对承包经营者使用的草原进行调整；个别确需适当调整的，必须经本集体经济组织成员的村（牧）民会议2/3以上成员或者2/3以上村（牧）民代表的同意，并报乡（镇）政府和县级政府草原行政主管部门批准。集体所有的草原或者依法确定给集体经济组织使用的国家所有的草原由本集体经济组织以外的单位或者个人承包经营的，必须经本集体经济组织成员的村（牧）民会议2/3以上成员或者2/3以上村（牧）民代表的同意，并报乡（镇）政府批准。

承包经营草原，发包方和承包方应当签订书面合同。草原承包合同的内容应当包括双方的权利和义务、承包草原四至界限、面积和等级、承包期和起止日期、承包草原用途和违约责任等。承包期届满，原承包经营者在同等条件下享有优先承包权。承包经营草原的单位和个人，应当履行保护、建设和按照承包合同约定的用途合理利用草原的义务。

草原承包经营权受法律保护，可以按照自愿、有偿的原则依法转让。草原承包经营权转让的受让方必须具有从事畜牧业生产的能力，并应当履行保护、建设和按照承包合同约定的用途合理利用草原的义务。草原承包经营权转让应当经发包方同意。承包方与受让方在转让合同中约定的转让期限，不得超过原承包合同剩余的期限。

七、草原资源的权属争议如何解决？我国有关法律对草原建设有什么具体规定？

草原所有权、使用权的争议，由当事人协商解决；协商不成的，由有关政府处理。单位之间的争议，由县级以上政府处理；个人之间、个人与单位之间的争议，由乡（镇）政府或者县级以上政府处理。当事人对有关政府的处理决定不服的，可以依法向人民法院起诉。在草原权属争议解决前，任何一方不得改变草原利用现状，不得破坏草原和草原上的设施。

我国有关法律对草原建设有以下规定：

（1）国家鼓励单位和个人投资建设草原，按照“谁投资、谁受益”的原则保护草原投资建设者的合法权益。县级以上政府应当增加草原建设的投入，支持草原建设。

（2）国家鼓励与支持人工草地建设、天然草原改良和饲草饲料基地建设，稳定和提高草原生产能力。县级以上政府应当支持、鼓励和引导农牧民开展草原围栏、饲草饲料储备、牲畜圈舍、牧民定居点等生产生活设施的建设。县级以上地方政府应当支持草原水利设施建设，发展草原节水灌溉，改善人畜饮水条件。

（3）县级以上政府应当按照草原保护、建设、利用规划加强草种基地建设，鼓励选育、引进、推广优良草品种。新草品种必须经全国草品种审定委员会审定，由国务院草原行政主管部门公告后方可推广。从境外引进草种必须依法进行审批。县级以上政府草原行政主管部门应当依法加强对草种生产、加工、检疫、检验的监督管理，保证草种质量。

（4）县级以上政府应当有计划地进行火情监测、防火物资储备、防火隔离带等草原防火设施的建设，确保防火需要。对退化、沙化、盐碱化、石漠化和水土流失的草原，地方各级政府应当按照草原保护、建设、利用规划，划定治理区，组织专项治理。大规模的草原综合治理，列入国家国土整治计划。

（5）县级以上政府应当根据草原保护、建设、利用规划，在本级国民经济和社会发展计划中安排资金用于草原改良、人工种草和草种生产，任何单位或者个人不得截留、挪用；县级以上政府财政部门和审计部门应当加强监督管理。

八、草原资源应如何依法利用？

（1）草原承包经营者应当合理利用草原，不得超过草原行政主管部门核定的载畜量；草原承包经营者应当采取种植和储备饲草饲料、增加饲草饲料供应量、调剂处理牲畜、优化畜群结构、提高出栏率等措施，保持草畜平衡。牧区的草原承包经营者应当实行划区轮牧，合理配置畜群，均衡利用草原。

（2）国家提倡在农区、半农半牧区和有条件的牧区实行牲畜圈养。草原承包经营者应当按照饲养牲畜的种类和数量，调剂、储备饲草饲料，采用青贮和饲草饲料加工等新技术，逐步改变依赖天然草地放牧的生产方式。在草原禁牧、休牧、轮牧区，国家对实行舍饲圈养的给予粮食和资金补助，具体办法由国务院或者国务院授权的有关部门规定。县级以上地方政府草原行政主管部门对割草场和野生草种基地应当规定合理的割草期、采种期以及留茬高度和采割强度，实行轮割轮采。遇到自然灾害等特殊情况，需要临时调剂使用草原的，按照自愿互利的原则，由双方协商解决；需要跨县临时调剂使用草原的，由有关县级政府或者共同的上级政府组织协商解决。

（3）进行矿藏开采和工程建设，应当不占或者少占草原；确需征用或者使用草原的，必须经省级以上政府草原行政主管部门审核同意后，依照有关土地管理的法律、行政法规办理建设用地审批手续。因建设征用集体所有的草原的，应当依照《土地管理法》的规定给予补偿；因建设使用国家所有的草原的，应当依照国务院有关规定对草原承包经营者给予补偿。因建设征用或者使用草原的，应当缴纳草原植被恢复费。草原植被恢复费专款专用，由草原行政主管部门按照规定用于恢复草原植被，任何单位和个人不得截留、挪用。需要临时占用草原的，应当经县级以上地方政府草原行政主管部门审核同意。

（4）在草原上修建直接为草原保护和畜牧业生产服务的工程设施，需要使用草原的，由县级以上政府草原行政主管部门批准；修筑其他工程，需要将草原转为非畜牧业生产用地的，必须依法办理建设用地审批手续。

九、我国对草原资源实行什么样的保护措施？

（1）国家实行基本草原保护制度。

（2）国务院草原行政主管部门或者省级政府可以按照自然保护区管理的有关规定建立草原自然保护区。

（3）国家对草原实行以草定畜、草畜平衡制度。

（4）禁止开垦草原。

（5）禁止在荒漠、半荒漠和严重退化、沙化、盐碱化、石漠化、水土流失的草原以及生态脆弱区的草原上采挖植物和从事破坏草原植被的其他活动。

（6）草原防火工作贯彻预防为主、防消结合的方针。

（7）县级以上地方政府应当做好草原鼠害、病虫害和毒害草防治的组织管

理工作。

十、我国法律对于矿产资源的权属是怎样规定的？

矿产资源是一类重要的自然资源，矿产资源的权利归属状况对于一个国家的经济发展、社会进步和人民生活水平的提高具有十分重要的意义。根据《宪法》、《矿产资源法》等有关法律的规定，凡是在我国领域及管辖海域内的矿产资源属于国家所有，由国务院行使国家对矿产资源的所有权。地表或者地下的矿产资源的国家所有权，不因其所依附的土地的所有权或者使用权的不同而改变。国家保障矿产资源的合理开发利用，禁止任何组织或者个人用任何手段侵占或者破坏矿产资源。各级政府必须加强矿产资源的保护工作。

十一、探矿权人的权利、义务和责任各是什么？

根据《矿产资源法》和《矿产资源法实施细则》的相关规定，探矿权人享有下列权利：①按照勘察许可证规定的区域、期限、工作对象进行勘察。②在勘察作业区及相邻区域架设供电、供水、通信管线，但是不得影响或者损害原有的供电、供水设施和通信管线。③在勘察作业区及相邻区域通行。④根据工程需要临时使用土地。⑤优先取得勘察作业区内新发现矿种的探矿权。⑥优先取得勘察作业区内矿产资源的采矿权。⑦自行销售勘察中按照批准的工程设计施工回收的矿产品，但是国务院规定由指定单位统一收购的矿产品除外。探矿权人行使前述权利时，有关法律、法规规定应当经过批准或者履行其他手续的，应当遵守有关法律、法规的规定。

探矿权人应当履行下列义务：①在规定的期限内开始施工，并在勘察许可证规定的期限内完成勘察工作。②向勘察登记管理机关报告开工等情况。③按照探矿工程设计施工，不得擅自进行采矿活动。④在查明主要矿种的同时，对共生、伴生矿产资源进行综合勘察、综合评价。⑤编写矿产资源勘察报告，提交有关部门审批。⑥按照国务院有关规定汇交矿产资源勘察成果档案资料。⑦遵守有关法律、法规关于劳动安全、土地复垦和环境保护的规定。⑧勘察作业完毕，及时封、填探矿作业遗留的井、洞或者采取其他措施，消除安全隐患。

探矿权人取得临时使用土地权后，在勘察过程中给他人造成财产损害的，按照下列规定予以补偿：①对耕地造成损害的，根据受损害的耕地面积前 3 年平均年产量，以补偿时当地市场平均价格计算，逐年给以补偿，并负责恢复耕地的生产条件，及时归还。②对牧区草场造成损害的，按照前项规定逐年给以补偿，并负责恢复草场植被及时归还。③对耕地上的农作物、经济作物造成损害的，根据受损害的耕地面积前 3 年平均年产量，以补偿时当地市场平均价格计算，给以补偿。④对竹木造成损害的，根据实际损害株数，以补偿时当地市场平均价格逐株计算，给以补偿。⑤对土地上的附着物造成损害的，根据实际损害的程度，以补偿时当地市场价格，给以适当补偿。

十二、采矿权人的权利、义务和责任各是什么？

根据《矿产资源法》和《矿产资源法实施细则》的有关规定，采矿权人享有下列权利：①按照采矿许可证规定的开采范围和期限从事开采活动。②自行销售矿产品，但是国务院规定由指定的单位统一收购的矿产品除外。③在矿区范围内建设采矿所需的生产和生活设施。④根据生产建设的需要依法取得土地使用权。⑤法律、法规规定的其他权利。采矿权人行使前列权利时，法律、法规规定应当经过批准或者履行其他手续的，依照有关法律、法规的规定办理。

采矿权人应当履行下列义务：①在批准的期限内进行矿山建设或者开采。②有效保护、合理开采、综合利用矿产资源。③依法缴纳资源税和矿产资源补偿费。④遵守国家有关劳动安全、水土保持、土地复垦和环境保护的法律、法规。⑤接受地质矿产主管部门和有关主管部门的监督管理，按照规定填报矿产储量表和矿产资源开发利用情况统计报告。

采矿权人在采矿许可证有效期满或者在有效期内，停办矿山而矿产资源尚未采完的，必须采取措施将资源保持在能够继续开采的状态，并事先完成下列工作：①编制矿山开采现状报告及实测图件。②按照有关规定报告所消耗的储量。③按照原设计实际完成相应的有关劳动安全、水土保持、土地复垦和环境保护工作，或者缴清土地复垦和环境保护的有关费用。采矿权人停办矿山的申请，须经原批准开办矿山的主管部门批准、原颁发采矿许可证的机关验收合格后，方可办理有关证、照注销手续。

矿山企业关闭矿山，应当按照法定程序办理审批手续。关闭矿山报告批准后，矿山企业应当完成下列工作：①按照国家有关规定将地质、测量、采矿资料整理归档，并汇交闭坑地质报告、关闭矿山报告及其他有关资料。②按照批准的关闭矿山报告，完成有关劳动安全、水土保持、土地复垦和环境保护工作，或者缴清土地复垦和环境保护的有关费用。矿山企业凭关闭矿山报告批准文件和有关部门对完成上述工作提供的证明，报请原颁发采矿许可证的机关办理采矿许可证注销手续。

十三、探矿权人、采矿权人之间的争议怎样解决？

根据《矿产资源法》和《矿产资源法实施细则》的有关规定，探矿权人之间对勘察范围发生争议时，由当事人协商解决；协商不成的，由勘察作业区所在

地的省级政府地质矿产主管部门裁决；跨省、自治区、直辖市的勘察范围争议，当事人协商不成的，由有关省级政府协商解决；协商不成的，由国务院地质矿产主管部门裁决。特定矿种的勘察范围争议，当事人协商不成的，由国务院授权的有关主管部门裁决。

采矿权人之间对矿区范围发生争议时，由当事人协商解决；协商不成的，由矿产资源所在地的县级以上地方政府根据依法核定的矿区范围处理；跨省、自治区、直辖市的矿区范围争议，当事人协商不成的，由有关省级政府协商解决；协商不成的，由国务院地质矿产主管部门提出处理意见，报国务院决定。

建设单位在建设铁路、公路、工厂、水库、输油管道、输电线路和各种大型建筑物前，必须向所在地的省级政府地质矿产主管部门了解拟建工程所在地区的矿产资源分布情况，并在建设项目设计任务书报请审批时附具地质矿产主管部门的证明。在上述建设项目与重要矿床的开采发生矛盾时，由国务院有关主管部门或者省级政府提出方案，经国务院地质矿产主管部门提出意见后，报国务院计划行政主管部门决定。

十四、探矿权、采矿权应如何转让？

《矿产资源法》第5条明确规定，国家实行探矿权、采矿权有偿取得的制度。为了加强对探矿权、采矿权转让的管理，保护探矿权人、采矿权人的合法权益，促进矿业发展，国务院发布了《探矿权采矿权转让管理办法》，该办法就下列内容作了规定：

（1）探矿权、采矿权转让的条件。转让探矿权应当具备下列条件：自颁发勘察许可证之日起满2年，或者在勘察作业区内发现可供进一步勘察或者开采的矿产资源；完成规定的最低勘察投入；探矿权属无争议；按照国家有关规定已经缴纳探矿权使用费、探矿权价款；国务院地质矿产主管部门规定的其他条件。

转让采矿权应当具备下列条件：矿山企业投入采矿生产满1年；采矿权属无争议；按照国家有关规定已经缴纳采矿权使用费、采矿权价款、矿产资源补偿费和资源税；国务院地质矿产主管部门规定的其他条件。国有矿山企业在申请转让采矿权前，应当征得矿山企业主管部门的同意。

（2）转让的程序。探矿权人或者采矿权人在申请转让探矿权或者采矿权时，应当向审批管理机关提交下列资料：转让申请书；转让人与受让人签订的转让合同；受让人资质条件的证明文件；转让人具备符合规定的转让条件的证明；矿产资源勘察或者开采情况的报告；审批管理机关要求提交的其他有关资料。国有矿山企业转让采矿权时，还应当提交有关主管部门同意转让采矿权的批准文件。

探矿权或者采矿权转让的受让人，应当符合《矿产资源勘察区块登记管理办法》或者《矿产资源开采登记管理办法》规定的有关探矿权申请人或者采矿权申请人的条件。

转让国家出资勘察所形成的探矿权、采矿权的，必须进行评估。

申请转让探矿权、采矿权的，审批管理机关应当自收到转让申请之日起40日内，作出准予转让或者不准转让的决定，并通知转让人和受让人。准予转让的，转让人和受让人应当自收到批准转让通知之日起60日内，到原发证机关办理变更登记手续；受让人按照国家规定缴纳有关费用后，领取勘察许可证或者采矿许可证，成为探矿权人或者采矿权人。批准转让的，转让合同自批准之日起生效。不准转让的，审批管理机关应当说明理由。

（3）转让的法律效力。审批管理机关批准转让探矿权、采矿权后，应当及时通知原发证机关。探矿权、采矿权转让后，探矿权人、采矿权人的权利、义务随之转移。探矿权、采矿权转让后，勘察许可证、采矿许可证的有效期限，为原勘察许可证、采矿许可证的有效期减去已经进行勘察、采矿的年限的剩余期限。

（4）违法转让的法律后果。未经审批管理机关批准，擅自转让探矿权、采矿权的，由登记管理机关责令改正，没收违法所得，处10万元以下的罚款；情节严重的，由原发证机关吊销勘察许可证、采矿许可证。违法以承包等方式擅自将采矿权转给他人进行采矿的，由县级以上政府负责地质矿产管理工作的部门按照国务院地质矿产主管部门规定的权限，责令改正，没收违法所得，处10万元以下的罚款；情节严重的，由原发证机关吊销采矿许可证。

十五、矿山企业的设立条件是什么？

设立矿山企业，必须符合国家规定的资质条件，并依照法律和国家有关规定，由审批机关对其矿区范围、矿山设计或者开采方案、生产技术条件、安全措施和环境保护措施等进行审查；审查合格的，方予批准。国家保障依法设立的矿山企业开采矿产资源的合法权益。国有矿山企业是开采矿产资源的主体。

申请开办集体所有制矿山企业或者私营矿山企业，除符合一般法律条件外，还应当具备下列条件：①有供矿山建设使用的与开采规模相适应的矿产勘察资料。②有经过批准的无争议的开采范围。③有与所建矿山规模相适应的资金、设备和技术人员。④有与所建矿山规模相适应的，符合国家产业政策和技术规范的可行性研究报告、矿山设计或者开采方案。⑤矿长具有矿山生产、安全管理和环境保护的基本知识。

申请个体采矿应当具备下列条件：①有经过批准的无争议的开采范围。②有与采矿规模相适应的资金、设备和技术人员。③有相应的矿产勘察资料和经批准的开采方案。④有必要的安全生产条件和环境保护措施。

十六、矿产资源的勘察登记如何办理?

根据《矿产资源法》以及相关法律、法规的规定,国家对矿产资源勘察实行统一的区块登记管理制度。矿产资源勘察工作区范围以经纬度划分的区块为基本单位区块。勘察跨省、自治区、直辖市的矿产资源,领海及中国管辖的其他海域的矿产资源,外商投资勘察的矿产资源等,由国务院地质矿产主管部门审批登记,颁发勘察许可证。勘察石油、天然气矿产的,经国务院指定的机关审查同意后,由国务院地质矿产主管部门登记,颁发勘察许可证。勘察上述以外的矿产资源,由省级政府地质矿产主管部门审批登记,颁发勘察许可证,并应当自发证之日起 10 日内,向国务院地质矿产主管部门备案。

勘察出资人为探矿权申请人;但是,国家出资勘察的,国家委托勘察的单位为探矿权申请人。探矿权申请人申请探矿权时,应当向登记管理机关提交申请登记书和申请的区块范围图、勘察单位的资格证书复印件等法律规定的资料。申请勘察石油、天然气的,还应当提交国务院批准设立石油公司或者同意进行石油、天然气勘察的批准文件以及勘察单位法人资格证明。申请石油、天然气滚动勘探开发的,应当向登记管理机关提交申请登记书和滚动勘探开发矿区范围图,国务院计划主管部门批准的项目建议书,需要进行滚动勘探开发的论证材料,经国务院矿产储量审批机构批准进行石油、天然气滚动勘探开发的储量报告,滚动勘探开发利用方案等资料,经批准,办理登记手续,领取滚动勘探开发的采矿许可证。

登记管理机关应当自收到申请之日起 40 日内,按照申请在先的原则作出准予登记或者不予登记的决定,并通知探矿权申请人。对申请勘察石油、天然气的,登记管理机关还应当在收到申请后及时予以公告或者提供查询。不予登记的,登记管理机关应当向探矿权申请人说明理由。登记管理机关应当自颁发勘察许可证之日起 10 日内,将登记发证项目的名称、探矿权人、区块范围和勘察许可证期限等事项,通知勘察项目所在地的县级政府负责地质矿产管理工作的部门。登记管理机关对勘察区块登记发证情况,应当定期予以公告。

有下列情形之一的,探矿权人应当在勘察许可证有效期内,向登记管理机关申请变更登记:①扩大或者缩小勘察区块范围的。②改变勘察工作对象的。③经依法批准转让探矿权的。④探矿权人改变名称或者地址的。

有下列情形之一的,探矿权人应当在勘察许可证有效期内,向登记管理机关递交勘察项目完成报告或者勘察项目终止报告,报送资金投入情况报表和有关证明文件,由登记管理机关核定其实际勘察投入后,办理勘察许可证注销登记手续:①勘察许可证有效期届满,不办理延续登记或者不申请保留探矿权的。②申请采矿权的。③因故需要撤销勘察项目的。

十七、矿产资源的开采登记如何办理？

根据《矿产资源法》以及相关法律、法规的规定，开采下列矿产资源，由国务院地质矿产主管部门审批登记，颁发采矿许可证：①国家规划矿区和对国民经济具有重要价值的矿区内的矿产资源。②领海及中国管辖的其他海域的矿产资源。③外商投资开采的矿产资源。④《矿产资源开采登记管理办法》附录所列的矿产资源。开采石油、天然气矿产的，经国务院指定的机关审查同意后，由国务院地质矿产主管部门登记，颁发采矿许可证。

开采下列矿产资源，由省级政府地质矿产主管部门审批登记，颁发采矿许可证：①前述规定以外的矿产储量规模中型以上的矿产资源。②国务院地质矿产主管部门授权省级政府地质矿产主管部门审批登记的矿产资源。开采前述规定以外的矿产资源，由县级以上地方政府负责地质矿产管理工作的部门，按照省、自治区、直辖市人民代表大会常务委员会制定的管理办法审批登记，颁发采矿许可证。矿区范围跨县级以上行政区域的，由所涉及行政区域的共同上一级登记管理机关审批登记，颁发采矿许可证。县级以上地方政府负责地质矿产管理工作的部门在审批发证后，应当逐级向上一级政府负责地质矿产管理工作的部门备案。

采矿权申请人申请办理采矿许可证时，应当向登记管理机关提交下列资料：①申请登记书和矿区范围图。②采矿权申请人资质条件的证明。③矿产资源开发利用方案。④依法设立矿山企业的批准文件。⑤开采矿产资源的环境影响评价报告。⑥国务院地质矿产主管部门规定提交的其他资料。申请开采国家规划矿区或者对国民经济具有重要价值的矿区内的矿产资源和国家实行保护性开采的特定矿种的，还应当提交国务院有关主管部门的批准文件。申请开采石油、天然气的，还应当提交国务院批准设立石油公司或者同意进行石油、天然气开采的批准文件以及采矿企业法人资格证明。

登记管理机关应当自收到申请之日起 40 日内，作出准予登记或者不予登记的决定，并通知采矿权申请人。准予登记的，采矿权申请人应当自收到通知之日起 30 日内，依照有关规定缴纳采矿权使用费，并依法缴纳国家出资勘察形成的采矿权价款，办理登记手续，领取采矿许可证，成为采矿权人。不予登记的，登记管理机关应当向采矿权申请人说明理由。

十八、对矿产资源应如何依法勘察？

（1）区域地质调查按照国家统一规划进行。区域地质调查的报告和图件按照国家规定验收，提供有关部门使用。矿产资源普查在完成主要矿种普查任务的

同时，应当对工作区内包括共生或者伴生矿产的成矿地质条件和矿床工业远景作出初步综合评价。

（2）矿床勘探必须对矿区内具有工业价值的共生和伴生矿产进行综合评价，并计算其储量。未作综合评价的勘探报告不予批准。但是，国务院计划部门另有规定的矿床勘探项目除外。

（3）普查、勘探易损坏的特种非金属矿产、流体矿产、易燃易爆易溶矿产和含有放射性元素的矿产，必须采用省级以上政府有关主管部门规定的普查、勘探方法，并有必要的技术装备和安全措施。

（4）矿产资源勘察的原始地质编录和图件，岩矿心、测试样品和其他实物标本资料，各种勘查标志，应当按照有关规定保护和保存。矿床勘探报告及其他有价值的勘察资料，按照国务院规定实行有偿使用。

十九、矿产资源的开采应遵循哪些具体规定？

（1）开采矿产资源，必须采取合理的开采顺序、开采方法和选矿工艺。矿山企业的开采回采率、采矿贫化率和选矿回收率应当达到设计要求。

（2）在开采主要矿产的同时，对具有工业价值的共生和伴生矿产应当统一规划，综合开采，综合利用，防止浪费；对暂时不能综合开采或者必须同时采出而暂时还不能综合利用的矿产以及含有有用组分的尾矿，应当采取有效的保护措施，防止损失破坏。

（3）开采矿产资源，必须遵守国家劳动安全卫生规定，具备保障安全生产的必要条件；须遵守有关环境保护的法律规定，防止污染环境；应当节约用地。耕地、草原、林地因采矿受到破坏的，矿山企业应当因地制宜地采取复垦利用、植树种草或者其他利用措施。开采矿产资源给他人生产、生活造成损失的，应当负责赔偿，并采取必要的补救措施。

（4）在建设铁路、工厂、水库、输油管道、输电线路和各种大型建筑物或者建筑群之前，建设单位必须向所在省、自治区、直辖市地质矿产主管部门了解拟建工程所在地区的矿产资源分布和开采情况。非经国务院授权部门的批准，不得压覆重要矿床。国务院规定由指定的单位统一收购的矿产品，任何其他单位或者个人不得收购；开采者不得向非指定单位销售。

二十、我国有关法律对于集体矿山企业和个体采矿有什么特殊规定？

根据《矿产资源法》第35条的规定，国家对集体矿山企业和个体采矿实行积极扶持、合理规划、正确引导、加强管理的方针，鼓励集体矿山企业开采国家指定范围内的矿产资源，允许个人采挖零星分散资源和只能用作普通建筑材料的沙、石、黏土以及为生活自用采挖少量矿产。矿产储量规模适宜由矿山企业开采的矿产资源、国家规定实行保护性开采的特定矿种和国家规定禁止个人开采的其他矿产资源，个人不得开采。

集体所有制矿山企业可以开采下列矿产资源：①不适于国家建设大、中型矿山的矿床及矿点。②经国有矿山企业同意，并经其上级主管部门批准，在其矿区范围内划出的边缘零星矿产。③矿山闭坑后，经原矿山企业主管部门确认可以安全开采并不会引起严重环境后果的残留矿体。④国家规划可以由集体所有制矿山企业开采的其他矿产资源。

集体所有制矿山企业开采第二项所列矿产资源时，必须与国有矿山企业签订合理开发利用矿产资源和矿山安全协议，不能浪费和破坏矿产资源，并不能影响国有矿山企业的生产安全。私营矿山企业开采矿产资源的范围参照法律对于集体企业的规定执行。

个体采矿者可以采挖下列矿产资源：①零星分散的小矿体或者矿点。②只能用作普通建筑材料的沙、石、黏土。

集体矿山企业和个体采矿者应当提高技术水平，提高矿产资源回收率。禁止乱挖滥采，破坏矿产资源。集体矿山企业必须测绘井上、井下工程对照图。县级以上政府应当指导、帮助集体矿山企业和个体采矿进行技术改造，改善经营管理，加强安全生产。

国家依法保护集体所有制矿山企业、私营矿山企业和个体采矿者的合法权益，依法对集体所有制矿山企业、私营矿山企业和个体采矿者进行监督管理。国家指导、帮助集体矿山企业和个体采矿者不断提高技术水平、资源利用率和经济效益。地质矿产主管部门、地质工作单位和国有矿山企业应当按照积极支持、有偿互惠的原则向集体矿山企业和个体采矿者提供地质资料和技术服务。

二十一、矿产资源补偿费是如何征收的？在什么情况下，可以免缴或者减缴矿产资源补偿费？

根据《矿产资源法》、《矿产资源补偿费征收管理规定》等有关法律、法规的规定，凡是在我国领域和其他管辖海域开采矿产资源，都应当依法缴纳矿产资源补偿费；法律、行政法规另有规定的，从其规定。

（1）矿产资源补偿费按照矿产品销售收入的一定比例计征。企业缴纳的矿产资源补偿费列入管理费用。采矿权人对矿产品自行加工的，按照国家规定价格计算销售收入；国家没有规定价格的，按照征收时矿产品的当地市场平均价格计算销售收入。采矿权人向境外销售矿产品的，按照国际市场销售价格计算销售收入。

（2）矿产资源补偿费由采矿权人缴纳。矿产资源补偿费以矿产品销售时使用的货币结算；采矿权人对矿产品自行加工的，以其销售最终产品时使用的货币结算。矿产资源补偿费依照规定的费率征收。

（3）矿产资源补偿费由地质矿产主管部门会同财政部门征收。矿区在县级行政区域内的，矿产资源补偿费由矿区所在地的县级政府负责地质矿产管理工作的部门负责征收。矿区范围跨县级以上行政区域的，矿产资源补偿费由所涉及行政区域的共同上一级政府负责地质矿产管理工作的部门负责征收。矿区范围跨省级行政区域和在我国领海与其他管辖海域的，矿产资源补偿费由国务院地质矿产主管部门授权的省级政府地质矿产主管部门负责征收。

（4）征收的矿产资源补偿费，应当及时全额就地上缴中央金库，年终按照下款规定的中央与省、自治区、直辖市的分成比例，单独结算。中央与省、直辖市矿产资源补偿费的分成比例为5:5；中央与自治区矿产资源补偿费的分成比例为4:6。矿产资源补偿费纳入国家预算，实行专项管理，主要用于矿产资源勘察。

采矿权人有下列情形之一的，经省级政府地质矿产主管部门会同同级财政部门批准，可以免缴矿产资源补偿费：①从废石（矸石）中回收矿产品的。②按照国家有关规定经批准开采已关闭矿山的非保安残留矿体的。③国务院地质矿产主管部门会同国务院财政部门认定免缴的其他情形。

采矿权人有下列情况之一的，经省级政府地质矿产主管部门会同同级财政部门批准，可以减缴矿产资源补偿费：①从尾矿中回收矿产品的。②开采未达到工业品位或者未计算储量的低品位矿产资源的。③依法开采水体下、建筑物下、交通要道下的矿产资源的。④由于执行国家定价而形成政策性亏损的。⑤国务院地质矿产主管部门会同国务院财政部门认定减缴的其他情形。采矿权人减缴的矿产资源补偿费超过应当缴纳的矿产资源补偿费50%的，须经省级政府批准。批准减缴矿产资源补偿费的，应当报国务院地质矿产主管部门和国务院财政部门备案。

二十二、我国法律、法规对于煤炭生产许可有什么特殊规定？

根据《矿产资源法》、《煤炭法》、《煤炭生产许可证管理办法》等有关法律、法规的规定，凡在我国境内开采煤炭资源的煤矿企业，必须依照规定领取煤炭生产许可证。未取得煤炭生产许可证的煤矿企业，不得从事煤炭生产。

国有煤矿企业、外商投资煤矿企业取得煤炭生产许可证，应当具备下列条件：①有依法领取的采矿许可证。②有经过批准的采矿设计。③矿井提升、运输、通风、排水、供电等生产系统符合国家规定的煤矿安全规程，并完善可靠，经依法验收合格。④矿长经依法培训合格，取得矿长资格证书。⑤瓦斯检验工、采煤机司机等特种作业人员，持有县级以上地方政府负责管理煤炭工业的部门按照国家有关规定颁发的操作资格证书。⑥井上、井下、矿内、矿外调度通信畅通。⑦有符合法律、法规要求的环境保护措施。⑧有矿山建设工程安全设施竣工验收合格证明文件。⑨法律、行政法规规定的其他条件。

国有煤矿企业、外商投资煤矿企业以外的其他煤矿企业取得煤炭生产许可证，应当具备下列条件：①有依法领取的采矿许可证。②有经过批准的采矿设计或者开采方案。③矿井生产系统符合国家规定的煤矿安全规程。④矿长经依法培训合格，取得矿长资格证书。⑤瓦斯检验工、采煤机司机等特种作业人员，持有县级以上地方政府负责管理煤炭工业的部门按照国家有关规定颁发的操作资格证书。⑥井上、井下、矿内、矿外调度通信畅通。⑦有井上、井下工程对照图、采掘工程平面图、通风系统图。⑧有必要的环境保护措施。⑨有矿山建设工程安全设施竣工验收合格证明文件。⑩法律、行政法规规定的其他条件。

国务院煤炭工业主管部门负责下列煤矿企业煤炭生产许可证颁发管理工作：①国务院和国务院有关主管部门批准开办的煤矿企业。②跨省、自治区、直辖市行政区域的煤矿企业。③外商投资煤矿企业。省级政府煤炭工业主管部门负责其他煤矿企业的煤炭生产许可证颁发管理工作。煤矿企业应当以矿（井）为单位，申请领取煤炭生产许可证。煤矿企业申请领取煤炭生产许可证，应当依法在煤矿（井）建成投产前向煤炭生产许可证的颁发管理机关提交申请书和有关文件、资料。煤炭生产许可证的颁发管理机关自收到煤矿企业提交的申请书和有关文件、资料之日起60日内，应当完成审查核实工作。经审查合格的，应当颁发煤炭生产许可证；经审查不合格的，不予颁发煤炭生产许可证，但是应当书面通知煤矿企业，并说明理由。

二十三、什么是森林资源？我国森林资源状况如何？

森林资源包括森林、林木、林地以及依托森林、林木、林地生存的野生动物、植物和微生物。森林包括乔木林和竹林；林木包括树木和竹子；林地包括郁闭度0.2以上的乔木地以及林木地、灌木林地、疏林地、采伐迹地、未成林造林地、苗圃地和县级以上人民政府规划的宜林地。

森林具有涵养水源、保持水土、防风固沙、调节气候、净化空气、提供林产品、为野生动植物提供栖息地等功能。新中国成立初期，我国森林覆盖率为8.6%，其中原始森林约为3805万公顷，占国土面积的4%，木材蓄积量为49亿立方米，原始天然林面积仅占国土面积的1.2%。我国砍伐天然林现象极其严重，全国木材的超限额采伐每年达7554.21万立方米，年均林地减少73.94万公

顷。按照国际上通行标准，森林覆盖率达到30%以上，且呈斑状均匀分布，才能有效发挥生态防护功能。虽然我国的林木覆盖率已达18.21%，但绝大部分为人工林，普遍存在着人均占有量低，林龄单一、林种单一、林相单一现象，生态效益相对有限。同原始天然林相比，人工林的生态防护功能是相当低下的。

二十四、我国关于森林资源保护的法律、法规有哪些？森林资源权属于谁？

目前我国已基本建立了比较完备的森林保护法体系，主要的法律、法规有：全国人大《关于开展全民义务植树运动的决议》（1981年）、国务院《关于开展全民义务植树运动的实施办法》（1982年）、《中华人民共和国森林法》（1984年全国人大常委会通过，1998年修订）及其实施条例、《退耕还林条例》（国务院2002年通过）、《森林防火条例》（国务院1988年通过）、《森林采伐更新管理办法》（1987年国务院批准颁布）、《森林病虫害防治条例》（1989年国务院通过）、《制定年森林采伐限额暂行规定》（1985年林业部颁布）、《森林资源档案管理办法》（1985年林业部颁布）等。

森林所有权，又称林权，是指森林法律关系主体对森林、林木或者林地的占用、使用、收益和处分的权利。林权分为国家林权、森林资源的集体所有权和公民林木所有权。森林资源属于国家所有，由法律规定属于集体所有的除外。国家所有的和集体所有的森林、林木和林地，个人所有的林木和使用的林地，由县级以上地方人民政府登记造册，发放证书，确认所有权或者使用权。国务院可以授权国务院林业主管部门对国务院确定的国家所有的重点林区的森林、林木和林地登记造册，发放证书，并通知有关地方人民政府。国有企业事业单位、机关、团体、部队营造的林木，由营造单位经营并按照国家规定支配林木收益。集体所有制单位营造的林木，归该单位所有。农村居民在房前屋后、自留地、自留山种植的林木，归个人所有。城镇居民和职工在自有房屋的庭院内种植的林木，归个人所有。集体或者个人承包国家所有和集体所有的宜林荒山荒地造林的，承包后种植的林木归承包的集体或者个人所有；承包合同另有规定的，按照承包合同的规定执行。

森林资源权属可依法转让，也可以依法作价入股，或者作为合资、合作造林、经营林木的出资、合作条件，但可流转的森林资源只限于以下四类，其他森林、林木和其他林地使用权不得转让：①用材林、经济林、薪炭林；②用材林、经济林、薪炭林的林地使用权；③用材林、经济林、薪炭林的采伐迹地、火烧迹地的林地使用权；④国务院规定的其他森林、林木和其他林地使用权。森林资源权属流转不得改变林地的使用用途，即不得将林地改为非林地。森林资源权属依法流转的，已经取得的林木采伐许可证可以同时转让，同时转让双方都必须遵守本法关于森林、林木采伐和更新造林的规定。

二十五、林权纠纷如何处理？我国对植树造林和绿化有何规定？

林权纠纷是指双方当事人围绕森林资源所有权归属问题所发生的争议。单位之间发生的林木、林地所有权和使用权争议，由县级以上人民政府处理。个人之间、个人与单位之间发生的林木、林地所有权和使用权争议，由当地县级或者乡级人民政府依法处理。当事人对人民政府的处理决定不服的，可以在接到通知之日起一个月内，向人民法院起诉。在林木、林地权属争议解决以前，任何一方不得砍伐有争议的林木。

植树造林和绿化是增加森林面积、提高森林覆盖率的主要途径。森林法及其实施条例、《关于开展全民义务植树运动的决议》等法律、法规对此作出了具体规定：①开展全民义务植树；②规定森林覆盖率目标；③规定植树造林责任制；④健全绿化组织领导体制。

二十六、对森林应该采取哪些保护性措施？我国关于森林保护的主要法律制度有哪些？

（1）国家对森林资源实行的保护性措施。①对森林实行限额采伐，鼓励植树造林、封山育林，扩大森林覆盖面积；②根据国家和地方人民政府有关规定，对集体和个人造林、育林给予经济扶持或者长期贷款；③提倡木材综合利用和节约使用木材，鼓励开发、利用木材代用品；④征收育林费，专门用于造林育林；⑤煤炭、造纸等部门，按照煤炭和木浆纸张等产品的产量提取一定数额的资金，专门用于营造坑木、造纸等用材林；⑥建立林业基金制度。

（2）森林保护的主要法律制度。①林业基金制度。林业基金是国家通过林业主管部门用于发展林业而设立的专项资金。②森林生态效益补偿基金制度。国家设立森林生态效益补偿基金，用于提供生态效益的防护林和特种用途林的森林资源、林木的营造、抚育、保护和管理。森林生态效益补偿基金必须专款专用，不得挪作他用。③群众护林制度。在植树造林、保护森林、森林管理以及林业科学研究等方面成绩显著的单位或者个人，由各级人民政府给予奖励。④征收森林植被恢复费制度。进行勘察、开采矿藏和各项建设工程的单位，占用或者征用林地的，必须缴纳森林、植被恢复费。森林植被恢复费专款专用，由林业主管部门依照有关规定统一安排植树造林，恢复森林植被，植树造林面积不得少于因占用、征用林地而减少的森林植被面积。任何单位和个人不得挪用森林植被恢复费。⑤封山育林制度。封山育林是指对划定的区域采取封锁措施，通过人工造林

和天然落种自然萌生等条件种植树苗，并利用林木土壤更新能力使森林恢复的育林方法。新造幼林地和其他必须封山育林的地方，由当地人民政府组织封山育林。⑥珍贵树木及其制品、衍生物的出口管制制度。国家禁止、限制出口珍贵树木及其制品、衍生物。出口规定限制出口的珍贵树木或者其制品、衍生物的，必须经出口人所在地省、自治区、直辖市人民政府林业主管部门审核，报国务院林业主管部门批准，海关凭国务院林业主管部门的批准文件放行。进出口的树木或者其制品、衍生物属于中国参加的国际公约限制进出口的濒危物种的，必须向国家濒危物种进出口管理机构申请办理允许进出口证明书，海关凭允许进出口证明书放行。⑦森林防火制度。⑧森林病虫害防治制度。

二十七、我国对控制森林采伐量和采伐更新有何规定？如果违反了森林保护法律、法规的规定，需要承担什么责任？

（1）我国对控制森林采伐量和采伐更新的规定。①国家根据用材林的消耗量低于生产量的原则，严格控制森林年采伐量。②除了农村居民采伐自留地和房前屋后个人所有的零星林木外，采伐林木必须申请采伐许可证，按许可证规定的面积、株数、树种、期限完成更新造林任务，更新造林的面积和株数必须大于采伐的面积和株数。③规定木材运输证件制度，以控制林木采伐量。

（2）违反森林保护法律、法规需承担的责任。要依法承担相应的民事责任、行政责任和刑事责任。比如某村民盗伐森林或者其他林木，就需要依法赔偿损失，由林业主管部门责令补种盗伐株数 10 倍的树木，没收盗伐的林木或者变卖所得，并处盗伐林木价值 3 倍以上 10 倍以下的罚款。再如某村民在幼林地内砍柴、放牧致使森林、林木受到毁坏的，要依法赔偿损失，由林业主管部门责令停止违法行为，补种毁坏株数 1 倍以上 3 倍以下的树木。

【案例】

2007 年 3 月以来，建某等 3 人在云南省会泽县大海乡某村无证开采铅锌矿，会泽县国土资源执法大队多次责令其停止开采，但建某等人拒绝。2007 年 6 月，会泽县国土资源局对建某等人非法采矿行为进行立案查处。经鉴定，建某等人非法开采造成矿产资源破坏价值达 23.98 万元。会泽县人民法院经审理，以非法采矿罪分别判处建某等 3 人有期徒刑 1 年 6 个月，并各处罚金 3 万元。

【评析】

根据我国的法律规定，企业必须依法取得采矿许可证，拥有采矿权后才能获得开采矿产资源的权利，其采矿权才能得到法律的认可和保护。而采矿权是指具有相应资质条件的法人、公民或其他组织在法律允许的范围内，对国家所有的矿产资源享有的占有、开采和收益的一种特别法上的物权。因此，我国采矿权在《物权法》概括性规定的基础上由《矿产资源法》予以进一步明确，第3条规定："开采矿产资源，必须依法申请，取得采矿权。"1998年2月发布了《矿产资源法》的3个配套法规，其中，采矿权的概念在国务院公布的《矿产资源法实施细则》第6条第2款中予以了界定：采矿权是指在依法取得的采矿许可证规定的范围内，开采矿产资源和获得所开采的矿产品的权利。取得采矿许可证的单位或者个人称为采矿权人。

据了解，西方现代矿业法、矿业权概念正式产生于1870年左右，同现代意义上的矿业一样，是伴随着19世纪资本主义工业的发展得以成长并不断地完善。工业革命使矿业地位达到顶峰，矿产资源的发现和开采，矿产品的生产和广泛应用，成为工业化国家发展的可支撑点和基础。矿业的基础产业地位得到了大多数国家认同，故而在大多数国家的法律中规定：所有地下矿产资源为国家（王室）所有。可以说现代矿业权制度就如此产生了。在这一制度规定下，凡是要从事地下探矿、采矿的个人或企业，都要按国家有关矿业法的规定，办理一定的手续，缴纳一定的款项，然后取得相应的特许权或租用权。若所要进行工作的土地归私人所有，还须取得地表土地所有权人的允许方可正式进行工作。

那么要如何才能获得采矿权呢？根据我国现行的有关法律法规，采矿权的设立有两种方式：一是通过竞争方式审批；二是通过提出申请方式审批设立采矿权。符合规定资质条件的竞得人或申请人，经批准并办理规定手续，领取采矿许可证，成为采矿权人。符合条件的采矿权，经批准可以转让。符合规定资质条件的受让人，经批准并办理规定手续，领取采矿许可证，成为采矿权人。同时，我国实行采矿权有偿取得制度。申请国家出资勘察并已探明的矿产地的采矿权时，采矿权申请人需缴纳经评估确认的国家出资勘察形成的采矿权价款，方可获得采矿权。这也是目前世界各国通行的做法。

如果没有采矿权就擅自开采国家矿藏，这不仅将侵犯国家对于矿藏的专属权利，也容易因不适当的采集方式造成珍贵矿藏资源的流失以及生态植被和地形地貌被破坏。例如，2005年我国云南西双版纳自治州的景洪市勐龙镇辖区内，非法开采矿点的8家企业使用"水冲开采方式"使锡矿与山体剥离，导致植被被毁、水土大量流失、河水受污染。污染的河水流入了南肯河和南阿河两条河流，给河道两岸的9个村造成了不同程度的危害，致使3个村委会的1万多亩水田，由原来的亩产400公斤降到300公斤。我国法律明确规定采矿权的主体是经国家矿产部门审查批准的，独立享有矿产资源开采权利并承担相应法律义务的法人、自然人和其他组织，既可以是国有矿山企业、集体矿山企业、私营矿山企业，也

可以是个体采矿者。首先，对于不同主体，法律规定了各自不同的资质要求，但是都是为了确保各主体开采范围与其开采能力、矿山服务年限相适应；并且能够对拟开采的矿产资源实施合理的开采方案。其次，还应当考虑开采者的保障安全生产的能力和环境保护、防治污染的能力，这在法律上最终要落实到承担与开采矿产资源直接相关的其他连带责任的能力。

对于非法采矿的，要承担相应的法律责任，包括刑事责任。根据《矿产资源法》的规定，未取得采矿许可证擅自采矿的，擅自进入国家规划矿区、对国民经济具有重要价值的矿区范围采矿的，擅自开采国家规定实行保护性开采的特定矿种的，责令停止开采、赔偿损失，没收采出的矿产品和违法所得，可以并处罚款。单位和个人进入他人依法设立的国有矿山企业和其他矿山企业矿区范围内采矿的，视为私自采矿，同样要承担法律责任。同时，对于那种拒不停止开采，造成矿产资源破坏的，对直接责任人员要追究刑事责任。这就是《刑法》第343条规定的非法采矿罪，犯该罪的，处3年以下有期徒刑、拘役或者管制，并处或者单处罚金；造成矿产资源严重破坏的，处3年以上7年以下有期徒刑，并处罚金。只要非法采矿造成矿产资源破坏的价值数额在5万元以上的，就属于《刑法》规定的“造成矿产资源破坏”；数额在30万元以上的，就属于《刑法》规定的“造成矿产资源严重破坏”。在本案中，建某等人非法开采造成矿产资源破坏价值达23.98万元，已经构成了非法采矿罪，应当为此付出代价。

矿藏本身属于不可再生资源，因此只有通过采矿权、采矿许可等制度的约束才能保证矿藏资源对我国可持续发展的物质支撑。同时也只有在法律的范畴里进行采矿，才能保证矿产资源开发和环境保护的有机结合，才能避免乱探滥采。

第十二章　农村环境污染损害救济与责任

一、什么是环境污染损害？

环境污染损害是指在人类的生产和生活活动中产生的各种污染物质进入环境造成污染，对于人类的身体健康、生命和财产安全，以及对于相关环境要素和生态系统所造成的各种损害。

二、环境污染损害有什么特点？

（1）环境污染损害的社会性。环境污染损害的对象常常是特定地区内不特定的多数人或物，影响范围广，所涉及的利益冲突广泛而尖锐（例如禁止某项可能破坏环境的项目施工，有利于保护环境，却可能影响经营者的利益与劳动者的就业），而且遭受环境污染损害的不仅为当代人，有时还会危及后代人，导致环境纠纷具有非常强的社会性，在处理时往往难以平衡各方的利益。另外，环境问题还具有明显的公益性。环境是大家共同的家园，保护环境不只是某一个公民或单位的责任，而是全社会成员的责任，为遏制环境破坏行为、惩戒行为人而发动的环境保护运动、环境公益诉讼时有发生。这也是环境纠纷社会性的体现之一。

（2）环境污染损害的复杂性。主要体现在：①引发环境纠纷的原因有直接的，也有间接的，例如废气的排放，可直接造成附近居民身心健康受损，也可导致酸雨、温室效应和臭氧层破坏等衍生性的环境效应，从而间接地危害生态系统和人类社会的安全。②产生环境纠纷的原因具有发现的滞后性。许多危害环境的行为往往是在很多年之后才被发现。例如，农药在被发现对环境生态有危害之前备受农民的欢迎；又比如很多病人被告知病因是若干年前的某种化学或者辐射污染所致；等等。③环境纠纷产生的原因具有复杂的科技关联性。由于环境问题在因果关系上的证明极为困难，可能牵涉医学、生物学等高科技知识的综合运用，且经常超越现有的科技知识水平，使得人们在环境纠纷的认定以及责任的承担方面无法作出准确的判断。

（3）环境污染损害主体的多元性。在大多数情况下，环境污染损害是由众

多的排污行为或环境开发行为共同造成的。例如，某一工厂向某一河道合法排放工业废水，其所排放的废水的浓度和总量还不至于对该河道造成污染，但如果有两家或更多的工厂向同一条河道合法排放工业污水，其浓度和总量就有可能超过河水的自我净化能力，从而造成该河道的污染。对于这种损害结果的发生，我们很难确认这些排污者之间存在着共同的故意或过失，而这种共同的故意或过失却是我们在认定一般的侵害行为责任时必须具备的基本要件。

（4）环境污染损害的长期性。环境污染损害并不总是立刻显现的，常常是经过长久的时间、多种因素的复合累积后，才逐渐形成或扩大，因而其所造成的损害是持续不断的，不会因损害行为的停止而立即停止，往往要在环境中持续作用一定的时间，具有缓慢性，而且由其所引发的疾病大多具有潜伏性，一般要在几年或几十年后才会爆发。这就使得环境污染损害的因果关系判定发生困难。而在一般的侵害行为的责任认定中，因果关系的明确认定是必需的。

三、什么是环境纠纷的行政处理？

环境纠纷的行政处理，是指为国家法律确认的，由享有环境纠纷处理权的行政机关对环境行政纠纷和环境民事纠纷作出处理的一种解决途径和方式，如斡旋、调解、仲裁、裁定等。根据我国《环境保护法》规定，环境纠纷的行政处理具体包括行政复议和行政调解两种途径。其中，第 40 条规定确定了环境行政纠纷的行政复议途径，即“当事人对行政处罚决定不服的，可以在接到处罚通知之日起 15 日内，向作出处罚决定的上一级机关申请复议；对复议决定不服的，可以在接到复议决定之日起 15 日内，向人民法院起诉。当事人也可以在接到处罚通知之日起 15 日内，直接向人民法院起诉。当事人逾期不申请复议，也不向人民法院起诉，又不履行处罚决定的，由作出处罚决定的机关申请人民法院强制执行”。第 41 条第 2 款的规定为环境民事纠纷的行政调解提供了法律依据，即“赔偿责任和赔偿金额的纠纷，可以根据当事人的请求，由环境保护行政主管部门或者其他依照法律规定行使环境监督管理权的部门处理；当事人对处理决定不服的，可以向人民法院起诉，当事人也可以直接向人民法院起诉”。

四、环境纠纷行政处理有什么优点？

环境纠纷行政处理具有以下优点：

（1）环境行政机关作为专门的环境管理机关具有专业知识，掌握环境专业技术和环境资源信息，拥有环境监测设备，较之其他的解决主体具有专业的优势。

（2）环境行政机关凭借其专业知识和技术到环境损害行为地进行调查、监测和评估，可以减轻当事人的举证责任负担，克服其举证能力不足问题，降低纠纷处理的成本，有利于环境纠纷的及时、有效处理。

（3）环境行政机关处理环境纠纷能实现个别救济和一般救济的结合，实现环境纠纷处理和环境事故预防的有效结合。环境行政机关可以通过对环境纠纷的个案解决，积累专业知识和经验，并反映在环境管理中，确立或改进国家标准和有关规则，预防今后同类问题的发生。

（4）有利于弥补环境标准管理方式的不足。我国采取的是以环境标准为目标的管理模式，但对很多环境问题，即使监测的结果符合环境标准，环境纠纷也不可避免地大量发生。采取行政处理方式，可以灵活地解决发生在环境标准之内的矛盾冲突，避免严格执行环境标准带来的纠纷解决所累。

（5）有利于环境公共利益的全面保护。环境行政部门作为政府的职能部门，负有保护环境、维护全民的环境权益的职责，由其处理环境纠纷，在处理好当事人的利益冲突的同时，还可采取行政措施进行全社会的环境执法检查，利用所有社会成员的力量，全面保护环境。

五、环境纠纷行政处理有什么缺点?

基于我国环境保护的现实国情和法治状况，环境纠纷的行政处理机制也呈现明显的缺陷与不足。

（1）环境纠纷行政处理客观存在地方保护主义倾向。因为环境行政主管机关作为各级人民政府的一个职能部门，不仅担负着环境监督管理的法定职责，而且还承载着维护和促进当地经济社会发展的使命，这就使得环境行政主管机关在调处环境纠纷时，因角色重合和利益错位而难以保持中立。因此，在面对为当地经济发展、财政创收和政府绩效作出重要贡献的污染企业时，常常屈从于地方经济利益而很难担当起保护环境公益的法定使命。

（2）环境纠纷行政处理的程序制度建设滞后。尽管我国现行环境保护法律为环境纠纷的行政处理创设有法律依据，但是并未同步进行程序制度建设，尤其是缺乏对于环境行政主管机关在处理环境纠纷时的程序规范，由此导致不同级别和不同性质的行政机关之间在处理环境纠纷时的权限不清、职责不明。这既不利于提高环境纠纷行政处理的效能，也不利于环境纠纷当事双方的正当权益保护和社会矛盾化解。

（3）环境纠纷行政处理的认同度不高。由诸多因素导致的政府公信力下降问题直接影响着环境纠纷行政处理结果的社会认同度。不论是环境争议行政复议的时限延迟和非终局性，还是环境纠纷行政调解的低成功率和非强制性，都使得行政处理结果难以获得环境纠纷当事人的普遍认同或难以达成为双方认同的处理

结果，最终背离了这一纠纷解决机制的制度设计初衷。

六、如何实施环境纠纷的民间救济？

在环境纠纷的解决实践中，民间救济主要通过协商和谈判、人民调解和环境纠纷仲裁等方式进行。协商和谈判，是指当事人双方在分清是非基础上，平等协商、互谅互让、自愿和解的一种纠纷解决方式。通过这种方式解决环境纠纷，简便易行，及时而经济，有利于民间自治和社会和谐。

人民调解，是指由依法设立的群众性自治组织作为居间人，在双方当事人平等自愿的基础上，促使双方达成一致的协议的一种纠纷解决方式。其作为一种民间私利救济途径，具有省时、经济、便利等优点，但因调解协议的效力有限，权威性不足，加之污染企业普遍存在的“三不怕”，即企业不怕环保部门监察、不怕行政处罚、不怕损害公众利益的心理和现实，使实践中通过这种方式解决环境纠纷的数量在不断减少。

环境纠纷仲裁，即仲裁机构根据当事人意思自治原则，以当事人的仲裁协议为基础，以“一裁终局”的方式解决双方环境纠纷的救济途径。仲裁裁决具有法律所赋予的权威性和终局性，在程序上具有公正、灵活、经济等特点，有利于及时而公平地解决环境纠纷。但是，我国的《环境保护法》和《仲裁法》并未将仲裁作为一种解决环境纠纷的法定途径，只有1988年通过的《中国海事仲裁委员会仲裁规则》第2条第1款规定了海洋环境污染损害赔偿案件可以采取仲裁的方式解决。值得关注的是，2007年江苏省东台市在全国率先设立环境纠纷仲裁庭，颁发了《环境纠纷仲裁暂行办法》，并成功进行了环境纠纷的仲裁实践。

七、如何实施环境纠纷的司法救济？

司法诉讼作为最终的、最规范的和最权威的纠纷解决机制，对于其他的诉讼外纠纷解决方式具有指导和监督作用，在我国环境纠纷的解决中发挥着重要作用。

就环境民事诉讼来看，我国《环境保护法》第41条、《水污染防治法》、《大气污染防治法》、《海洋环境保护法》、《噪声污染防治法》、《渔业法》和《森林法》等的相关规定是提起环境民事诉讼的直接法律根据。《民法通则》第124条和《环境保护法》第五章的规定是使环境侵权行为人承担民事责任的法律依据，而《民事诉讼法》则为环境民事诉讼程序的进行提供了法律支持。从这项制度运行的实际情况来看，大部分的环境纠纷案件为民事侵权损害赔偿案件，但提起环境民事诉讼并不意味着最终均以裁判方式结案，在很多情况下是以法院调解方式结案的。

就环境行政诉讼而言，其法律根据是我国《环境保护法》第40条规定。1990年我国行政诉讼法的颁行，不仅为环境行政诉讼提供了程序保障，也带来了环境行政诉讼案件数量的明显上升。根据最高人民法院行政审判庭的统计，1991年全国各级人民法院共受理环境行政诉讼案件108件。加上1991年前受理但尚未结案的10件诉讼案件，全年共受理118件环境行政诉讼案件。

对于环境刑事诉讼，我国的《刑法》在第六章专设“破坏环境资源保护罪”一节，创设了“重大环境污染事故罪”、“非法处置进口固体废物罪”、“擅自进口固体废物罪”、“非法捕捞水产品罪”等多种环境犯罪，为惩罚污染环境、破坏生态造成重大环境污染事故，致使公私财产遭受重大损失或者人身伤亡严重后果的加害者以及环境保护行政主管部门的不作为或滥作为提供了法律依据。

八、司法途径解决环境纠纷有什么优势？

与环境纠纷的其他解决途径相比，司法解决途径具有以下优势：

（1）诉讼具有强制性。诉讼程序是以国家强制力为保障的。在诉讼中，法官可以单方面地命令当事人出庭，并通过生效判决的既判力使当事人不能就案件再行争执，从而强制性地解决纠纷。这一特征可以提高诉讼作为纠纷解决手段的时效性。

（2）诉讼裁判具有约束力和权威性。人民法院的判决作出后，双方当事人必须受其约束，必须在法律规定的期限内履行义务。如果不如期履行，一方当事人可以申请法院强制执行，法院也可依职权强制执行。

（3）环境诉讼有助于推动纠纷解决制度的发展。环境纠纷作为一种现代型纠纷，原有法律无法涵盖对它的解决与规范，需要相关法律制度的不断创新以满足需要。

（4）环境诉讼可以严惩环境损害的实施者，具有社会威慑力。我国刑法规定，“破坏环境资源保护罪”对于追究向土地、水体、大气排放、倾倒或者处置废物，造成重大环境污染事故，致使人身健康、生命和财产安全遭受重大损害或威胁的行为人的刑事责任提供了法定依据，同时也对其他潜在的环境污染损害者具有警示和威慑作用。

九、司法解决环境纠纷有什么局限性？

环境纠纷的司法解决较之其他途径也有其自身的局限性。

（1）环境诉讼的效率低下、成本高昂。诉讼具有严格的法律程序要求，由于环境损害具有潜伏性、长期性、间接性等特质，损害原因的调查、损害结果的鉴定、因果关系的证明、举证责任的负担等都需要花费很长的时间和巨大的费

用，造成诉讼案件的拖延与积压。

（2）诉讼程序进行困难。由于我国有关环境诉讼的专门性和配套性制度规则的缺失，诉讼从立案到受理再到执行，都面临着诸多困境。例如民事诉讼法、行政诉讼法都要求原告是与案件有直接利害关系的人，因此，法院经常会因原告资格问题而对环境纠纷案件不予受理。即使法院受理了案件，也会因环境污染案件的复杂性和当事人诉讼能力的不足而在举证、损害原因及损害结果鉴定方面面临困难。必须注意的是，在环境纠纷案件中，企业排污侵权损害类型的案件占相当大的比例，这类案件在判决侵害方停止侵害、排除对环境的妨碍后，在后续执行过程中，将面临较一般案件更为复杂的社会关系，执行困难问题更是难以解决。

（3）环境诉讼不利于当事人正常关系的维护，不利于企事业单位公众形象的维持。在环境纠纷中，侵权的一方往往是企事业单位，其公众形象与其经济利益和社会利益紧密相连。一旦纠纷进入诉讼程序，其后续发展难免会受到负面影响。

十、具有什么条件才构成环境民事侵权？

必须具有一定的条件才能构成环境民事侵权，这些条件包括环境致害行为、损害结果以及行为与结果之间存在因果关系等三个方面。

（1）必须有环境致害行为。所有的环境污染损害后果的发生都是由相关单位和个人的环境致害行为造成的，没有环境致害行为，自然不会产生环境污染后果。人类的生产和生活活动离不开对于一定环境资源要素的开发和利用，所有的开发利用活动又不可彻底避免向自然环境排放污染物。但并非所有的排污行为都会产生环境污染的后果，只有那些超过特定时空条件下的环境承载能力的排污行为才能造成环境污染。这就涉及用来判定是否超过环境承载能力的环境标准问题。环境标准包括污染物排放标准、环境质量标准、环境基准和环保方法标准等。其中，环境质量标准是确认环境是否已被污染的根据；污染物排放标准是确认某排污行为是否合法的根据；而环保基础标准和环保方法标准是环境纠纷中确认各方所出示的证据是否是合法证据的根据。需要注意的是，在追究环境污染者损害赔偿责任时，无须以环境侵害行为的违法性（非法排污）作为必要条件，只要是造成了实际的环境污染后果，即便其排污行为是不超标的、合法的，也不影响其承担民事责任。

（2）必须有环境污染损害的后果。发生损害后果是构成民事责任的必要条件，尤其是当追究行为人的损害赔偿责任时，更是如此。从总体而言，由各种排污行为所造成的环境污染损害会因污染物和污染程度的不同在不同的时空条件下，会有不同的表现。例如，因大气污染所造成的实际损害与因水污染造成的实际损害，是存在明显的差异或不同的。尽管如此，要综合分析各类污染所造成的实际损害，从损害的对象和结果来看，还是存在损害类型上的相通性的，即表现为环境污染直接或通过环境要素间接地对受害人的人身权利和相关财产权利的损害，以及对于环境要素或环境系统自身的损害。根据《民法通则》、环境保护法以及相关法律的规定，环境污染对于人身权利的侵害，主要表现为对于身体权、生命权、健康权等人格权利的损害，一般不涉及身份权利的损害，具体包括受害人遭受的因环境污染而诱发的各种疾病的侵害以及由此而产生的物质或财产负担。就财产损害而言，主要表现为由于环境污染对于受害人的各种相关财产所造成的实际损害，如正处于养殖中的鱼苗的死亡、农作物的大面积减产等。

（3）环境致害行为与损害后果之间有因果关系。因果关系是指侵权人实施的侵害行为与损害后果之间存在因果上的联系。一般的侵权行为与损害结果之间因果关系的确定，采用"必然因果关系说"，即只有当行为人的行为与损害结果之间有着内在的、本质的、必然的联系时，才具有法律上的因果关系；如果行为与损害结果之间只是外在的、偶然的联系，则不能认定二者具有因果关系。但是，在环境损害赔偿诉讼中，环境污染行为与危害结果往往具有复杂性、不连续性、不紧密性和长期潜伏性等特点，因此很难判断直接的利害关系的存在，并且我国法律对如何判断因果关系的存在也没有作出明确的规定，这不利于对环境受害者的保护。许多国家都采取了因果关系推定的原则，即在不能确定因果关系时，采用"流行病统计学"的方法，人为"推定"因果关系。按照这种方法，只要符合下列条件，便推定污染行为与损害结果之间存在因果关系：第一，污染物在受害人发病前就存在；第二，该污染物在环境中的数量和浓度越大，该病的发病率越高；第三，该污染物含量（排放量）少的地方，该病的发病率越低；第四，上述统计结果与实验和医学上的结论不矛盾。在我国环境诉讼的实践中，已经开始采用这种认定方式。

十一、环境民事诉讼与传统的民事诉讼有何不同？

环境民事诉讼是一种特殊的民事诉讼，其与传统的民事诉讼的不同之处主要体现在：

（1）起诉资格的放宽。根据传统的诉讼理论，只有与侵权、违法行为具有"直接利害关系"的人才具有原告的主体资格，具体体现在《民事诉讼法》第108条和《行政诉讼法》第2条的规定。由于环境违法行为的形式很复杂，纠纷产生的原因也很复杂，危害结果的发生也往往具有滞后性，并且认定环境违法行为与危害结果的因果关系经常需要依赖于环境检测等科学技术，因此在"直接利

害关系”的认定上很困难。而在环境民事诉讼中，原告可以是与侵害后果无直接利害关系的任何组织和个人，包括检察机关、环保机关、社会团体和其他单位或个人。起诉的事由既可以是违法行为已造成了现实的损害，也可以是尚未造成现实的损害，但有损害发生的可能。

（2）举证责任转移。传统的证据规则要求受害人提供充分的证据来证明和支持自己的主张，否则就要承担败诉的风险。显然，如果在环境侵害诉讼中也实行这一举证原则，无疑会使受害人处于极其不利的地位。因为，受害人（一般是原告）常常因其财力不济或学识不足等原因，收集涉及污染者（一般是被告）商业秘密或高度专业化技术等方面的证据十分困难，而认定环境污染所需具备的复杂的科学技术知识，更是受害人自身缺乏的。为了更好地保护受害者合法权益，《最高人民法院关于适用〈中华人民共和国民事诉讼法〉若干问题的意见》第74条规定，对该类案件实行举证责任的转移，即受害人只需提出加害人污染行为已经发生并给受害人造成损失的初步证据，即可以支持其请求，至于污染事实是否确定存在，污染行为与损害结果之间是否存在因果关系等具体事实则由被告负责举证。

（3）实行因果关系推定原则。传统民法理论认为，加害行为与损害事实之间必须存在因果关系，它是构成损害赔偿民事责任的基本要件之一。在环境侵害诉讼中，环境侵权行为与损害结果之间的因果关系认定是相当困难的。这是因为，损害的发生是经过较长时间的持续作用、多因素复合累积共同作用的结果。另外，污染物被排放到环境中，其浓度、含量、致被害人发病的分布和概率，以及有毒有害物质致病的机理等，涉及化学、医学、生物、环境科学等多种科学领域，需要做的工作量大、繁杂，而且费用高；甚至还有相当一部分污染案件，限于目前科技发展水平的限制及污染形式的复杂多样性，尚无法科学地确定其因果关系。为此，国外学者先后创立了优势证据说、事实推定说、疫学因果关系说、间接反证说。优势证据说主张在环境诉讼中，只要一方当事人提出的证据比另一方提出的证据更为优越，即达到了法律所要求的证明程度，因果关系便成立或是不成立。事实推定说主张在环境诉讼中，因果关系存在与否的举证，无须以严格的科学方法，只要达到一定可能性程度即可。我国法律中对因果关系推定尚无明确规定，但在环境纠纷诉讼案件的审理中已有所应用。

（4）诉讼时效延长。《环境保护法》第42条规定，因环境污染损害赔偿提起的诉讼时效的期间为3年，从当事人知道或者应当知道受到污染损害时起计算。这确立了环境民事诉讼应适用3年的诉讼时效，而一般的民事侵权行为的诉讼时效为2年或1年。《民法通则》第137条还规定了20年的绝对诉讼时效规则，即“从权利被侵害之日起超过20年的，人民法院不予保护，有特殊情况的，人民法院可以延长诉讼时效期间”，这同样适用于环境诉讼。

十二、实施环境污染与破坏的行为应承担什么法律责任?

环境法律责任，是指环境法律主体因不履行环境义务而依法应承担的法律后果。环境法律责任既具有一般法律责任的属性，又具有其独有的特点。按照法律性质的不同，可分为环境民事责任、环境行政责任、环境刑事责任。

十三、什么是环境民事责任?

环境民事责任，是指公民、法人或其他组织因污染和破坏环境而造成他人的人身或者财产损害而应承担的民事法律责任。环境与资源保护法的民事责任实行无过错责任原则，即因污染或破坏环境而给他人造成财产或人身损害的单位或个人，即使自己主观上没有故意或过失，也要对其所造成的损害承担赔偿责任。在环境污染危害中之所以实行无过错责任原则，主要是由于环境污染危害大，后果严重，危害生物和人体的健康，甚至还威胁着人类的生存和发展，因此必须从严追究法律责任，而且由于环境污染危害案件一般都比较复杂，涉及一系列专门的科技知识，受害人要直接证明加害人主观上是否具有故意或过失，十分困难。采用无过错责任原则有利于保护受害人的合法权益，同时也有利于推动排污单位积极防治环境污染，增强排污单位的环境意识，促进环境保护工作的开展。

十四、承担环境民事责任的方式有哪些?

承担环境民事责任的方式主要包括排除妨害、赔偿损失、恢复原状或返还财产等。在环境污染纠纷中，绝大多数受害人首先提出的要求就是要加害人立即停止并排除已经发生或将要发生的环境污染或环境破坏行为，这样可以减轻或者避免对环境的污染或破坏。赔偿损失是指加害人因自己的污染或破坏环境的行为，给他人造成了财产、人身或精神损害时，依法以其财产补偿受害人所受的损失，这是环境民事法律责任中最常见的一种形式。恢复原状或返还财产的法律责任主要适用于保护自然资源方面。当加害人污染或破坏环境的行为侵害了国家、集体或个人财产所有权，造成资源的破坏时，如果能够恢复原状或返还财产，应当尽量使加害人承担这种民事责任，这有利于对环境的保护与恢复，减少自然资源的破坏。

十五、什么是环境行政责任?

环境行政责任，是指违反环境与资源保护法和国家行政法规所规定的行政义务或法律禁止事项而应承担的法律责任。环境行政责任的构成要件包括四个方面：第一，行为具有违法性，即行为人实施了法律禁止的行为或违反了法律规定的义务；第二，行为人具有主观过错；第三，行为产生了危害后果，但在某些情况下，没有造成危害后果的违法行为也要承担行政责任；第四，违法行为与危害后果之间存在因果关系。

十六、承担环境行政责任的方式有哪些？

环境行政责任方式包括：

（1）环境行政处分，是指国家行政机关，企业、事业单位根据行政隶属关系，依照环境法律、法规或者内部规章，对犯有违法失职和违纪行为的下属人员给予的行政制裁，包括警告、记过、记大过、降级、降职、留用察看、开除。

（2）环境行政处罚，是指由特定国家行政机关对违反环境与资源保护法或者国家行政法规尚不构成犯罪的公民、法人或者其他组织给予的法律制裁，包括警告、罚款、责令停止生产或者使用、责令停业、关闭、责令缴纳排污费、支付消除污染费用、限期改正、责令停止违法行为、采取补救措施、恢复土地原状、限期拆除或者没收建筑物、补种树木、责令停止开荒、恢复植被、没收矿产品或者违法所得、吊销采矿许可证、责令停止破坏行为、限期恢复原状、吊销狩猎证或者捕捞许可证、没收捕获物、猎捕工具和违法所得等。环境行政处分与环境行政处罚在实施处罚的机关、适用的违法行为、处罚的对象和形式、救济方式等方面均存在区别。

（3）环境行政诉讼，是环境与资源保护法主体认为负有环境监督管理职责的行政机关和行政工作人员的具体行政行为侵犯其合法权益而向人民法院提起的诉讼。环境行政诉讼包括司法审查之诉、请求履行职责之诉和请求行政侵权赔偿之诉三种。

十七、什么是环境刑事责任？

环境刑事责任，是指行为人故意或者过失实施了严重危害环境的行为，并造成了人身伤亡或者公私财产的严重损失，已经构成犯罪而应受到刑事制裁的法律责任。破坏环境资源罪具有以下特点：主体包括自然人和法人；主观方面既可以是故意，也可以是过失；客体是财产所有权、人身权和环境权；客观方面是有污染和破坏环境资源的行为及其社会危害性。

十八、破坏环境与自然资源的犯罪主要有哪些？

破坏环境与自然资源的犯罪主要包括：重大环境污染事故罪，非法处置进口的固体废物罪，擅自进口固体废物罪，非法捕捞水产品罪，非法猎捕罪，杀害珍贵、濒危野生动物罪，非法狩猎罪，非法占用农用地罪，非法采矿罪，破坏性采矿罪，非法采伐、毁坏珍贵树木罪，盗伐林木罪，滥伐林木罪，非法收购盗伐、滥伐的林木罪等。

十九、环境污染损害的法定免责事由包括哪些方面?

环境污染损害的免责事由包括不可抗力、受害人自我致害以及第三者致害三种免责情形。

（1）不可抗力，是指人类所无法预见、无法克服、无法避免的客观情况。不可抗力一般包括两种，一种是自然灾害，例如地震、火山喷发、海啸、台风等；另一种是某些社会现象，例如战争、特殊的军事行动等。因为在不可抗力下发生的损害后果是完全不以人的意志为转移的，当事人对损害后果的发生并不存在法律上或道德上的可谴责性，如再让当事人承担损害赔偿责任，是与立法目的相违背的。

（2）受害人自我致害，是指受害人因其自身的故意或者过失而遭受损害的情形。我国《水污染防治法》第85条第3款规定："水污染损害是由受害人故意造成的，排污方不承担赔偿责任。水污染损害是由受害人重大过失造成的，可以减轻排污方的赔偿责任。"之所以这样规定，是因为民事法律责任贯彻的是自己责任原则，即自己应当对自己的行为所造成的损害承担相应的法律责任，同时，自己对他人所造成的损害无义务承担法律责任。

（3）第三者致害，是指除了加害方和受害方之外的第三方的故意或者过失而致使受害方遭受损害的情形。《水污染防治法》第85条第4款规定："水污染损害是由第三人造成的，排污方承担赔偿责任后，有权向第三人追偿。"由第三者承担因环境污染与破坏行为造成的受害人的损失，也就免除了所谓的"加害人"的损害赔偿法律责任。法律的这种规定和做法也是符合自己责任原则和法律在进行责任分配时的公平性要求的。

二十、环境污染造成的财产间接损失有哪些特征?

从司法实践来看，一般对权利人（受害人）财产上的直接损失都能得到很好的保护，而对于间接损失则往往保护不足。间接损失就是可得利益的减少，是加害人侵害受害人所有的财物，致使受害人在一定范围内的未来财产利益的损失。间接损失具有如下特征：

（1）它是受害人未来利益的损失。在违法行为发生时，这种利益尚未为权利人所实际拥有，对权利人（受害人）来说，它属于正在期待或正在着手实施和取得的一种利益。

（2）间接损失是一种实际损失。

（3）间接损失是一种财产损失。间接利益是权利人在原有财产的基础上所要取得的财产增值利益。它的损失无论是在理论上还是在实践中，都是可以用货币来衡量和计算的。

二十一、环境污染造成的财产间接损失有哪些？

从司法实践来看，污染行为人造成他人财产的间接损失主要有如下几种：

（1）利润损失。侵害行为在一定程度或一定范围内造成经营者生产经营活动的中断或从事该活动的基础（财产）和条件的丧失，从而导致利润损失。利润损失是间接利益损失中最典型、最常见、数量也最多的一种形式。

（2）孳息损失。孳息是由原物所产生的收益。污染行为对正常情况下能够产生孳息的财产造成损害的，同时也会导致孳息的损失。从民法上看，孳息分为自然孳息和法定孳息。由于自然孳息往往具有周而复始，甚至不断递增的特点，例如母畜产仔、母鸡生蛋等，因此，对这种损失的范围应有必要的合理的限制。一般而言，自然孳息损失应限定为与财产本体直接相联或者处于同一生产周期的损失，也即只计算在违法损害行为发生时财产本体（原物）所带的孳息，例如母畜死亡时所怀的仔畜、果树被损坏时所结的幼果等。

（3）为消除潜在的损害后果而支出的有关费用。在间接利益损失的赔偿中，还应当包括受害人在未来过程中为消除违法行为所造成的潜在危害后果而支出的有关费用。例如造成农田污染，不仅使现有农作物减产、死亡，还会造成农田肥力减退，甚至丧失。要把污染农田恢复到原有的土质和肥力，必须经过一定时期的改良和追加肥料。而在恢复地力过程中，受害人不仅应当取得的收益减少，而且还需要增加大量的人力和物力。这种受害人为消除潜在的污染危害后果而必须耗费的人力和物力，也应由加害方赔偿。

二十二、什么是环境污染人身伤害的精神损害？

人身伤害的精神损害是指受害人因他人侵害其生命权、身体权与健康权而产生的损害，即受害人因人身伤亡所生之精神上或肉体上之损害，包括受害人的肉体痛苦、精神折磨、丧失生活享受、生命缩短、丧失亲人之痛苦等。精神损害赔偿是指侵害人因侵权行为损害他人的正常意识、思维活动和一般心理状态，给受害人带来打击，造成悲伤或痛苦，受害人可依法获得赔偿权的法律制度。

二十三、污染事故发生后，医疗费包括哪些内容？

医疗费，是指污染行为发生后，由于造成一定的人身伤害，为恢复健康而需要就医诊治，按照医院对当事人的治疗所必需的费用。

医疗费主要包括挂号费、检查费、化验费、手术费、治疗费、住院费和药费等。医疗费可以为住院医疗费，也可以为门诊医疗费，但支出的目的在于治疗污染事故中的受伤人员、伤残人员以及抢救伤重死亡人员。医疗费的发生是污染事故显而易见的后果，体现了对受害人身体权和健康权等基本人身权利的尊重和保障，自然应当予以赔偿。生活健康权是自然人最基本、最重要的民事权利，侵犯生命健康权是非法剥夺公民的生命和损害公民的健康。因此，保护我国自然人的生命健康权，是刑法、民法以及行政法等诸多法律部门的共同任务，环境法亦不例外。

二十四、什么是误工费？

误工费，是指受害人因环境污染行为受到伤害而就医治疗或休养期间，无法进行生产劳动和获得报酬所产生的实际损失，包括受害人因此而未获得的工资、奖金等。由于环境污染导致受害人身体不适，甚至患上严重疾病，必须赴医院诊治，这就使受害人必然产生误工的损失。

二十五、什么是护理费？

护理费，是指环境污染事故发生后，受害人住院期间，由于身体健康等原因，行动能力和自理能力都有一定程度的降低，需要家人或者其他亲属的陪同和护理，并由相关事故责任人根据一定的标准予以赔偿的费用。护理费的发生是受害人恢复健康所必需的，与污染事故的因果关系也是直接的，应当予以赔偿。这项费用与医院护理费有着本质的区别，医院护理费是医院从事技术性护理而收取的与治疗相配套的医疗处置费用，而护理费则是专指用于受害人生活照料的费用。

二十六、什么是交通费？

交通费，是指环境污染事故发生后，受害人以及参加处理事故的当事人亲属因需要到医院诊治、住院治疗以及处理污染事故相关适宜而发生乘车乘船等交通费用，由相关事故责任人按照一定的标准对该项费用进行的赔偿。在环境事故的后果中，交通费的发生是不可避免的，应当受到赔偿。其中主要是指受害人及其必要的陪护人员因就医或者转院治疗实际发生的交通费用。

二十七、什么是残疾辅助器具费？

残疾辅助器具费，是指因环境污染原因造成残疾，因残疾需要配置辅助功能

器具而发生的费用，包括需要配置、更换、维修假肢、假眼、代步车等辅助器具所支出的费用。有些受害人需要继续治疗和康复（如功能训练、整容），有的还由于失去自理能力而需要专业人员或者家人的护理，有的需要更换假肢、轮椅等器械。对于受害人将来发生的医疗、康复、护理、器械费用，可以判决一次性支付，也可以判决相应确定的赔偿标准。在作出这样的判决时，宜考虑有关专家的鉴定意见。

二十八、什么是死亡赔偿金？

死亡赔偿金，顾名思义，是指对受害人作为一个民事权利主体生命权的丧失（死亡）作出的赔偿。公民从出生时起到死亡时止，具有民事权利能力，依法享有民事权利，承担民事义务。而生命权则是一切权利的基础和前提，任何生命权的丧失都是公民民事权利能力的丧失。因此，死亡赔偿金实质是以受害人民事权利能力的丧失为给付条件的。

死亡赔偿金与残疾赔偿金不同之处在于，死亡赔偿金是给付受害人亲属的，而残疾赔偿金是给付受害人本人的。受害人的亲属对于受害人的死亡承受了巨大的痛苦，所以必须对此进行赔偿。死亡赔偿是针对受害人死亡这一损害后果而由加害人对受害人的近亲属所支付的一定数额的金钱。

《关于审理人身损害赔偿案件适用法律若干问题的解释》中明确权利人另外还可以主张精神抚慰金的，适用最高人民法院《关于确定民事侵权精神损害赔偿责任若干问题的解释》予以确定。

另外，当事人在污染事故中死亡导致胎儿死亡的，根据目前的法律规定，无须赔偿。胎儿尚在母体中，无民事权利能力，我国目前的法律只考虑胎儿将来的继承权，对于其他的胎儿利益未有法律规定。

【案例】

2001 年甲水泥厂建成，在未采取任何污染防治措施的情况下，每天排放大量废气。周围的果园受其排放废气的污染，大量减产，造成直接经济损失 23 万元。果农纷纷向当地环保局投诉，要求环保局进行处理。2002 年 10 月 13 日，环保局监测发现甲水泥厂排放的废气严重超标。2002 年 10 月 23 日，环保局对甲水泥厂作出了《行政处罚决定书》：①须缴纳排污费 21890 元，并处以罚款 25000 元；②限期治理；③赔偿果农经济损失 10 万元。果农认为赔偿额过低，不服，以甲水泥厂为被告提起民事赔偿诉讼。在审理过程中，法院要求果农提供甲水泥厂排放的废气是造成果园减产主要原因的证据，否则承担败诉的责任。果农提供不出该证据，法院判决果农败诉。

【评析】

（1）环保局的行政处罚不合法。其理由为：①其所作出的第一项行政处罚决定是符合法律规定的，因为2000年4月29日新颁布的《大气污染防治法》第13、14、48条明确规定：向大气排放污染物的，其污染物排放浓度不得超过国家和地方规定的排放标准；国家按照向大气排放污染物的种类和数量征收排污费；向大气排放污染物超过国家和地方规定标准的，由所在地县级以上环境保护行政主管部门处以1万元以上10万元以下的罚款。②第二项行政处罚决定不符合法律规定。《大气污染防治法》第46条和《环境保护法》第29条规定，作出限期治理行政处罚的，应先由环保局向当地政府提出申请，由当地政府作出决定，而不是由环保局作出决定。③第三项行政处罚决定不应属于行政处罚的范围，只是环保局以第三人的身份对环境民事赔偿纠纷所作出的调解，不应作为行政处罚决定。

（2）法院的审理不合法。我国法律明确规定，在环境污染民事赔偿案件审理过程中，实行举证责任倒置。所谓“举证责任倒置”，是指被告如对原告提出的赔偿要求有异议，则需举出以下证据：①自己没有实施排污致害行为；②由于不可抗力；③第三人过错；④受害人自身的过错。如举不出，则应承担赔偿责任。原告不承担排污单位的排污行为与其受到的损害是否有因果关系的举证责任，只承担是否有损害事实的举证责任。因此，本案中法院要求果农承担甲水泥厂的排污行为与其果园减产之间是否存在因果关系的举证责任是不符合法律规定的。

第十三章　农村环境污染损害赔偿与标准

一、环境污染人身损害赔偿的法律规定有哪些?

现行的环境污染导致人身损害赔偿的法律规定，主要是各种立法和司法解释。从表现形式看，主要有以下几种：一是《民法通则》中关于人身损害赔偿的规定，这是人身损害赔偿的最主要的法律表现形式；二是环境单行法律中关于人身损害赔偿的规定，例如《环境保护法》、《大气污染防治法》、《水污染防治法》、《固体废物环境污染防治法》等中关于人身损害赔偿的法律规定；三是有关环境行政法规，例如上述污染防治法的实施细则等；四是最高人民法院的司法解释，例如最高人民法院《关于贯彻执行〈中华人民共和国民法通则〉若干问题的意见》、最高人民法院《关于审理人身损害赔偿案件适用法律若干问题的解释》等。

二、环境污染人身损害赔偿项目包括哪些?

根据法律、司法解释的相关规定，环境污染所导致的人身损害赔偿项目范围可分为以下几类：

（1）造成伤害（未达到伤残）的赔偿项目：医疗费、误工费、护理费、交通费、住宿费、住院生活补助费、营养费等。

（2）造成残疾的赔偿项目：医疗费、误工费、护理费、交通费、住宿费、住院生活补助费、营养费、残疾赔偿金、残疾辅助器具费、被抚养人生活费等。

（3）造成死亡的赔偿项目：医疗费、误工费、护理费、交通费、住宿费、住院生活补助费、营养费，丧葬费和死亡赔偿金、被抚养人生活费等。

三、环境污染中精神损害的赔偿范围有哪些?

由于环境损害有其自身特点，其损害范围不仅表现为直接的财产损失，而且很大一部分是造成非财产利益的损害，表现为对人的精神状况、健康状况和生活条件的影响，如噪声、恶臭等污染。环境污染可以对人体造成损害，使人体功能减退、早衰，还会通过遗传因素危及后代的身体健康。因此，环境污染所遭受的精神损害有时绝不比人格尊严受侵害中的精神损害轻，对环境污染致人精神损害的，应当给予经济赔偿。

精神损害赔偿的范围即指何种侵权损害情形下予以精神赔偿的问题。根据2001年3月8日最高人民法院公布的《关于确定民事侵权精神损害赔偿责任若干问题的解释》的规定，精神损害赔偿的范围包括四种情形：

（1）侵害他人生命权、健康权、身体权、姓名权、肖像权、名誉权、荣誉权、人格尊严、人身自由等人格权，给他人造成精神损害的；

（2）侵犯监护身份权非法使被监护人脱离监护，给监护人造成精神损害的；

（3）侵害死者人格权或非法利用、侵害遗体、遗骨给死者近亲属造成精神损害的；

（4）灭失或毁损他人具有人格象征意义的特定纪念物品而造成精神损害的。根据环境污染损害赔偿的自身特点，精神损害赔偿主要是指人身伤害所导致的精神损害赔偿，一般不涉及其他情形的精神损害赔偿。

四、环境污染中精神损害赔偿的对象是什么？

精神损害赔偿的对象即因侵权行为造成精神损害并可依法获得精神赔偿的受害人，也即精神赔偿的权利人。根据最高人民法院《关于确定民事侵权精神损害赔偿责任若干问题的解释》的规定，精神损害赔偿的对象既可以是受害者本人，也可以是受害者的近亲属。但在确定精神赔偿的权利人时，只能是固定的单项选择，即受害者未死亡的权利人为受害者本人，受害者死亡的，权利人为受害者的近亲属。

直接受害人即受害者本人，而间接受害人的范围应以其与直接受害人间是否具有法律上的亲属关系为原则，以事实上的扶养关系、共同生活关系为补充，不应局限于父母、子女与配偶，不仅在直接受害人死亡的情况下，间接受害人享有精神损害赔偿请求权，而且在直接受害人受到严重伤害的情况下，如丧失全部或绝大部分劳动能力，间接受害人也应享有此项权利。应赔偿的精神损害除与人身伤亡相伴随而生的肉体上的疼痛外还包括因伤害而产生的精神上的悲伤、忧虑、疾病等。

五、环境污染中精神损害赔偿有何界限？

精神损害赔偿的界限，即因侵权行为造成他人精神损害达到一定程度，法律认可准予赔偿的起点线。由于精神损害的大小没有秤称尺量，每个人的表现又不尽相同，有时甚至是看不见、摸不着的。因此，针对精神损害程度，法律设定一个具体赔与不赔的标准，显得尤为重要。根据最高人民法院《关于确定民事侵权

精神损害赔偿责任若干问题的解释》第8条的规定，因侵权致人精神损害，但未造成严重后果，受害人请求赔偿精神损害的，人民法院一般不予支持。这一规定实际上是间接地给了精神损害赔偿一个界限标准，即受害人遭受精神损害，必须造成了严重后果，方可请求赔偿。对此，可以区分以下情况加以理解：

（1）对于一般的人身伤害，侵权人除赔偿因此给受害人造成的经济损失外，由侵权人向受害人赔礼道歉即可消除对受害人的精神损害，无需进行精神损害赔偿。

（2）对于肢体残疾，视觉、听觉丧失及其他损失及功能丧失者，因对受害人今后的工作和生活将带来一定的影响和不便，应认定为较严重的精神损害。容貌毁损或身体致残且丧失劳动能力者，因将对其职业选择、工作安排、社交活动、恋爱婚姻和家庭生活产生严重不良影响，给其亲属带来极大负担，应属严重精神损害。

（3）对于死者近亲属所受精神损害程度的确定，应考虑死者在家庭中的地位，其与近亲属之间关系的密切程度等因素。若死者系家庭中的顶梁柱，其生前对上要赡养父母，对下要抚养子女，其死亡将对其家人的身心健康产生严重的不利影响，则此种损害应为严重的精神损害。如果死者为独生子女，则其是家庭的未来和希望，其死亡不仅使其家庭失去了原应有的天伦之乐，而且使其家人失去了精神支柱，给其近亲属造成极大的精神痛苦，严重影响其近亲属的工作、生活和身心健康，这种精神损害应为严重损害。

另外，在考察受害人所受精神损害的程度时，还应考虑其心理素质和性别因素。同样的人身伤害，会因受害人的心理承受能力不同和男女性别的不同而受到不同的精神损害。一般来说，心理承受能力弱者受到的精神损害严重，女性比男性受到的精神损害严重。

六、精神损害赔偿的计算标准是什么？

最高人民法院《关于确定民事侵权精神损害赔偿责任若干问题的解释》第10条对确定精神损害的赔偿数额规定了七个方面的参考因素：一是侵权人的过错程度；二是侵害的手段、场合、行为方式等具体情节；三是侵权行为所造成的后果；四是侵权人的获利情况；五是侵权人承担责任的经济能力；六是受诉法院所在地的平均生活水平；七是法律法规对精神损害赔偿数额有明确规定的，从其规定。因此，要根据每一个案件的具体情况，充分考虑上述因素来确定精神损害赔偿的数额。

七、医疗费的计算标准是什么？

医疗费即治疗因环境污染所引起的疾病，使身体复原所花费的医药费和必要的治疗费用，与治疗损伤无关的医疗费一般不予赔偿。对于因该创伤而引起复发的其他疾病的医疗费用，应根据损伤与其疾病的因果关系，治疗单位的诊断或法医鉴定意见予以适当赔偿。

医疗费的赔偿应当根据医疗机构出具的医药费、住院费等收款凭证，结合病例和诊断证明等相关证据确定。赔偿义务人对治疗的必要性和合理性有异议的，应当承担相应的举证责任。

医疗费的赔偿数额，按照一审法庭辩论终结前实际发生的数额确定。原治疗医院无法满足医疗需要，确实需要转院治疗的，应当出具原治疗医院的转院证明。应经医务部门批准而未获准擅自另找医院治疗的费用，一般不予赔偿。

受害人重复检查同一科目而结果相同的，原则上应仅认定首次的检查费用，但治疗医院确需再行检查的除外。如检查结果不一致，确诊之前的检查费用均应认定。

受害人擅自购买与损害无关的药品或治疗其他疾病的，其费用不予赔偿。受害人确需住院治疗或观察的，其费用应予赔偿。但出院通知下达后故意拖延，治疗与损害无关的疾病而延长住院时间的，其延长期间的住院费不予赔偿。

在诉讼过程中，治疗尚未结束的，除对已经治疗的费用赔偿外，对需继续治疗的费用，经有关医疗机构证明或者经调解双方达成协议的，可以一次性给付；也可以依照《民事诉讼法》的有关规定，告知受害人在治疗结束后另行起诉。

综上，医疗费的计算公式为：医疗费赔偿数额 = 医疗费 + 医药费 + 住院费 + 其他费用。

八、误工费的计算标准是什么？

根据最高人民法院《关于审理人身损害赔偿案件适用法律若干问题的解释》第 20 条的规定，误工费根据受害人的误工时间和收入状况确定。误工时间根据受害人接受治疗的医疗机构出具的证明确定。受害人因伤致残持续误工的，误工时间可以计算至定残日前一天。受害人有固定收入的，误工费按照实际减少的收入计算。受害人无固定收入的，按照其最近 3 年的平均收入计算；受害人不能举证证明其最近 3 年的平均收入状况的，可以参照受诉法院所在地相同或者相近行业上一年度职工的平均工资计算。固定收入，包括工资、奖金及国家规定的补贴、津贴，但不包括特殊工种的补助费。

奖金，以受害人上一年度本单位人均奖金计算，超出奖金税计征起点的，以计征起点为限。受害人受害前由于自身原因无奖金收入的，其奖金不予计算。受害人是承包经营户或者个体工商户的，其误工费的计算标准，可以参照受害人一定期限内的平均收入酌定。如果受害人承包经营的种植、养殖业季节性很强，不

及时经营会造成更大损失的，除受害人应当采取措施防止损失扩大外，还可以裁定侵害人采取措施，防止扩大损失。

受害人依法从事第二职业的，其实际减少的收入，应当予以赔偿。受害人是另谋职业的离、退休人员的，其误工费的赔偿可以区别以下情况处理：①符合政策法律规定的，其实际减少的收入应予以赔偿；②违反政策法律规定的，其赔偿要求不予支持。受害人无劳动收入而要求赔偿误工费的，不予支持。如果受害人是家务劳动的主要承担者，因受害确实无法从事家务劳动造成其他家庭成员分担过重的，可酌情予以经济补偿。

受害人单位并未扣发其工资和奖金等情况的，说明受害人并没有因耽误工作时间而减少工资收入，对于误工费的索赔要求，行为人可予以拒绝。

综上，误工费的计算公式为：有固定收入的受害人的误工费 = 日平均工资 × 误工天数 + 实际损失的奖金 + 实际损失的补贴 + 实际损失的津贴（实际损失均需证明）。

无固定收入的受害人的误工费 = 最近 3 年的日平均收入 × 误工天数 = 受诉法院所在地相同或相近行业上一年度职工日平均工资 × 误工天数。

九、护理费的计算标准是什么？

护理费的前提条件是，受害人在住院治疗期间需要护理。受害人在医院治疗期间，如果需要护理，通常情况下是伤情比较严重，或者因手术等原因，造成行动不便，生活难以自理。受害人受害后的生活自理能力，一般应以法医的鉴定或者治疗医院出具的证明认定，生活确实不能自理的，其护理费应予赔偿。

根据最高人民法院《关于审理人身损害赔偿案件适用法律若干问题的解释》的规定，护理费根据护理人员的收入状况和护理人数、护理期限确定。护理人员有收入的，参照误工费的规定计算；护理人员没有收入或者雇用护工的，参照当地护工从事同等级别护理的劳务报酬标准计算。护理人员原则上为一人，但医疗机构或者鉴定机构有明确意见的，可以参照确定护理人员人数。护理期限应计算至受害人恢复生活自理能力时止。受害人因残疾不能恢复生活自理能力的，可以根据其年龄、健康状况等因素确定合理的护理期限，但最长不超过 20 年。受害人定残后的护理，应当根据其护理依赖程度并结合配制残疾辅助器具的情况确定护理级别。超过确定的护理期限、辅助器具费给付年限或者残疾赔偿金给付年限，赔偿权利人向人民法院起诉请求继续给付护理费、辅助器具费或者残疾赔偿金的，人民法院应予受理。赔偿权利人确需继续护理、配制辅助器具，或者没有劳动能力和生活来源的，人民法院应当判令赔偿义务人继续给付相关费用 5 ~ 10 年。

综上，护理费的计算应为：有收入的护理人的护理费 = 误工费 = 日平均工资 × 误工天数 + 实际损失的奖金 + 实际损失的补贴 + 实际损失的津贴（实际损失均需证明）。

没有收入的护理人的护理费 = 当地护工从事同等级别护理的劳务报酬标准 × 护理期限（护理期限≤20 年）。

十、交通费的计算标准是什么?

根据最高人民法院《关于审理人身损害赔偿案件适用法律若干问题的解释》的规定，交通费根据受害人及其必要的陪护人员因就医或者转院治疗实际发生的费用计算。交通费应当以正式票据为凭；有关凭据应当与就医地点、时间、人数、次数相符合。

在污染事故索赔额实务中涉及的交通费一般包括以下四项：

（1）受害人在发生污染事故后到医院治疗期间从污染事故发生地到医院之间的救护车费等交通费。如果没有住院治疗，则还有治疗期间从住处到医院之间来往的交通费用，还包括治疗期间必要的护理人员的交通费用。

（2）受害人治疗期间因为转院治疗而发生的转院时的交通费用。

（3）受害人伤残鉴定时从住处到鉴定机构之间的交通费用，包括鉴定过程中必要的陪护人员的交通费用，包括去鉴定和领取评定结论两次的交通费。鉴定时，可含有受害人和必要的护理人员的交通费，但领取评定结论时，只能是两者之一的交通费。

（4）受害人及其亲属参加污染事故处理期间，从住处到处理机关之间来往的交通费用。

交通费确定的一个重要因素在于交通工具的选择。在污染事故发生后，通常按照污染事故发生地国家机关一般工作人员车旅标准计算，即乘坐公共交通车辆、火车硬座、轮船二三等舱以下的交通工具。受害人的家属为处理污染事故从外地到发生污染事故乘坐火车的应以普通硬座为标准，乘坐轮船的应以三等客舱为标准，一般不允许乘坐飞机。超过标准的，其超出部分只能由受害方自行承担。

交通费票据除符合上述标准外，还应当能说明起始地点、来往次数，以便能够相互印证，证明交通费用确实出于实际需要，合理支出。

十一、住宿费的计算标准是什么?

最高人民法院《关于审理人身损害赔偿案件适用法律若干问题的解释》第 23 条第 2 款规定：“受害人确有必要到外地治疗，因客观原因不能住院，受害人本人及其陪护人员实际发生的住宿费和伙食费，其合理部分应予赔偿。”这只是从发生人身伤害赴医院就医的角度计算住宿费。在环境污染损害赔偿中，除了发生人身伤害外，受害者的索赔、投诉、鉴定等维权行为都可导致住宿费的支出，因此住宿费的计算公式应为：住宿费 = 因环境污染纠纷所导致的必需的住宿费用单据数额之和。

十二、住院伙食补助费的计算标准是什么？

最高人民法院《关于审理人身损害赔偿案件适用法律若干问题的解释》第23条规定：“住院伙食补助费可以参照当地国家机关一般工作人员的出差伙食补助标准予以确定。受害人确有必要到外地治疗，因客观原因不能住院，受害人本人及其陪护人员实际发生的住宿费和伙食费，其合理部分应予赔偿。”因此，住院伙食费的计算公式应为：住院伙食补助费 = 住院时间 × 当地国家机关一般工作人员的出差伙食补助标准。

十三、营养费如何计算？

营养费，是指环境污染受害人通过正常的摄入不能达到受损身体康复的要求，需要增加营养品作为对身体补充所开支的费用。最高人民法院《关于审理人身损害赔偿案件适用法律若干问题的解释》第24条规定，营养费根据受害人伤残情况参照医疗机构的意见确定。营养费必须是该伤害复原确定需要的，营养费的标准应根据伤情的轻重判定，是否需要营养费及给付营养费的期限应当根据医院的证明或法医的鉴定认定，并经人民法院核实，确认受害人确需补充营养食品作为辅助治疗的，可以酌情赔偿，但数额不宜过高。营养费的赔偿，应赔偿的期限，可以委托法医鉴定，也可以在征求治疗医院的意见后酌定。侵害人探视受害人时携带的食品等，一般应视为赠与。

所有营养费的计算公式：营养费 = 医疗机构酌情建议的数额。

十四、法律对残疾赔偿金是如何规定的？

法律对残疾赔偿金的规定有个演变过程。《民法通则》规定侵害公民身体造成伤残的，赔偿医疗费、因误工减少的收入、残废者生活补助费等费用；造成死亡的，并应当支付丧葬费、死者生前扶养的人必要的生活费等费用。对伤残后果本身的赔偿限于“生活补助费”，而不考虑受害人受害前的劳动能力和收入状况。这个规定不合理，因为死亡赔偿的数额太少，不足以赔偿受害人的损失。2001年最高人民法院公布的《关于确定民事侵权精神损害赔偿责任若干问题的解释》第9条将残疾赔偿金规定为精神损害赔偿金，虽然在一定程度上能够改善受害人及其近亲属的救济待遇，但是不能从根本上解决这一问题。因此，最高人民法院《关于审理人身损害赔偿案件适用法律若干问题的解释》第25条将残疾赔偿金作为对财产损失的赔偿；对残疾赔偿金的计算，主要考虑受害人丧失劳动能力程度或伤残程度以及受诉法院所在地城镇居民人均可支配收入或农村居民纯收入和受害人的年龄等因素；在财产损害赔偿之外，受害人或其相关近亲属还可以请求精神损害赔偿。由此，残疾赔偿金的性质发生了一定的变化。

值得注意的是，从最高人民法院《关于审理人身损害赔偿案件适用法律若干问题的解释》中看，其没有将残疾者生活补助费和残疾赔偿金并列作为致人残疾所必须赔偿的两项费用，而是将残疾者生活补助费并入残疾赔偿金一项中，没有单独提残疾者生活补助费的概念，因此，应以本解释的规定为依据而进行赔偿。

十五、残疾赔偿金的计算标准是什么？

最高人民法院《关于审理人身损害赔偿案件适用法律若干问题的解释》第25条规定，残疾赔偿金根据受害人丧失劳动能力程度或者伤残等级，按照受诉法院所在地上一年度城镇居民人均可支配收入或者农村居民人均纯收入标准，自定残之日起按20年计算。但60周岁以上的，年龄每增加1岁减少1年；75周岁以上的，按5年计算。受害人因伤致残但实际收入没有减少，或者伤残等级较轻但造成职业妨害严重影响其劳动就业的，可以对残疾赔偿金作相应调整。最高人民法院《关于审理人身损害赔偿案件适用法律若干问题的解释》第30条规定，赔偿权利人举证证明其住所地或者经常居住地城镇居民人均可支配收入或者农村居民人均纯收入高于受诉法院所在地标准的，残疾赔偿金或者死亡赔偿金可以按照其住所地或者经常居住地的相关标准计算。由此可见，残疾者丧失劳动能力的程度是确定赔偿标准的一个关键因素。残疾者丧失劳动能力的程度，由法定的鉴定机构应当进行劳动能力鉴定，作出鉴定结论。劳动功能障碍分为十个伤残等级，最重的为一级，最轻的为十级。司法实践中一般将伤残等级作为赔偿标准的系数，即一～十级对应百分比系数分别为100%～10%，具体计算方式如下：一级伤残为上一年度城镇居民人均可支配收入或者农村居民人均纯收入标准乘以20年再乘以100%，二级伤残则乘以90%，以此类推，十级伤残乘以10%。因此，伤残程度越严重，残疾赔偿金也越高。

但是，这种计算方式也并不是绝对的。根据最高人民法院《关于审理人身损害赔偿案件适用法律若干问题的解释》第25条第2款的规定，如果受害者劳动能力丧失程度高或伤残等级系数百分比高，但是伤害对其职业毫无影响（如娱乐场所售票员的腿部伤残对其收入没有影响）；或者受害者劳动能力丧失程度低或伤残等级系数百分比低，但是伤害对其职业影响大（如模特因脸部擦伤而被迫改行），这时候就得适当对残疾赔偿金作相应调整，以达到相对的公平。

残疾赔偿金的年限区分不同情况为：60周岁以下的人的赔偿年限=20年；60周岁以上的人（60+X）的赔偿年限=20年-X；75周岁以上的人的赔偿年限=5年。

综上，残疾者生活补助费的计算公式为：残疾生活补助费=伤残系数×受诉法院所在地上一年度城镇居民人均可支配收入或者农村居民人均纯收入标准×赔偿期限。

十六、残疾者生活自助器具费的计算标准是什么？

因残疾需要配制补偿功能的器具的，应当根据治疗医院（县级以上的医院）的证明或法医意见，结合使用者的年龄、我国人口平均寿命、器具使用年限等因素配备国产普及型假肢、三轮车、轮椅、拐杖、盲杖等器具。其标准按照省民政部门制定的国产普及型器具的价格标准确定。伤情有特殊需要的，可以参照辅助器具配制机构的意见确定相应的合理费用标准。辅助器具的更换周期和赔偿期限参照配制机构的意见确定，结案时一次给付。一次给付后，如果被害人的存活超过确定的辅助器具费给付年限，赔偿权利人向人民法院起诉请求继续给付辅助器具费的，人民法院应予受理。赔偿权利人确需继续配制辅助器具的，人民法院应当判令赔偿义务人继续给付该费用5~10年。

综上，残疾辅助器具费的计算公式是：残疾辅助器具费=普通型器具的费用×器具数量。

十七、死亡赔偿金的计算标准是什么？

根据2001年2月26日颁布的最高人民法院《关于确定民事侵权精神损害赔偿责任若干问题的解释》第9条，残疾赔偿金和死亡赔偿金被明确列为精神损害抚慰金的内容。死亡赔偿金由于有精神损害抚慰金的性质，计算标准并无定论，因此，最高人民法院《关于审理人身损害赔偿案件适用法律若干问题的解释》第29条规定，死亡赔偿金按照受诉法院所在地上一年度城镇居民人均可支配收入或者农村居民人均纯收入标准，按20年计算。但60周岁以上的，年龄每增加1岁减少1年；75周岁以上的，按5年计算。所以，死亡赔偿年限应为：60周岁以下的人的赔偿年限=20年；60周岁以上的人（60+X）的赔偿年限=20年-X；75周岁以上的人的赔偿年限=5年。

综上，死亡赔偿金的计算公式为：死亡赔偿金=受诉法院所在地上一年度城镇居民人均可支配收入或者农村居民人均纯收入标准×赔偿年限。

十八、丧葬费的计算标准是什么?

丧葬费，一般包括运尸、火化、普通骨灰盒和一期骨灰存放等费用。根据最高人民法院《关于审理人身损害赔偿案件适用法律若干问题的解释》第27条的规定，丧葬费按照受诉法院所在地上一年度职工月平均工资标准，以6个月总额计算。这个标准简明、方便。所有死者家属拒不执行有关部门限期殡葬决定而增加的收入不予赔偿。死者家属违反有关殡葬的规定，大办丧事增加的费用，不予赔偿。因此，丧葬费的计算公式为：受诉法院所在地上一年度职工月平均工资×6个月。

十九、被扶养人生活费的计算标准是什么?

根据最高人民法院《关于审理人身损害赔偿案件适用法律若干问题的解释》第28条的规定，被扶养人生活费根据扶养人丧失劳动能力程度，按照受诉法院所在地上一年度城镇居民人均消费性支出或农村居民人均年生活消费支出标准计算。被扶养人为未成年人的，计算至18周岁；被扶养人无劳动能力又无其他生活来源的，计算20年。但60周岁以上的，年龄每增加1岁减少1年；75周岁以上的，按5年计算。被扶养人是指受害人依法应当承担扶养义务的未成年人或者丧失劳动能力又无其他生活来源的成年近亲属。被扶养人还有其他扶养人的，赔偿义务人只赔偿受害人依法应当负担的部分。被扶养人有数人的，年赔偿总额累计不超过上一年度城镇居民人均消费性支出额或者农村居民人均年生活消费支出额。

依此规定，被扶养人既可是未成年人，也可是成年人，成年近亲属要想成为被扶养人，必须满足两个条件：一是丧失劳动能力，二是无其他生活来源。被扶养人为未成年人的扶养年限=18年-未成年人实际年龄。被扶养人为丧失劳动能力且无生活来源的成年人的扶养年限为：①60周岁以下的人的赔偿年限=20年；②60周岁以上的人（60+X）的赔偿年限=20年-X；③75周岁以上的人的赔偿年限=5年。

综上，被扶养人生活费的计算公式为：被扶养人生活费=被扶养人人数×受诉法院所在地上一年度城镇居民人均消费性支出或农村居民人均年生活消费支出×扶养年限。

二十、由多个单位或个人共同造成的环境污染损害的赔偿责任如何认定?

由单一主体的排污行为造成的环境污染损害的责任认定，直接按照归责原则

和适用条件，便可对行为人的环境污染损害赔偿责任作出判定。但是，在实际发生的环境污染损害赔偿案件中，有相当多的情况是由两个或两个以上的多个单位或个人的排污行为造成的环境污染损害，如水污染、大气污染，特别是在同一流域的水污染、同一地区的大气污染、同一地段的生态环境失衡等。

对于这种共同的环境污染行为可以适用“共同危险责任”。所谓共同危险责任，是指在两个或两个以上的行为人各自实施了环境污染行为并造成了同一环境损害，在数人的行为都与该环境污染损害存在因果关系的可能，却又无法确定其原因主次、作用大小、责任有无的前提下，由该两个或两个以上的行为人共同承担对该环境损害的赔偿责任。具体来讲，在由多个单位或个人共同造成环境污染的损害赔偿责任认定中，若干能够认定各个行为人的共同侵害行为在环境污染损害中的原因主次、作用大小、责任有无的话，各个导致环境污染的行为人应当按照比例对受害人承担损害赔偿责任，但有关排除危险的其他责任，无论比例大小，均应承担。如果在不能明确认定各个行为人之间责任比例大小的情况下，各个行为人应按均等的比例或份额来承担对受害人的损害赔偿责任。需要说明的是，无论是按各自的责任比例，还是按照均等的份额承担责任，都是对于各个环境污染责任人内部的一种损害赔偿责任的认定和分担，而就所有环境污染责任人与受害人之间的外部关系来说，应适用连带责任的法律规定，即每一个环境污染责任人都有义务承担对于受害人的全部损害赔偿责任，以有效保护处于弱势境地的受害人的正当权益。当然，对于承担了全部损害赔偿责任的环境污染责任人来说，他有权利向其他责任人追偿他们理应承担的责任份额。

《最高人民法院关于审理人身损害赔偿案件适用法律若干问题的解释》第3、4、5条对此问题也有明确的规定。

二十一、环境污染损害赔偿中混合责任如何分担？

所谓环境污染损害赔偿中混合责任，是指环境污染损害的加害人与受害人对环境污染损害的发生均存在过错，由加害人和受害人按照各自责任的大小来分担环境污染损害赔偿的后果。《民法通则》第131条规定：“受害人对于损害的发生也有过错的，可以减轻侵害人的民事责任。”这是指一般侵权行为的混合过错责任直接适用在环境污染损害赔偿责任的分担是一种加害人按无过错承担的民事责任和受害人因过错自负的民事责任的并行存在。针对这种混合责任，只能通过双方行为在环境损害中的作用大小来推断责任的主次程度和比例。具体而言，分以下几种情况来处理：一是能分清作用大小的情形，起决定作用的承担主要责任，起辅助作用的承担次要责任；二是不能完全分清责任主次程度的情形，则由双方等额分担；三是如受害人的行为对于环境污染损害后果的发生不可逆转，反而对污染损害的扩大、加重有影响的，受害人应对扩大或加重部分承担责任。

二十二、环境污染损害可以得到哪些赔偿项目?

环境污染损害赔偿，本质上属于民事侵权损害赔偿纠纷，应当适用《民法通则》及相关环境法律法规和司法解释处理。环境污染损害发生后，受害人通常遭受的就是财产损害、人身损害以及某些情况下的精神损害，因此环境污染损害可得到的赔偿项目有财产损害赔偿、人身损害赔偿和精神损害赔偿。

二十三、环境污染财产损害赔偿项目包括哪些?

财产损失是指因环境污染原因导致财产灭失所应支付的赔偿损失的费用。对环境污染行为所致的财产损害，一般实行全额赔偿原则，包括直接损失和间接损失。直接损失是指受害人因受环境污染而导致现有财产的减少或丧失，如农作物减产、饲养的畜禽死亡等。间接损失是指受害人在正常情况下应当得到，但因受环境污染而未得到的那部分收入，例如渔民因鱼塘受污染致使鱼苗死亡而未能得到成鱼的收入等。

二十四、财产损害的间接损失赔偿范围是什么?

财产损害赔偿的范围实行“全额赔偿”原则，但全额赔偿并不是只要属于间接损失范围就得无条件全赔，而应当根据具体的案情，针对那些确属不可挽回的损失负全赔责任。此外，要明确间接损失的界限范围。《合同法》第 119 条规定，当事人一方违约后，对方应当采取适当措施防止损失的扩大，没有采取适当措施致使损失扩大的，不得就扩大的损失要求赔偿。这里强调“扩大”损失是不合理的损失，适用于侵权行为领域，侵权确有损失，但其不能听之任之，一味等待受损利益的最大实现可能，而应当采取相应补救措施，将损失压缩到最低限度，如放弃弥补措施，其后的损失责任应当自负。因此，对于间接损失，要严格按照《民法通则》、《合同法》的规定，对间接损失赔偿的范围应当严格加以把握，既不能扩大间接损失的条件，也不能过分苛求间接损失的成立要件，要通过案件的材料综合分析，正确评定出财产的间接损失价值。

二十五、财产损害的间接损失赔偿金额如何计算?

在司法实践中，确定间接损失的赔偿额一般采用如下方式：

(1) 对比法。也称比照法，是指人民法院采用类推或类比的方法，比照与受害人相同或相似的其他同类单位在同期内所获得的利益，作为实际应当赔偿受害人的间接损失。采用此方法，首先应当确定参照对象。确定参照对象，应当注

意与受害人之间的条件要基本相同，两者之间相同或相类似条件越多，对比也就越合理，准确程度也就越高；其次要确定比照对象在受害人受损害期间所取得的收益额。如果以受害人自身作为比照对象，则要以受害人在损失发生前较长时间内的平均收益（如利润率）为标准。

（2）估算法。也称估计赔偿法，是指人民法院在缺乏可比对象而难以准确确定受害人实际存在的间接利益损失的情况下，根据案件的具体情况，责令行为人支付一个大致相当的赔偿数额。这种方法适用于不能或不宜采用对比类推的期待利益损失的确定。如对自然孳息损失，对消除潜在危害后果在将来需要增加的支付等间接利益损失的确定。

对期待利益损失的赔偿，应当由受害人对遭受的间接利益损失负举证责任，如果受害人缺乏应有的证据，人民法院也难以认定其间接利益损失的，一般对其诉求不予支持。

【案例】

原告于1993年10月承包了××县水库的1500亩水面养鱼。承包前水库内有鱼苗6800斤，承包后分3年共投放鱼苗102.5万尾。被告在水库上游约30公里处打了两口油井。该油井于1994年7月投产后，所排废水均顺山坡流入井侧后渠。其储油罐满溢后，部分原油亦流入沟渠。被告为阻挡污水及原油漫流，即在沟底筑起一个拦坝，将原油、污水聚积坝中。1995年7月31日，该地区降大雨，洪水冲垮拦坝，将坝内淤积的污水和原油全部冲走，直接注入水库，使库内水面浮油明显，随即鱼开始死亡，数日后死鱼现象大面积出现，持续一个月之久，经有关部门测估，水库鱼类绝大部分已死亡。经鉴定，库内死鱼损失价款为653850.58元。

一审法院审理认为：①被告的行为明显违反了环境保护法律、法规的规定，确已构成污染水库的事实。②被告的行为产生了对原告鱼类的损害后果，依法应予确认。③根据法律规定，此类案件实行因果关系推定原则和举证责任倒置原则，据此，本案原告损害事实客观存在，被告不能举出证明其没有责任的证据，可推定水库污染及鱼类死亡系被告排放的污染物所致。另外，根据有关专家证明，原油及其废水内含有大量有害物质，不但可杀死鱼类必需的浮游动植物，使鱼类断绝营养来源而死亡，而且可以直接毒死大牲畜，何况生命脆弱的鱼类。因此，本案水库污染及鱼类死亡的损害后果，完全是由被告的行为造成的，依法应承担民事责任。④原告要求被告赔偿经济损失的请求合理合法，依法应予支持。遂判决：①被告应立即采取治理污染措施，停止向附近山沟排放废水和原油；②被告应在本判决生效后一个月内赔偿原告经济损失30万元。鉴定费1000元、案件受理费500元，由被告负担。

一审判决后，被告不服，向省高级人民法院提出上诉。

省高级人民法院经审理认为：上诉人的行为，违反了《环境保护法》第24条和《水污染防治法》第21条的规定，对其排放的有害废水及原油未采取合理有效的防治措施，给被上诉人造成一定经济损失，已构成特殊侵权赔偿责任，所持未造成污染事实与后果的上诉理由，按照举证责任倒置的原则，自己亦举不出充分证据，故不予支持。至于赔偿数额的确定，在公开审理、查清事实、分清是非的基础上，经本院主持，双方当事人最终达成赔偿12万元的协议，其内容符合有关法律规定，本院予以确认。

【评析】

本案是一起污染环境致人损害的特殊侵权赔偿案件。处理好本案的关键要解决好以下三个问题：

（1）关于环境污染致人损害民事责任的归责问题。按照《民法通则》的规定，环境污染损害赔偿案件属特殊侵权民事案件，但对其民事责任的承担，适用过错原则，还是无过错原则，法学界和司法界认识不一，法学界许多学者认为，环境污染致人损害赔偿案件，不以污染者的过错为责任要件，即使其污染环境的行为合法，也能引起环境污染致人损害的民事责任，因为环境污染损害具有一定的隐蔽性和潜伏性，法律对此不能作出明文规定。而司法界的审判人员则认为，环境污染致人损害的赔偿责任必须以违法的污染环境行为为条件。因为《民法通则》第124条明确规定："违反国家保护环境防止污染的规定。污染环境造成他人损害的，应当依法承担民事责任。"而"违反国家保护环境防止污染规定"的行为能属无过错吗？所以，环境污染致人损害的民事责任必须以违反国家有关规定为构成要件。本案就是按照这一原则归责的。因为按照石油开采行业部门的规定，原油和钻采石油过程中产生的废水都是有害污染物，必须另打注水井注入2000米以下地面予以处理，均不得乱排乱放，污染环境，但侵权人××石油开发公司，却公然违反行业的规定和《环境保护法》及《水污染防治法》的规定，将原油和废水排入自筑拦坝，又因措施不力，被洪水全部冲入他人水库，造成水体污染，鱼类中毒死亡的后果。其行为不但具有违法性，而且主观上有过错。一、二审法院依法认定其应承担民事责任是完全正确的。

（2）关于污染环境致人损害民事责任的因果关系及举证责任问题。在审判实践中，对于普通的侵权损害赔偿案件，均实行严格的因果关系认定原则和受害人举证原则。但在污染环境致人损害的特殊侵权案中，因为造成损害的原因和损害后果往往涉及高深的科技活动，一般人不能控制和掌握，在许多情况下，要查明损害的原因，确认损害与污染行为之间的因果关系，用一般的方法是相当困难的，甚至会陷入无谓的“科学论争”之中，如果仍然让受害人承担因果关系直接证明责任，则会使受害人处于被动地位。因此从立法本意上讲，明显向受害人倾斜，对这种污染环境致人损害的特殊侵权案件实行因果关系推定原则和举证责任倒置原则。即受害人只要对污染环境和损害结果之间的因果关系作出盖然性的举证，证明客观上存在着污染损害事实即可，无须作出绝对正确性的举证；而其举证责任转移于侵害人承担。对侵害人来说，则应严格适用举证责任倒置原则，举出其没有责任的证据和法律依据。如果不能确切证明其没有违反国家保护环境防止污染的规定，且污染环境与损害结果之间不具因果关系，则应推定受害人的盖然性举证成立，侵权人则应承担民事赔偿责任。根据这一理论及原则，本案中的原告只对被告污染物进入其水库，引起鱼类死亡这一客观事实举出证据即可，而污染物的种类是什么、进入水库多少、是否超过污染水体的标准、能否造成鱼类的死亡之证据则应由被告××石油开发公司提供。而该公司虽然提供了监测站的化验报告，但因时过境迁不具证明效力，且再不能举出证明其没有责任的证明和“免责”、“阻却”事由，因此，一、二审法院推定××水库污染及鱼死亡系被告排放的污染物造成的，是于法有据的，确认其承担侵权损害赔偿责任是正确的。

(3) 关于本案的赔偿问题。我国关于污染环境侵权行为的赔偿原则，基本有两条：一是对财产损失全部赔偿原则；二是对人身伤害造成的财产损失予以赔偿的原则。财产损失全部赔偿原则，指的是赔偿责任范围的大小，应以其违法行为所造成的财产损失的大小为依据，全部予以赔偿。本案在处理时，对原告财产损失的大小较难确定，一审采取确认水库鱼苗投放品种数量为前提，通过专家评估鉴定推算出鱼类死亡时的大小及数量，然后按现行市场价格确定赔偿数额为30万元。对此，二审审理时认为不够科学，因为鱼苗投放后的成活率及死亡时的数量及重量均是推算出来的。加之，鱼的市场价格还有打捞、销售环节上的折价因素。并且原告与发包方签订承包合同时，也经过有关部门鉴定后，才达成每年上缴利润3000元的协议。所以，经二审法院主持调解，最后双方自愿达成赔偿12万元的协议，其赔偿数额比较合理，双方均已履行。

参考文献

1. 孟庆瑜、申静、李娜编：《农村生态环境保护法律读本》，甘肃文化出版社，2009 年。

2. 吴勇：《生活中的环境法》，湖南大学出版社，2009 年。

3. 国家环境保护总局自然生态保护司，中国环境科学学会，中国环境科学出版社，2005 年。

4. 吴珊、王希扬：《环境污染索赔技巧和赔偿计算标准》，法律出版社，2012 年。

5. 贾登勋：《农民用水权益法律保护》，甘肃文化出版社，2009 年。

6. 刘树庆：《农村环境保护》，金盾出版社，2010 年。

7. 席北斗、魏自民、夏训峰：《农村生态环境保护与综合治理》，新时代出版社，2008 年。

8. 赵旭阳等：《农村环境保护与生态建设》，中国农业出版社，2009 年。

9. 宋秀杰等：《农村面源污染控制及环境保护》，化学工业出版社，2011 年。

10. 尹年长：《海洋捕捞法律法规 100 问》，海洋出版社，2010 年。

11. 国务院法制办公室：《中华人民共和国环境保护法注解与配套》，中国法制出版社，2008 年。

12. 孙佑海、赵家荣：《中华人民共和国循环经济促进法解读》，中国法制出版社，2008 年。

13. 孙璐：《环境保护》，吉林出版集团有限责任公司，2008 年。

14. 宋二喜、冯小晏：《环保理念百问百答》，浙江工商大学出版社，2011 年。

15. 刘海林等：《农村环境保护知识读本》，中国环境出版社，2013 年。

16. 段碧华：《新农村环境保护与治理》，金盾出版社，2010 年。

17. 牛丽、伍或黎：《环境保护法百问》，吉林人民出版社，2009 年。

18. 张乃明：《农村环境保护知识读本》，化学工业出版社，2011 年。